大学物理入門編

初めから学べる 電磁気学

■ キャンパス・ゼミ ■

大学物理を楽しく短期間で学べます！

馬場敬之

MATHEMA

マセマ出版社

◆ はじめに ◆

みなさん，こんにちは。マセマの**馬場敬之(ばばけいし)**です。これまで発刊した**大学物理『キャンパス・ゼミ』シリーズ(電磁気学，力学，熱力学など)**は多くの方々にご愛読頂き，大学物理の学習の新たなスタンダードとして定着してきたようで，嬉しく思っています。

しかし，度重なる大学入試制度の変更により，**理系**の方でも，**推薦入試**や**共通テスト**のみで，本格的な大学受験問題の洗礼を受けることなく進学した皆さんにとって，**大学の物理の敷居は相当に高く**感じるはずです。また，高校で物理をかなり勉強した方でも，大学で物理学を学ぼうとすると，**"微分積分"**や**"ベクトル"**や**"ベクトル解析"**など…の知識が必要となるので，これらに習熟していない皆さんにとって，**大学の物理の壁は想像以上に大きい**と思います。

しかし，いずれにせよ大学の物理を難しいと感じる理由，それは，
「大学の物理を学習するのに必要な基礎力が欠けている」からなのです。
これまでマセマには，「高校レベルの物理から大学の物理へスムーズに橋渡しをする，分かりやすい参考書を是非マセマから出版してほしい」という読者の皆様からの声が，連日寄せられて参りました。確かに，**「欠けているものは，満たせば解決する」**わけですから，この読者の皆様のご要望にお応えするべく，この**『初めから学べる 電磁気学キャンパス・ゼミ』**を書き上げました。

本書は，大学の**電磁気学**に入る前の基礎として，高校で学習する**"クーロンの法則"**や**"アンペールの法則"**や**"ファラデーの電磁誘導の法則"**などから，大学で学ぶ基礎的な電磁気学まで，明解にそして親切に解き明かした参考書なのです。もちろん，大学の電磁気学の基礎ですから，物理的な思考力や応用力だけでなく，数学的にも相当な基礎学力が必要です。本書は，**短期間でこの電磁気学の基礎学力が身に付く**ように工夫して作られています。

さらに，**“勾配ベクトル grad$f$”**や**“発散 div$f$”**や**“回転 rot$f$”**や**“ガウスの発散定理”**や**“ストークスの定理”**や**“マクスウェルの4つの方程式”**，それに**“単振動の微分方程式”**など，高校で習っていない内容のものでも，これから必要となるものは，**その基本を丁寧に解説**しました。ですから，本書を一通り学習して頂ければ，**大学の物理へも違和感なくスムーズに入っていける**はずです。

この『**初めから学べる 電磁気学キャンパス・ゼミ**』は，全体が**5**章から構成されており，各章をさらにそれぞれ**10～20**ページ程度のテーマに分けていますので，非常に読みやすいはずです。大学の物理を難しいと感じたら，**本書をまず1回流し読みする**ことをお勧めします。初めは公式の証明などは飛ばしても構いません。小説を読むように本文を読み，図に目を通して頂ければ，**初めから学べる 電磁気学の全体像**をとらえることができます。この**通し読みだけなら，おそらく1週間もあれば十分**だと思います。

1回通し読みが終わりましたら，後は各テーマの詳しい解説文を**精読**して，例題や演習問題も**実際に自力で解きながら**，勉強を進めていきましょう。

そして，この精読が終わりましたら，大学の**電磁気学**の講義を受講できる力が十分に付いているはずですから，自信を持って，講義に臨んで下さい。その際に，本格的な参考書『**電磁気学 キャンパス・ゼミ**』が大いに役に立つはずですから，是非利用して下さい。

それでも，講義の途中で**行き詰まった箇所**があり，上記の推薦図書でも理解できないものがあれば，**基礎力が欠けている証拠**ですから，またこの『**初めから学べる 電磁気学キャンパス・ゼミ**』に戻って，所定のテーマを再読して，**疑問を解決**すればいいのです。読者の皆様が，本書により大学の物理に開眼され，さらに楽しみながら強くなって行かれることをマセマ一同心より願ってやみません。

マセマ代表　馬場 敬之(けいし)

本書はこれまで出版されていた，「大学基礎物理 電磁気学キャンパス・ゼミ」をより親しみをもって頂けるように「初めから学べる 電磁気学キャンパス・ゼミ」とタイトルを変更したものです。本書では新たに，**Appendix**(付録)として，発散 **div$f$** と回転 **rot$f$** の計算問題を追加しました。

◆ 目次 ◆

講義4 定常電流と磁場

講義5 時間変化する電磁場

講　義
Lecture
1

電磁気学のプロローグ

テーマ

▶ ベクトルの内積と外積

$$\begin{pmatrix} \boldsymbol{a}\cdot\boldsymbol{b} = x_1x_2 + y_1y_2 + z_1z_2 \\ \boldsymbol{a}\times\boldsymbol{b} = [y_1z_2 - z_1y_2,\ z_1x_2 - x_1z_2,\ x_1y_2 - y_1x_2] \end{pmatrix}$$

▶ スカラー場とベクトル場

$$(f(x,\ y,\ z),\ [f_1(x,\ y,\ z),\ f_2(x,\ y,\ z),\ f_3(x,\ y,\ z)])$$

▶ 電磁気学のプロローグ（序章）

$\left(f = k\dfrac{q_1q_2}{r^2} \Rightarrow \mathrm{div}\boldsymbol{D} = \rho \right.$ など$\left.\right)$

§1. ベクトルの内積と外積

さァ，これから“**電磁気学**”の講義を始めよう。大学で学ぶ電磁気学とは，「“**電場**”$\boldsymbol{E}$ と“**磁場**”$\boldsymbol{H}$ の関係を調べる学問」ということができる。

ここで，電場 $\boldsymbol{E}$（または，電束密度 $\boldsymbol{D}=\varepsilon_0\boldsymbol{E}$）や磁場 $\boldsymbol{H}$（または，磁束密度 $\boldsymbol{B}=\mu_0\boldsymbol{H}$，$\varepsilon_0$ と μ_0 は定数）はいずれもベクトルで表されるので，まず大学の電磁気学を学ぶためには，ベクトルの基本を学んでおく必要があるんだね。ここでは，高校数学でもおなじみのベクトルの“**内積**”に加えて，ベクトルの“**外積**”についても解説しよう。

そして，この後の節では，“**スカラー場**”と“**ベクトル場**”について解説し，さらに，“**電磁気学のプロローグ（序章）**”として，高校で学習した“**クーロンの法則**”や“**ファラデーの電磁誘導の法則**”など…が，大学の電磁気学では“**マクスウェルの方程式**”という洗練された数式で簡潔に表されることも紹介するつもりだ。

● まず，平面ベクトルから解説しよう！

電磁気学を学ぶ上で出てくる変数について，それが“**スカラー**”なのか“**ベクトル**”であるのかを区別することは大切なんだね。スカラーとは，**5** や $-\sqrt{3}$ のように，正・負の変化はあるんだけれど，“**大きさ**”のみの量のことだ。これに対して，ベクトルとは，“**大きさ**”だけでなく，“**向き**”も持った量のことで，これは $\boldsymbol{a}$ や $\boldsymbol{r}$ など，太字の小文字のアルファベットで表すことが多い。

図 **1** に示すように，ベクトル $\boldsymbol{a}$ は，“**向き**”は矢線の向きで，“**大きさ**”は矢線の長さで示す。従って，この向きと大きさが等しければ，すべて同じ $\boldsymbol{a}$ のことなんだ。ここで，$\boldsymbol{a}$ が平面上のベクトル，すなわち“**平面ベクトル**”のとき，図 **1** に示すように，xy 座標平面を設けて，この原点 **O** と $\boldsymbol{a}$ の始点を一致させると終点の位置が決まる。こ

図 **1** 平面ベクトル $\boldsymbol{a}$ の成分表示

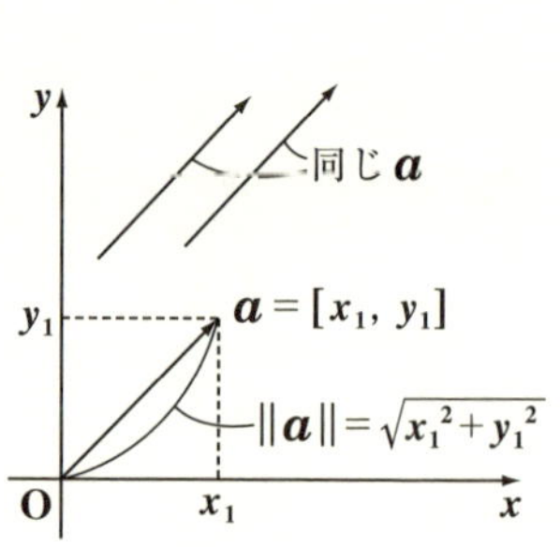

の終点の座標が $(x_1,\ y_1)$ であるとき，これを $\boldsymbol{a}$ の成分表示として，

$\boldsymbol{a}=[x_1,\ y_1]$ または，$\boldsymbol{a}=\begin{bmatrix} x_1 \\ y_1 \end{bmatrix}$ と表す。

（行ベクトル）（列ベクトル）

そして，$\boldsymbol{a}$ の大きさを $\|\boldsymbol{a}\|$ で表すと，三平方の定理から

（これを "$\boldsymbol{a}$ のノルム" ともいう。）

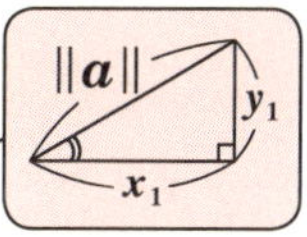

$\|\boldsymbol{a}\|=\sqrt{x_1^{\,2}+y_1^{\,2}}$ となるんだね。

（これは，ある値になるのでスカラーだ！）

図2　$\boldsymbol{a}$ と同じ向きの単位ベクトル $\boldsymbol{e}$

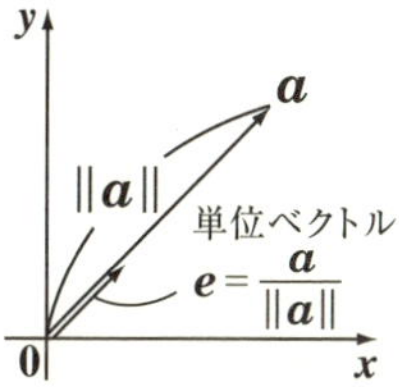

したがって，$\|\boldsymbol{a}\|\neq 0$ のとき，$\boldsymbol{a}$ を $\|\boldsymbol{a}\|$ で割ったものを $\boldsymbol{e}$ とおくと，

$\boldsymbol{e}=\dfrac{\boldsymbol{a}}{\|\boldsymbol{a}\|}$ は，図 **2** に示すように，$\boldsymbol{a}$ と同じ向きをもった "**単位ベクトル**(たんい)" になる。物理学では，大きさ（ノルム）を

（大きさ（ノルム）が 1 のベクトルのこと）

1 にすることを "**規格化**(きかくか)" ということも覚えておこう。

（数学では，"**正規化**(せいきか)" という。同じことなんだね。）

次に，**2** つの平面ベクトル $\boldsymbol{a}$ と $\boldsymbol{b}$ の内積は次のように定義される。

ベクトルの内積

2 つのベクトル $\boldsymbol{a}$ と $\boldsymbol{b}$ の内積は $\boldsymbol{a}\cdot\boldsymbol{b}$ で表し，次のように定義する。

$$\boldsymbol{a}\cdot\boldsymbol{b}=\|\boldsymbol{a}\|\|\boldsymbol{b}\|\cos\theta$$

（これは，スカラー）

$(\theta:\boldsymbol{a}$ と $\boldsymbol{b}$ のなす角$)$

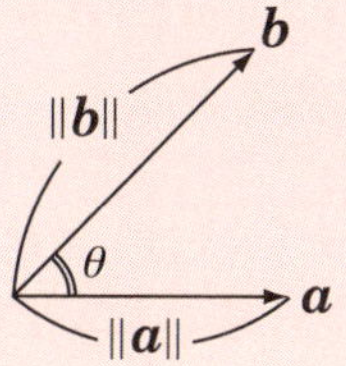

$\boldsymbol{a}\perp\boldsymbol{b}$（垂直）のとき，$\theta=\dfrac{\pi}{2}\ (=90°)$，$\cos\theta=0$ より，$\boldsymbol{a}\cdot\boldsymbol{b}=0$ となる。

逆に，$\boldsymbol{a}\neq\boldsymbol{0}$，$\boldsymbol{b}\neq\boldsymbol{0}$ のとき，$\boldsymbol{a}\cdot\boldsymbol{b}=0$ ならば，$\boldsymbol{a}\perp\boldsymbol{b}$（垂直）と言えるんだね。

（"**零ベクトル**"：大きさが **0** のベクトル）

さらに，ベクトルの内積と正射影の関係についても解説しよう。図 **3** に示すように，$\boldsymbol{a}$ と $\boldsymbol{b}$ が与えられたとき $\boldsymbol{a}$ を地面，$\boldsymbol{b}$ を斜めにささった棒と考えよう。このとき，$\boldsymbol{a}$ に垂直に真上から光が射したとき，$\boldsymbol{b}$ が $\boldsymbol{a}$ に落とす影を“**正射影**（せいしゃえい）”といい，この長さは，$\dfrac{\boldsymbol{a}\cdot\boldsymbol{b}}{\|\boldsymbol{a}\|}$ と表すことができる。なぜなら，

$$\frac{\boldsymbol{a}\cdot\boldsymbol{b}}{\|\boldsymbol{a}\|}=\frac{\|\boldsymbol{a}\|\|\boldsymbol{b}\|\cos\theta}{\|\boldsymbol{a}\|}=\|\boldsymbol{b}\|\cos\theta$$

となるからなんだね。

図3　内積と正射影

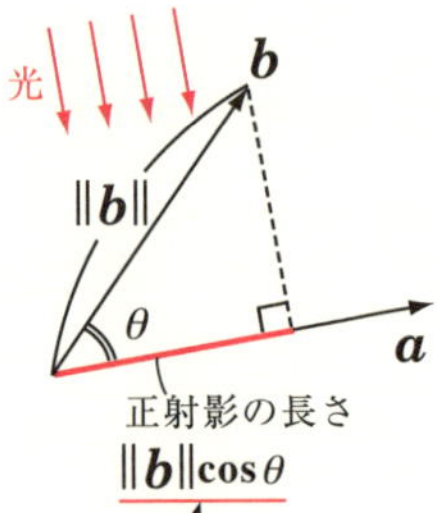

ただし，$\dfrac{\pi}{2}<\theta<\pi$ $(90^\circ<\theta<180^\circ)$ のとき，これは⊖となる。これが⊖のときは，絶対値をとって，⊕にして表せばいいんだね。

さらに，$\boldsymbol{a}$ と $\boldsymbol{b}$ が成分表示されるとき，これらの内積は次のように表せる。

平面ベクトルの内積の成分表示

$\boldsymbol{a}=[x_1,\ y_1]$，$\boldsymbol{b}=[x_2,\ y_2]$ のとき，
内積 $\boldsymbol{a}\cdot\boldsymbol{b}=x_1x_2+y_1y_2$ となる。
また，$\|\boldsymbol{a}\|=\sqrt{x_1^2+y_1^2}$，$\|\boldsymbol{b}\|=\sqrt{x_2^2+y_2^2}$ より，$\|\boldsymbol{a}\|\neq 0$，$\|\boldsymbol{b}\|\neq 0$ のとき

$$\cos\theta=\frac{\boldsymbol{a}\cdot\boldsymbol{b}}{\|\boldsymbol{a}\|\|\boldsymbol{b}\|}=\frac{x_1x_2+y_1y_2}{\sqrt{x_1^2+y_1^2}\sqrt{x_2^2+y_2^2}}$$

となる。（θ：$\boldsymbol{a}$ と $\boldsymbol{b}$ のなす角）

では，次の例題で，内積と正射影の問題を解いてみよう。

例題 1　$\boldsymbol{a}=[3,\ -1]$，$\boldsymbol{b}=[2,\ 1]$ のとき，$\boldsymbol{a}$ に対する $\boldsymbol{b}$ の正射影の長さを求めてみよう。

$\|\boldsymbol{a}\|=\sqrt{3^2+(-1)^2}=\sqrt{10}$，$\|\boldsymbol{b}\|=\sqrt{2^2+1^2}=\sqrt{5}$ であり，
内積 $\boldsymbol{a}\cdot\boldsymbol{b}=3\cdot2+(-1)\cdot1=5$ より，
$\boldsymbol{a}$ に対する $\boldsymbol{b}$ の正射影の長さは，

$$\frac{\boldsymbol{a}\cdot\boldsymbol{b}}{\|\boldsymbol{a}\|}=\frac{5}{\sqrt{10}}=\frac{5\sqrt{10}}{10}=\frac{\sqrt{10}}{2}$$ となる。

$\dfrac{\boldsymbol{a}\cdot\boldsymbol{b}}{\|\boldsymbol{a}\|}=\dfrac{\|\boldsymbol{a}\|\|\boldsymbol{b}\|\cos\theta}{\|\boldsymbol{a}\|}=\|\boldsymbol{b}\|\cos\theta$ となる。

イメージ

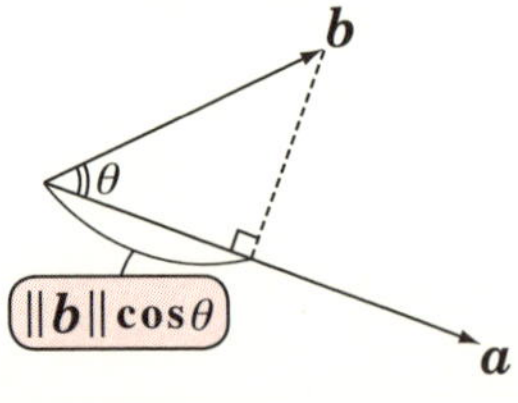

● 空間ベクトルと外積について，解説しよう！

図4に示すように，空間ベクトルも，平面ベクトルと同様に成分表示できる。

$\boldsymbol{a} = [x_1, y_1, z_1]$ ← $\boldsymbol{a}$ の始点を $\mathbf{0}$ にもっていったときの終点の座標が (x_1, y_1, z_1) のとき。

また，$\boldsymbol{a}$ のノルム $\|\boldsymbol{a}\|$ も

$\|\boldsymbol{a}\| = \sqrt{x_1^2+y_1^2+z_1^2}$ と表される。

図4　空間ベクトルの成分表示

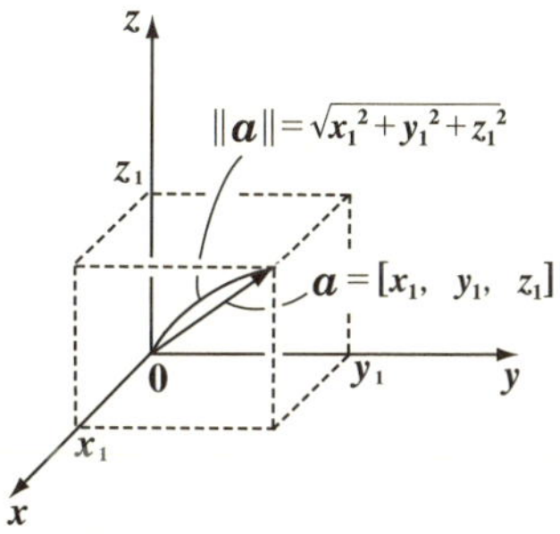

さらに，2つの空間ベクトルの内積やなす角の余弦も，次のように成分で表示することができる。

空間ベクトルの内積の成分表示

$\boldsymbol{a} = [x_1, y_1, z_1]$，$\boldsymbol{b} = [x_2, y_2, z_2]$ のとき，

内積 $\boldsymbol{a}\cdot\boldsymbol{b} = x_1x_2 + y_1y_2 + z_1z_2$ となる。

また，$\|\boldsymbol{a}\| = \sqrt{x_1^2+y_1^2+z_1^2}$，$\|\boldsymbol{b}\| = \sqrt{x_2^2+y_2^2+z_2^2}$ より，

$\|\boldsymbol{a}\| \neq 0$，$\|\boldsymbol{b}\| \neq 0$ のとき

$$\cos\theta = \frac{\boldsymbol{a}\cdot\boldsymbol{b}}{\|\boldsymbol{a}\|\|\boldsymbol{b}\|} = \frac{x_1x_2+y_1y_2+z_1z_2}{\sqrt{x_1^2+y_1^2+z_1^2}\sqrt{x_2^2+y_2^2+z_2^2}}$$ となる。

(θ：$\boldsymbol{a}$ と $\boldsymbol{b}$ のなす角)

次の例題で，空間ベクトルの内積の問題も解いておこう。

例題2　$\boldsymbol{a} = [1, -2, -1]$，$\boldsymbol{b} = [3, 0, -4]$ のとき，$\boldsymbol{b}$ に対する $\boldsymbol{a}$ の正射影の長さを求めてみよう。

$\|\boldsymbol{a}\| = \sqrt{1^2+(-2)^2+(-1)^2} = \sqrt{6}$，$\|\boldsymbol{b}\| = \sqrt{3^2+0^2+(-4)^2} = 5$ であり，

内積 $\boldsymbol{a}\cdot\boldsymbol{b} = 1\cdot 3+(-2)\cdot 0+(-1)\cdot(-4) = 7$ より，

$\boldsymbol{b}$ に対する $\boldsymbol{a}$ の正射影の長さは，

$\dfrac{\boldsymbol{a}\cdot\boldsymbol{b}}{\|\boldsymbol{b}\|} = \dfrac{7}{5}$ となるんだね。

$\dfrac{\boldsymbol{a}\cdot\boldsymbol{b}}{\|\boldsymbol{b}\|} = \dfrac{\|\boldsymbol{a}\|\|\boldsymbol{b}\|\cos\theta}{\|\boldsymbol{b}\|} = \|\boldsymbol{a}\|\cos\theta$ となる。

イメージ

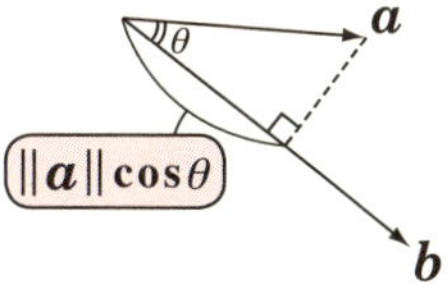

さらに，2つの空間ベクトル $\boldsymbol{a}$ と $\boldsymbol{b}$ の“**外積**” $\boldsymbol{a}\times\boldsymbol{b}$ の公式とその性質についても解説しよう。内積 $\boldsymbol{a}\cdot\boldsymbol{b}$ はスカラーだけれど，外積 $\boldsymbol{a}\times\boldsymbol{b}$ はベクトルになる。

空間ベクトルの外積の成分表示とその性質

$\boldsymbol{a}=[x_1,\ y_1,\ z_1]$，$\boldsymbol{b}=[x_2,\ y_2,\ z_2]$ の外積 $\boldsymbol{a}\times\boldsymbol{b}$ は，

$\boldsymbol{a}\times\boldsymbol{b}=[y_1z_2-z_1y_2,\ z_1x_2-x_1z_2,\ x_1y_2-y_1x_2]$ ……① と表される。

①のように，$\boldsymbol{a}\times\boldsymbol{b}$ はベクトルなので，$\boldsymbol{a}\times\boldsymbol{b}=\boldsymbol{c}$ とおくと，

外積 $\boldsymbol{c}$ は右図のように，

(i) $\boldsymbol{a}$ と $\boldsymbol{b}$ の両方に直交し，その向きは，$\boldsymbol{a}$ から $\boldsymbol{b}$ に向かうように回転するとき，右ネジが進む向きと一致する。

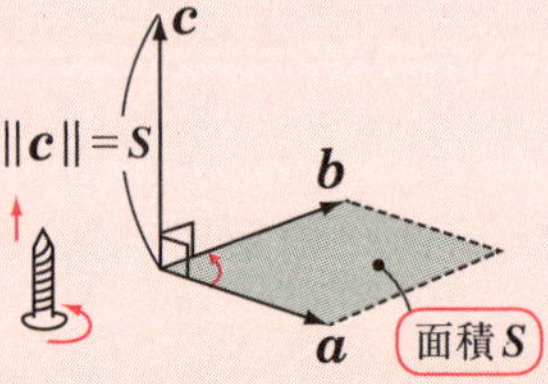

(ii) また，その大きさ（ノルム）$\|\boldsymbol{c}\|$ は，$\boldsymbol{a}$ と $\boldsymbol{b}$ を2辺にもつ平行四辺形の面積 S に等しい。

これから，外積 $\boldsymbol{a}\times\boldsymbol{b}$ に交換法則は成り立たない。外積 $\boldsymbol{b}\times\boldsymbol{a}$ は，$\boldsymbol{b}$ から $\boldsymbol{a}$ に向かうように回転するときの右ネジの進む向きに一致するので，$\boldsymbol{c}\,(=\boldsymbol{a}\times\boldsymbol{b})$ の逆ベクトルになる。よって，$\boldsymbol{a}\times\boldsymbol{b}=-\boldsymbol{b}\times\boldsymbol{a}$ となることに気を付けよう。

それでは，外積の具体的な求め方についても教えよう。2つのベクトル $\boldsymbol{a}=[x_1,\ y_1,\ z_1]$，$\boldsymbol{b}=[x_2,\ y_2,\ z_2]$ の外積 $\boldsymbol{a}\times\boldsymbol{b}$ は，下の図5のように求めることができる。

図5　外積 $\boldsymbol{a}\times\boldsymbol{b}$ の求め方

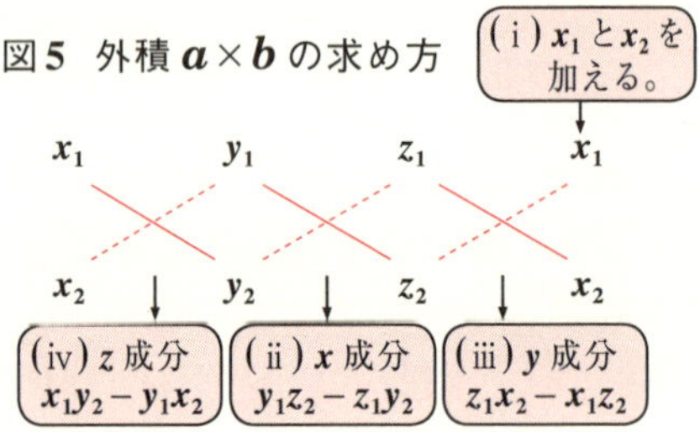

(i) まず，$\boldsymbol{a}$ と $\boldsymbol{b}$ の成分を上下に並べて書き，最後に，x_1 と x_2 をもう1度付け加える。

(ii) 真ん中の $\begin{matrix} y_1 & z_1 \\ y_2 & z_2 \end{matrix}$ をたすきがけに計算した $y_1z_2-z_1y_2$ を外積の x 成分とする。

(iii) 右の $\begin{matrix} z_1 & x_1 \\ z_2 & x_2 \end{matrix}$ をたすきがけに計算した $z_1x_2-x_1z_2$ を外積の y 成分とする。

(iv) 左の $\begin{matrix} x_1 & y_1 \\ x_2 & y_2 \end{matrix}$ をたすきがけに計算した $x_1y_2-y_1x_2$ を外積の z 成分とする。

以上より，外積 $\boldsymbol{a}\times\boldsymbol{b}=[y_1z_2-z_1y_2,\ z_1x_2-x_1z_2,\ x_1y_2-y_1x_2]$ が求まるんだね。

また，$\boldsymbol{a}$ と $\boldsymbol{b}$ の内積 $\boldsymbol{a}\cdot\boldsymbol{b}$ と外積 $\boldsymbol{a}\times\boldsymbol{b}$ により，$\boldsymbol{a}$ と $\boldsymbol{b}$ の直交条件と平行条件が，次のように導けることも頭に入れておこう。($\boldsymbol{a}\neq\boldsymbol{0}$，$\boldsymbol{b}\neq\boldsymbol{0}$ とする。)

(i) $\boldsymbol{a}$ と $\boldsymbol{b}$ が直交するとき，$\cos\theta=\cos\frac{\pi}{2}=0$ より，

$\boldsymbol{a}\perp\boldsymbol{b} \Leftrightarrow \boldsymbol{a}\cdot\boldsymbol{b}=0$ が成り立つ。

(ii) $\boldsymbol{a}$ と $\boldsymbol{b}$ が平行のとき，$\boldsymbol{a}$ と $\boldsymbol{b}$ を2辺にもつ平行四辺形の面積は0となるので，

$\boldsymbol{a}/\!/\boldsymbol{b} \Leftrightarrow \boldsymbol{a}\times\boldsymbol{b}=\boldsymbol{0}$ が成り立つ。これも覚えておこう。

では，次の例題を解いてみよう。

例題3　$\boldsymbol{a}=[3,\ 1,\ -1]$，$\boldsymbol{b}=[-2,\ 0,\ 3]$ のとき，外積 $\boldsymbol{a}\times\boldsymbol{b}$ を求めよう。また，$\boldsymbol{a}$ と $\boldsymbol{b}$ を2辺とする平行四辺形の面積 S を求めよう。

$\boldsymbol{a}$ と $\boldsymbol{b}$ の外積 $\boldsymbol{a}\times\boldsymbol{b}$ は，右図のように，計算して，

$\boldsymbol{a}\times\boldsymbol{b}=[3,\ -7,\ 2]$ となる。

次に，$\boldsymbol{a}$ と $\boldsymbol{b}$ を隣り合う2辺とする平行四辺形の面積 S は，$\|\boldsymbol{a}\times\boldsymbol{b}\|$ に等しい。よって，

$S=\|\boldsymbol{a}\times\boldsymbol{b}\|=\sqrt{3^2+(-7)^2+2^2}$

$=\sqrt{62}$ となる。

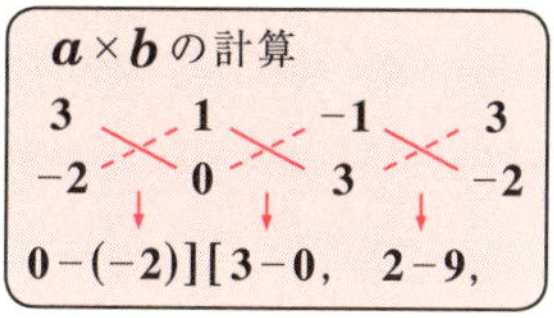

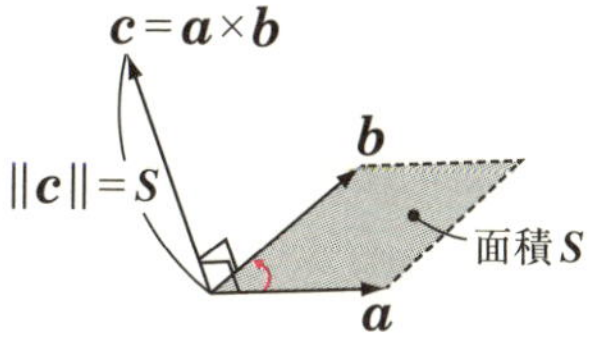

参考

$\|\boldsymbol{a}\|^2=3^2+1^2+(-1)^2=9+1+1=11$，$\|\boldsymbol{b}\|^2=(-2)^2+0^2+3^2=4+9=13$，

$\boldsymbol{a}\cdot\boldsymbol{b}=3\cdot(-2)+1\cdot0+(-1)\cdot3=-9$ より，$\boldsymbol{a}$ と $\boldsymbol{b}$ のなす角を θ とおくと，

$\boldsymbol{a}$ と $\boldsymbol{b}$ を隣り合う2辺とする平行四辺形の面積 S は，

$S=\|\boldsymbol{a}\|\cdot\|\boldsymbol{b}\|\cdot\underbrace{\sin\theta}_{\sqrt{1-\cos^2\theta}}=\sqrt{\|\boldsymbol{a}\|^2\|\boldsymbol{b}\|^2-\underbrace{\|\boldsymbol{a}\|^2\|\boldsymbol{b}\|^2\cos^2\theta}_{(\boldsymbol{a}\cdot\boldsymbol{b})^2}}$

$=\sqrt{\|\boldsymbol{a}\|^2\cdot\|\boldsymbol{b}\|^2-(\boldsymbol{a}\cdot\boldsymbol{b})^2}=\sqrt{11\times13-(-9)^2}$

$=\sqrt{143-81}=\sqrt{62}$ となって，上の答えと一致することが分かる。

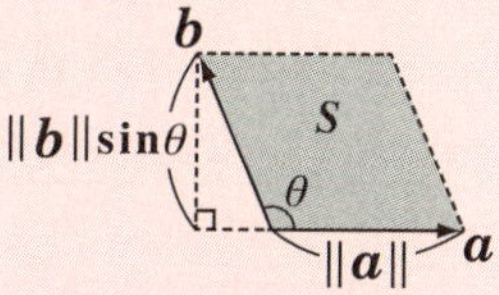

演習問題 1　●ベクトルの内積と外積●

3つの空間ベクトル $\boldsymbol{a}=[2,\ 0,\ 1]$, $\boldsymbol{b}=[1,\ -2,\ 1]$, $\boldsymbol{c}=[2,\ 1,\ 0]$ について，次の各問いに答えよ。

(1) $\boldsymbol{c}$ に対する $\boldsymbol{a}$ の正射影の長さを求めよ。

(2) $\boldsymbol{b}$ に対する $\boldsymbol{a}$ の正射影の長さを求めよ。

(3) 外積 $\boldsymbol{b}\times\boldsymbol{c}$ を求め，$\boldsymbol{b}$ と $\boldsymbol{c}$ を隣り合う 2 辺とする平行四辺形の面積 S を求めよ。

(4) ベクトル 3 重積 $\boldsymbol{a}\times(\boldsymbol{b}\times\boldsymbol{c})$ を求めよ。

(5) ベクトル 3 重積の公式：$\boldsymbol{a}\times(\boldsymbol{b}\times\boldsymbol{c})=(\boldsymbol{a}\cdot\boldsymbol{c})\boldsymbol{b}-(\boldsymbol{a}\cdot\boldsymbol{b})\boldsymbol{c}$ ……(*) が成り立つことを確認せよ。

ヒント！ (1)では，$\boldsymbol{c}$ と $\boldsymbol{a}$ のなす角を θ_1 とおくと，$\|\boldsymbol{a}\|\cos\theta_1$ を求め，(2)では，$\boldsymbol{b}$ と $\boldsymbol{a}$ のなす角を θ_2 とおくと，$\|\boldsymbol{a}\|\cos\theta_2$ を求めればよい。(3)では，平行四辺形の面積 S は，$\|\boldsymbol{b}\times\boldsymbol{c}\|$ に等しいんだね。(4), (5)は，$\boldsymbol{a}\times(\boldsymbol{b}\times\boldsymbol{c})$ の問題で，これを，“**ベクトル 3 重積**” と呼ぶんだね。(5)では，公式(*)の右辺を計算して，(4)の結果と一致することを確認しよう。

解答&解説

$\boldsymbol{a}=[2,\ 0,\ 1]$, $\boldsymbol{b}=[1,\ -2,\ 1]$, $\boldsymbol{c}=[2,\ 1,\ 0]$ について，

(1) $\boldsymbol{a}\cdot\boldsymbol{c}=2\cdot2+0\cdot1+1\cdot0=4$, $\|\boldsymbol{c}\|=\sqrt{2^2+1^2}=\sqrt{5}$

より，$\boldsymbol{c}$ に対する $\boldsymbol{a}$ の正射影の長さは，

$$\frac{\boldsymbol{a}\cdot\boldsymbol{c}}{\|\boldsymbol{c}\|}=\frac{4}{\sqrt{5}}=\frac{4\sqrt{5}}{5}$$ である。……(答)

$\boldsymbol{a}\cdot\boldsymbol{c}<0$ のときは，$\dfrac{|\boldsymbol{a}\cdot\boldsymbol{c}|}{\|\boldsymbol{c}\|}$ として求めればいい。

$\dfrac{\|\boldsymbol{a}\|\|\boldsymbol{c}\|\cos\theta_1}{\|\boldsymbol{c}\|}=\|\boldsymbol{a}\|\cos\theta_1$ となる。

イメージ

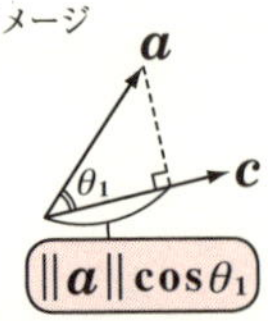

(2) $\boldsymbol{a}\cdot\boldsymbol{b}=2\cdot1+0\cdot(-2)+1\cdot1=3$, $\|\boldsymbol{b}\|=\sqrt{1^2+(-2)^2+1^2}=\sqrt{6}$

より，$\boldsymbol{b}$ に対する $\boldsymbol{a}$ の正射影の長さは，

$$\frac{\boldsymbol{a}\cdot\boldsymbol{b}}{\|\boldsymbol{b}\|}=\frac{3}{\sqrt{6}}=\frac{3\sqrt{6}}{6}=\frac{\sqrt{6}}{2}$$ である。………(答)

$\dfrac{\|\boldsymbol{a}\|\|\boldsymbol{b}\|\cos\theta_2}{\|\boldsymbol{b}\|}=\|\boldsymbol{a}\|\cos\theta_2$ となる。

イメージ

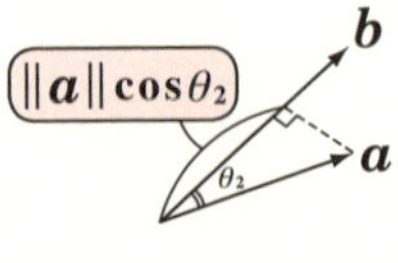

(3) 外積 $\boldsymbol{b}\times\boldsymbol{c}$ を右図のように計算すると，

$\boldsymbol{b}\times\boldsymbol{c}=[-1,\ 2,\ 5]$ ……① となる。

………(答)

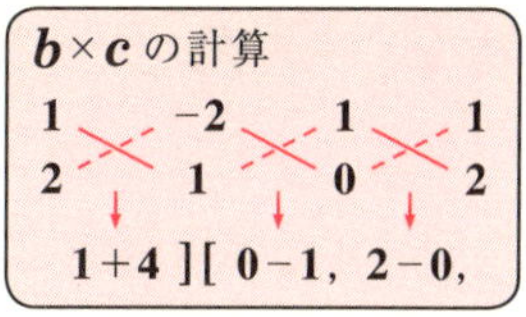

$\boldsymbol{b}$ と $\boldsymbol{c}$ を隣り合う2辺とする平行四辺形の面積 S は，①の外積のノルム(大きさ)に等しいので，

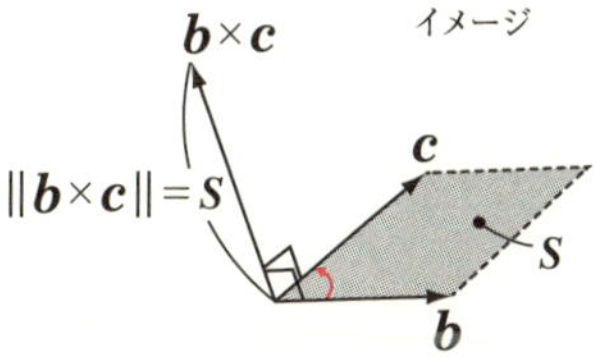

$S=\|\boldsymbol{b}\times\boldsymbol{c}\|=\sqrt{(-1)^2+2^2+5^2}$

$=\sqrt{30}$ である。………………(答)

(4) ①の結果を利用して，ベクトル3重積 $\boldsymbol{a}\times(\boldsymbol{b}\times\boldsymbol{c})$ を，右のように求めると，

$\boldsymbol{b}\times\boldsymbol{c}$ = [−1, 2, 5]…①

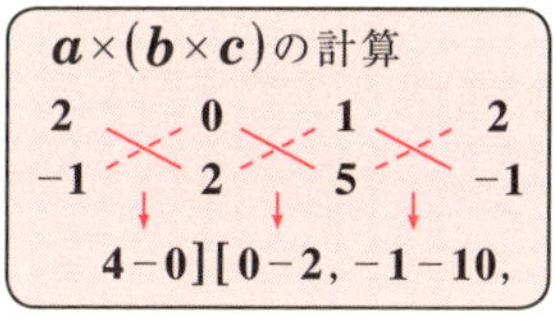

$\boldsymbol{a}\times(\boldsymbol{b}\times\boldsymbol{c})=[-2,\ -11,\ 4]$ ……②

となる。………………………………(答)

(5) ベクトル3重積 $\boldsymbol{a}\times(\boldsymbol{b}\times\boldsymbol{c})$ について，次の公式：

$\boldsymbol{a}\times(\boldsymbol{b}\times\boldsymbol{c})=(\boldsymbol{a}\cdot\boldsymbol{c})\boldsymbol{b}-(\boldsymbol{a}\cdot\boldsymbol{b})\boldsymbol{c}$ ……(*) が成り立つ。

(i) 内積(定数)：スカラー　(ii) 内積(定数)：スカラー

今回の問題で(*)が成り立つことを確認してみよう。

$\boldsymbol{a}\cdot\boldsymbol{c}=4$ ((1)より)，$\boldsymbol{a}\cdot\boldsymbol{b}=3$ ((2)より) から，

((*)の右辺) $=(\boldsymbol{a}\cdot\boldsymbol{c})\boldsymbol{b}-(\boldsymbol{a}\cdot\boldsymbol{b})\boldsymbol{c}=4\boldsymbol{b}-3\boldsymbol{c}$

$=4[1,\ -2,\ 1]-3[2,\ 1,\ 0]$

$=[4,\ -8,\ 4]-[6,\ 3,\ 0]$

$=[4-6,\ -8-3,\ 4-0]=[-2,\ -11,\ 4]$ となって，

(4)の②式と一致する。

以上より，ベクトル3重積 $\boldsymbol{a}\times(\boldsymbol{b}\times\boldsymbol{c})$ の公式(*)が成り立つことが確認できた。………………………………(終)

§2. スカラー場とベクトル場

電磁気学とは，主に電場 $\boldsymbol{E}$ と磁場 $\boldsymbol{H}$ との関係を調べる学問であると言ったように，電磁気学では“**場**(ば)”がとても重要な役割りを演じるんだね。
実は，この場には，(Ⅰ)**スカラー場**(ば)と(Ⅱ)**ベクトル場**(ば)の **2** 種類があり，このスカラー場には“**スカラー値関数**(ちかんすう)”が対応し，ベクトル場には“**ベクトル値関数**(ちかんすう)”が対応する。

このスカラー値関数やベクトル値関数は，多変数関数なので，これらの微分には，“**偏微分**(へんびぶん)”と“**全微分**(ぜんびぶん)”が存在する。これらについても分かりやすく解説しよう。

ン？大変そうだって!?…そうだね。でも，大学で学ぶ電磁気学では，相当の数学力が必要とされるので，**1** つ **1** つシッカリマスターしていこう！

● スカラー場とスカラー値関数から解説しよう！

では，“**スカラー場**”につて解説しよう。実は，スカラー場は，(ⅰ)平面スカラー場と(ⅱ)空間スカラー場の **2** つに分類される。

(ⅰ)平面スカラー場について

xy 平面領域 D 内の各点 $(x,\ y)$ に対して，ある値(スカラー)が“**スカラー値関数**”$f(x,\ y)$ により対応づけられているとき，この平面 D を“**平面スカラー場**”というんだね。したがって，スカラー値関数 $f(x,\ y)$ とは，ただの **2** 変数 x と y の関数のことなんだね。

例えば，xy 平面全体がスカラー場 $f(x,\ y)=\dfrac{6}{x^2+y^2+1}$ ……① で与えられているとき，

（このように，スカラー値関数そのものをスカラー場と呼んでも構わない。）

・点 $(0,\ 0)$ のスカラー値は，$f(0,\ 0)=\dfrac{6}{0^2+0^2+1}=6$ であり，

・点 $(-1,\ 2)$ のスカラー値は，$f(-1,\ 2)=\dfrac{6}{(-1)^2+2^2+1}=\dfrac{6}{6}=1$ である。

このように，平面スカラー場とは，スカラー値関数 $f(x,\ y)$ により，

平面上の各点にそれぞれスカラー(定数)が貼り付けられている平面と考えればいいんだね。当然，このスカラーの値を z とおいて，$z=f(x,\ y)$ とすると，これは図1に示すように，xyz 座標空間上のある曲面として表すことができる。

ここで，$f(x,\ y)=k$ (定数)をみたすような曲線のことを“**等位曲線**(とういきょくせん)”という。これは地図における山の等高線と同じようなものなんだね。

①の例を使って，この等位曲線を求めてみよう。$f(x,\ y)=\dfrac{6}{x^2+y^2+1}=3$ (定数)のとき，

図1　平面スカラー場 $z=f(x,\ y)$

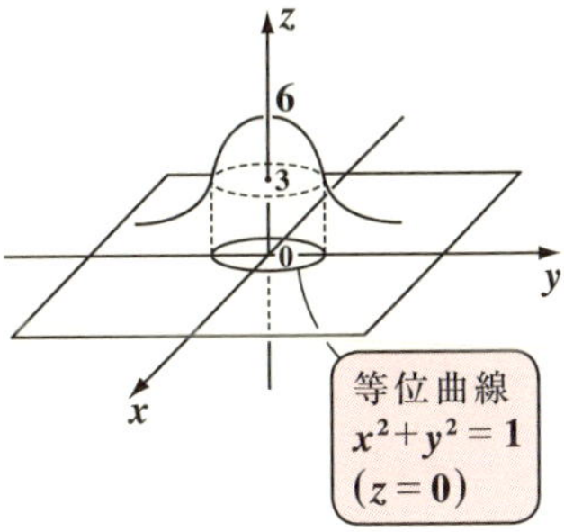

$3(x^2+y^2+1)=6$ より，両辺を3で割って，$x^2+y^2+1=2$

$\therefore f(x,\ y)=3$ をみたす等位曲線は，$x^2+y^2=1\ (z=0)$ となるんだね。

(これは，xy 平面 $(z=0)$ 上の原点0を中心とする半径1の円を表す。)

(ii) 空間スカラー場について

空間領域 D 内の各点 $(x,\ y,\ z)$ に，ある値(スカラー)が“**スカラー値関数**”$f(x,\ y,\ z)$ により対応づけられている，すなわち，スカラーが貼り付けられているとき，この領域 D を“**空間スカラー場**”という。あるいは，3変数関数のスカラー値関数 $f(x,\ y,\ z)$ そのものを空間スカラー場と呼んでもいい。

例えば，xyz 空間全体がスカラー場 $f(x,\ y,\ z)=\dfrac{6}{x^2+y^2+z^2+1}$ ……②

で与えられているとき，

・点 $(0,\ 0,\ 0)$ のスカラー値は，$f(0,\ 0,\ 0)=\dfrac{6}{0^2+0^2+0^2+1}=6$ であり，

・点 $(-1,\ 1,\ -2)$ のスカラー値は，

$$f(-1,\ 1,\ -2)=\frac{6}{(-1)^2+1^2+(-2)^2+1}=\frac{6}{7}$$ である。

$f(x, y, z)$ のスカラー値を w とおいて，$w = f(x, y, z)$ としても，これを描くには，4 次元の座標系が必要となるので，これを平面スカラー場のときのような曲面で図示することは難しい。

しかし，$f(x, y, z) = k$（定数）をみたす曲面は描くことができる。これを“**等位曲面**(とういきょくめん)”というんだね。

$$f(x, y, z) = \frac{6}{x^2+y^2+z^2+1} \quad \cdots\cdots ②$$

の例を用いて，この等位曲面を具体的に求めてみよう。

図2　空間スカラー場の等位曲面の例

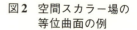

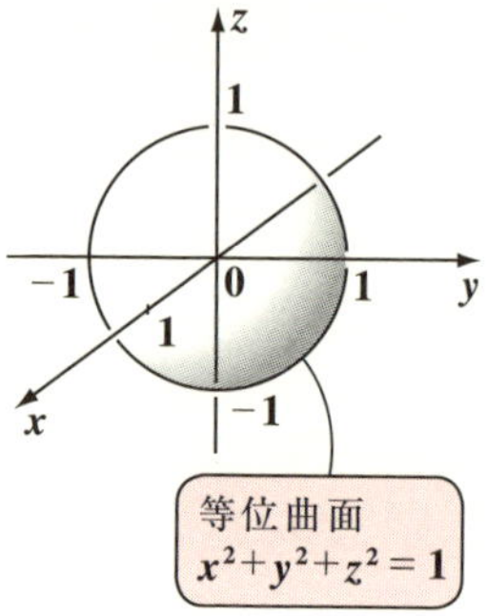

$$f(x, y, z) = \frac{6}{x^2+y^2+z^2+1} = 3 \quad (\text{定数})$$

のとき，$3(x^2+y^2+z^2+1) = 6$ より，

この両辺を 3 で割って，$x^2+y^2+z^2+1 = 2$

$\therefore f(x, y, z) = 3$ をみたす等位曲面は，$x^2+y^2+z^2 = 1$ となる。

これを図 2 に示す。　（これは，原点 0 を中心とする半径 1 の球面を表す。）

以上で，スカラー場についての解説は終わったので，次に，ベクトル場の解説に入ろう。

● ベクトル場とベクトル値関数について解説しよう！

ベクトル場にも (i) 平面ベクトル場と (ii) 空間ベクトル場がある。

(i) 平面ベクトル場について

平面領域 D 内の各点 (x, y) に，“**ベクトル値関数**(ちかんすう)”

（ベクトルの値をとる関数のこと。これそのものを“**平面ベクトル場**”と呼ぶこともある。）

$f(x, y) = [f_1(x, y),\ f_2(x, y)]$ が対応づけられているとき，この領域 D

（f_1：x 成分，f_2：y 成分）

を“**平面ベクトル場**”と呼ぶ。つまり，平面領域 D 上のすべての点 (x, y) に，ベクトル $f(x, y)$ が貼り付けられていると思えばいいんだね。

例えば，xy 平面全体が平面ベクトル場 $\boldsymbol{f}(x,\ y)=[x+y,\ xy]$ で表されているとき，

・点 $(0,\ 0)$ のベクトルは，$\boldsymbol{f}(0,\ 0)=[0+0,\ 0\times 0]=[0,\ 0]=\boldsymbol{0}$ であり，

・点 $(2,\ -1)$ のベクトルは，$\boldsymbol{f}(2,\ -1)=[2-1,\ 2\times(-1)]=[1,\ -2]$ であり，

・点 $(-1,\ -3)$ のベクトルは，$\boldsymbol{f}(-1,\ -3)=[-1-3,\ -1\times(-3)]=[-4,\ 3]$ である。

このように，xy 平面上の各点に平面ベクトルが貼り付けられていることが分かるでしょう？

では，さらに，平面ベクトル場の例を 3 つ，下に示しておこう。

(ex1) $\boldsymbol{f}(x,\ y)=[-1,\ 1]$ ← いたるところ定ベクトルのベクトル場

(ex2) $\boldsymbol{g}(x,\ y)=\left[\frac{1}{2}x,\ 0\right]$

(ex3) $\boldsymbol{h}(x,\ y)=\left[\frac{1}{2}y,\ -\frac{1}{2}x\right]$

図3 平面ベクトル場の例

(i) $\boldsymbol{f}(x,\ y)=[-1,\ 1]$ (ii) $\boldsymbol{g}(x,\ y)=\left[\frac{1}{2}x,\ 0\right]$ (iii) $\boldsymbol{h}(x,\ y)=\left[\frac{1}{2}y,\ -\frac{1}{2}x\right]$

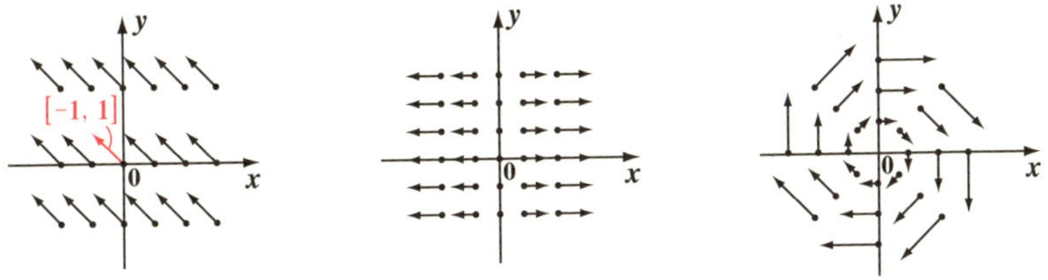

いずれも，xy 平面全体が平面ベクトル場で，(ex1) は，定ベクトルによるベクトル場，(ex2) は，左右外側に行く程ベクトルの大きさが大きくなって，発散していくベクトル場，そして，(ex3) は渦を巻いた形のベクトル場であることが分かると思う。

(ii) 空間ベクトル場について

空間領域 D 内の各点 $(x,\ y,\ z)$ に，ベクトル値関数

$$\boldsymbol{f}(x,\ y,\ z)=[\underbrace{f_1(x,\ y,\ z)}_{x\text{成分}},\ \underbrace{f_2(x,\ y,\ z)}_{y\text{成分}},\ \underbrace{f_3(x,\ y,\ z)}_{z\text{成分}}]$$

が対応づけられているとき，この領域 D を“**空間ベクトル場**”と呼ぶ。これは，平面ベクトル場のように図で示すことは難しい。しかし，空間

領域 D 内のすべての点 $(x,\ y,\ z)$ にベクトル $f(x,\ y,\ z)$ が貼り付けられていると考えればいいんだね。

では，空間ベクトル場について，次の例題を解いてみよう。

例題 4　空間ベクトル場 $f(x,\ y,\ z)=[x+z,\ 2z,\ 1-y]$ における次の各点に対応する空間ベクトルを求めよう。

(i) $(0,\ 0,\ 0)$，　(ii) $(1,\ 2,\ -1)$，　(iii) $(-2,\ 1,\ 2)$

(i) 原点 $(0,\ 0,\ 0)$ に対応するベクトルは，

$$f(0,\ 0,\ 0)=[\underbrace{0+0}_{x+z},\ \underbrace{2\times 0}_{2z},\ \underbrace{1-0}_{1-y}]=[0,\ 0,\ 1]$$ である。

(ii) 点 $(1,\ 2,\ -1)$ に対応するベクトルは，

$$f(1,\ 2,\ -1)=[1-1,\ 2\times(-1),\ 1-2]=[0,\ -2,\ -1]$$ である。

(iii) 点 $(-2,\ 1,\ 2)$ に対応するベクトルは，

$$f(-2,\ 1,\ 2)=[-2+2,\ 2\times 2,\ 1-1]=[0,\ 4,\ 0]$$ である。

どう？これで空間ベクトル場では，各点にベクトルが貼り付けられていることが，具体的に理解できたでしょう？

● まず，1 変数関数の微分の復習をしよう！

平面スカラー場 $f(x,\ y)$ や空間スカラー場 $f(x,\ y,\ z)$ は，多変数関数になるので，その微分には"偏微分(へんびぶん)"と"全微分(ぜんびぶん)"の 2 種類が存在する。でも，これらを解説する前に，まず，1 変数関数の微分公式を復習しておこう。微分計算の 8 つの基本公式を下に示す。

微分計算の 8 つの基本公式

(1) $(x^{\alpha})'=\alpha x^{\alpha-1}$　　(2) $(\sin x)'=\cos x$

(3) $(\cos x)'=-\sin x$　　(4) $(\tan x)'=\dfrac{1}{\cos^2 x}$　（$\sec^2 x$ とも書く。 $\sec x=\dfrac{1}{\cos x}$ "セカント x"と読む。）

(5) $(e^x)'=e^x$　$(e\fallingdotseq 2.72)$　　(6) $(a^x)'=a^x\cdot\log a$

(7) $(\log x)'=\dfrac{1}{x}$　$(x>0)$　　(8) $\{\log f(x)\}'=\dfrac{f'(x)}{f(x)}$　$(f(x)>0)$

（ただし，α は実数，$a>0$ かつ $a\neq 1$）

さらに，微分計算の3つの重要公式を下に示す。

微分計算の3つの重要公式

$f(x)=f$，$g(x)=g$ と略記して表すと，次の公式が成り立つ。

(1) $(f\cdot g)'=f'\cdot g+f\cdot g'$

(2) $\left(\dfrac{f}{g}\right)'=\dfrac{f'\cdot g-f\cdot g'}{g^2}$ ← $\left(\dfrac{分子}{分母}\right)'=\dfrac{(分子)'\cdot 分母-分子\cdot(分母)'}{(分母)^2}$ と口ずさみながら覚えるといいよ！

(3) **合成関数の微分**

$$y'=\frac{dy}{dx}=\frac{dy}{dt}\cdot\frac{dt}{dx}$$

← 複雑な関数の微分で威力を発揮する公式だ。

これらを利用することによって，様々な1変数関数 $f(x)$ の導関数 $f'(x)$ を求めることができるんだね。次の例題で練習しておこう。

例題5　次の関数の導関数を求めよう。

(1) $x\cdot\sin x$　(2) $\dfrac{\cos x}{x}$　(3) $\sin 2x$

(1) $(x\cdot\sin x)'=\underbrace{x'}_{1}\cdot\sin x+x\cdot\underbrace{(\sin x)'}_{\cos x}$ ← 公式：$(f\cdot g)'=f'\cdot g+f\cdot g'$ を使った。

$=\sin x+x\cos x$ となる。

(2) $\left(\dfrac{\cos x}{x}\right)'=\dfrac{\overbrace{(\cos x)'}^{-\sin x}\cdot x-\cos x\cdot\overbrace{x'}^{1}}{x^2}$ ← 公式：$\left(\dfrac{f}{g}\right)'=\dfrac{f'\cdot g-f\cdot g'}{g^2}$ を使った。

$=\dfrac{-x\sin x-\cos x}{x^2}=-\dfrac{x\sin x+\cos x}{x^2}$ となる。

(3) $(\sin\underbrace{2x}_{t\text{とおく}})'=\dfrac{d(\sin 2x)}{dx}=\underbrace{\dfrac{d(\sin t)}{dt}}_{\cos t=\cos 2x}\cdot\underbrace{\dfrac{dt}{dx}}_{\frac{d(2x)}{dx}=2}=2\cos 2x$ ← 合成関数の微分 $\dfrac{dy}{dx}=\dfrac{dy}{dt}\cdot\dfrac{dt}{dx}$

(3)は公式：$(\sin mx)'=m\cos mx$ として覚えよう。またもう一つ，$(\cos mx)'=-m\sin mx$ (m：定数) も公式として覚えておこう。よく出てくる微分公式だからね。

● スカラー値関数の偏微分と全微分をマスターしよう！

平面スカラー値関数 $f(x, y)$ や空間スカラー値関数 $f(x, y, z)$ は，多変数関数なので，これらの微分には“**偏微分**(へんびぶん)”と“**全微分**(ぜんびぶん)”の **2** 種類が存在するんだね。まず，**2** 変数関数 $f(x, y)$ の偏微分のやり方について，例題を使って解説しよう。

平面スカラー場(平面スカラー値関数)

(ex) $f(x, y) = x^2 \cdot y - x + y$ について，

・この x での偏微分 $\dfrac{\partial f}{\partial x}$ は，y を定数と考えて，

これは，f_x と略記してもいい。

1 変数関数 $f(x)$ の常微分 $\dfrac{df}{dx}$ と区別するため，$\dfrac{\partial f}{\partial x}$ と表す。

$$f_x = \frac{\partial f}{\partial x} = \frac{\partial}{\partial x}(x^2 \cdot y - x + y) = 2x \cdot y - 1 + 0 = 2xy - 1 \text{ となる。}$$

定数扱い

・同様に，y での偏微分 $\dfrac{\partial f}{\partial y}$ $(= f_y)$ は，x を定数と考えて，

略記

$$f_y = \frac{\partial f}{\partial y} = \frac{\partial}{\partial y}(x^2 \cdot y - x + y) = x^2 \cdot 1 - 0 + 1 = x^2 + 1 \text{ となる。}$$

定数扱い

これで，多変数関数の偏微分の要領はつかめただろうから，次は，**3** 変数関数(空間スカラー場)$f(x, y, z)$ の偏微分の計算を，次の例題でやってみよう。

> 例題 6　空間スカラー場 $f(x, y, z) = z \cdot \sin x - 2xy$ について，偏微分 f_x，f_y，f_z を求めよう。

・x での偏微分では，y と z は定数扱いにして，

$$f_x = \frac{\partial f}{\partial x} = \frac{\partial}{\partial x}(z \cdot \sin x - 2y \cdot x) = z \cdot \cos x - 2y \cdot 1$$

定数扱い

$$= z \cdot \cos x - 2y \text{ となる。}$$

・y での偏微分では，z と x は定数扱いにして，

$$f_y=\frac{\partial f}{\partial y}=\frac{\partial}{\partial y}(z\cdot\sin x-2x\cdot y)=-2x\cdot 1=-2x$$ となる。

定数扱い

・z での偏微分では，x と y は定数扱いにして，

$$f_z=\frac{\partial f}{\partial z}=\frac{\partial}{\partial z}(z\cdot\sin x-2xy)=1\cdot\sin x=\sin x$$ となる。

定数扱い

以上で，スカラー値関数 $f(x,\ y)$ と $f(x,\ y,\ z)$ の偏微分の計算のやり方もマスターして頂けたと思う。

そして，この偏微分は常微分のときと同様に，次の公式が成り立つ。

偏微分の公式

f，g は共に偏微分可能な多変数関数とする。

(1) $(kf)_x=kf_x$ （k：定数）　(2) $(f\pm g)_x=f_x\pm g_x$

(3) $(fg)_x=f_xg+fg_x$　(4) $\left(\frac{f}{g}\right)_x=\frac{f_xg-fg_x}{g^2}$

(5) $f_x=\frac{\partial f}{\partial x}=\frac{df}{du}\cdot\frac{\partial u}{\partial x}$ （合成関数の偏微分）

（以上は，x についてのみの偏微分の公式を示したが，y，z などについても同様である。）

次，2 階偏微分 $f_{xx}=\frac{\partial^2 f}{\partial x^2}$，$f_{yy}=\frac{\partial^2 f}{\partial y^2}$ については問題ないね。

（f を x で 2 階偏微分）（f を y で 2 階偏微分）

では，$f_{xy}=\frac{\partial}{\partial y}\left(\frac{\partial f}{\partial x}\right)=\frac{\partial^2 f}{\partial y\partial x}$，$f_{yx}=\frac{\partial}{\partial x}\left(\frac{\partial f}{\partial y}\right)=\frac{\partial^2 f}{\partial x\partial y}$ についてだけれど，

（f を x で偏微分した後に，y で偏微分したもの）（f を y で偏微分した後に，x で偏微分したもの）

f_{xy} と f_{yx} が共に連続ならば，

$f_{xy}=f_{yx}$ ……(*) が成り立つ。これを“**シュワルツの定理**”という。

これも重要公式だから覚えておこう。

それでは，次に，スカラー値関数の“**全微分**”について解説しよう。全微分の定義は次の通りだ。

全微分の定義

(Ⅰ) 2変数スカラー値関数 $f(x, y)$ が全微分可能のとき，

$$df = \frac{\partial f}{\partial x}dx + \frac{\partial f}{\partial y}dy \quad \cdots\cdots(**)$$ が成り立ち，

これを“**全微分**”という。

(Ⅱ) 3変数スカラー値関数 $f(x, y, z)$ が全微分可能のとき，

$$df = \frac{\partial f}{\partial x}dx + \frac{\partial f}{\partial y}dy + \frac{\partial f}{\partial z}dz \quad \cdots\cdots(**)'$$ が成り立ち，

これを“**全微分**”という。

このように，全微分とは，偏微分で表されることが分かったと思う。この図形的な意味はここでは解説はしない。この $(**)$ や $(**)'$ の定義に従って，ここでは全微分を求めることができればいいんだね。

例題6 (P22) で解説したスカラー値関数 $f(x, y, z) = z\sin x - 2xy$ の全微分 df は，この偏微分が，$f_x = z\cdot\cos x - 2y$，$f_y = -2x$，$f_z = \sin x$ であることから，

$$df = f_x dx + f_y dy + f_z dz$$
$$= (z\cos x - 2y)\cdot dx - 2x\cdot dy + \sin x\cdot dz$$ となるんだね。大丈夫？

● ベクトル値関数の偏微分は成分毎に行う！

では次，ベクトル値関数，すなわち，平面ベクトル場 $\boldsymbol{f}(x, y) = [f_1, f_2]$ や空間ベクトル場 $\boldsymbol{f}(x, y, z) = [f_1, f_2, f_3]$ の偏微分について解説しよう。ン？ベクトルの偏微分なんて，とても難しそうだって!?…そうでもないんだね。たとえば，ベクトル値関数を変数 x で偏微分する場合，ベクトル値関数の各成分毎に偏微分を行えばいいだけだからね。

次に，平面ベクトル場 $\boldsymbol{f}(x, y)$ と空間ベクトル場 $\boldsymbol{f}(x, y, z)$ の偏微分の定義を示そう。

ベクトル値関数の偏微分

(Ⅰ) 平面ベクトル場 $\boldsymbol{f}(x,\ y)=[f_1(x,\ y),\ f_2(x,\ y)]$ が偏微分可能のとき，その x, y による偏微分は次のようになる。

$$\frac{\partial \boldsymbol{f}}{\partial x}=\left[\frac{\partial f_1}{\partial x},\ \frac{\partial f_2}{\partial x}\right],\quad \frac{\partial \boldsymbol{f}}{\partial y}=\left[\frac{\partial f_1}{\partial y},\ \frac{\partial f_2}{\partial y}\right]$$

(Ⅱ) 空間ベクトル場 $\boldsymbol{f}(x,\ y,\ z)=[f_1(x,\ y,\ z),\ f_2(x,\ y,\ z),\ f_3(x,\ y,\ z)]$ が偏微分可能のとき，その x, y, z による偏微分は次のようになる。

$$\frac{\partial \boldsymbol{f}}{\partial x}=\left[\frac{\partial f_1}{\partial x},\ \frac{\partial f_2}{\partial x},\ \frac{\partial f_3}{\partial x}\right],\quad \frac{\partial \boldsymbol{f}}{\partial y}=\left[\frac{\partial f_1}{\partial y},\ \frac{\partial f_2}{\partial y},\ \frac{\partial f_3}{\partial y}\right]$$

$$\frac{\partial \boldsymbol{f}}{\partial z}=\left[\frac{\partial f_1}{\partial z},\ \frac{\partial f_2}{\partial z},\ \frac{\partial f_3}{\partial z}\right]$$

それでは，例題を解いておこう。

例題 7　平面ベクトル場 $\boldsymbol{f}(x,\ y)=[x+y,\ x\cdot y]$ の 2 つの偏微分 $\boldsymbol{f}_x$ と $\boldsymbol{f}_y$ を求めてみよう。

・x での偏微分では，y は定数と考えて，

$$\boldsymbol{f}_x=\frac{\partial \boldsymbol{f}}{\partial x}=\frac{\partial}{\partial x}[x+y,\ x\cdot y]=\left[\frac{\partial}{\partial x}(x+y),\ \frac{\partial}{\partial x}(xy)\right]$$

（定数扱い）（定数扱い）（成分毎に x で偏微分する。）

$=[1,\ 1\cdot y]=[1,\ y]$ となる。

・y での偏微分では，x は定数と考えて，

$$\boldsymbol{f}_y=\frac{\partial \boldsymbol{f}}{\partial y}=\frac{\partial}{\partial y}[x+y,\ x\cdot y]=\left[\frac{\partial}{\partial y}(x+y),\ \frac{\partial}{\partial y}(x\cdot y)\right]$$

（定数扱い）（定数扱い）

$=[1,\ x\cdot 1]=[1,\ x]$ となって答えだ！

どう？思った程難しくはなかったでしょう？

以上で，偏微分と全微分の計算のやり方にも慣れて頂けたと思う。この後は，“**電磁気学のプロローグ**”で，これから学ぶ電磁気学の大枠について，解説しよう。

§3. 電磁気学のプロローグ(序章)

さァ，これから，“**電磁気学のプロローグ**”として，高校から大学の電磁気学を学ぶ流れについて，解説しよう。そのためにまず，高校で習った電磁気学の復習から始めよう。

高校の電磁気学では，主に(i)クーロンの法則，(ii)単磁荷は存在しないこと，(iii)アンペールの法則，(iv)ファラデーの電磁誘導の法則，そして，(v)ローレンツ力について学習したと思う。まず，これらの法則について復習し，この最初の(i)～(iv)の **4** つの法則が，大学で学ぶ電磁気学の **4** つの“**マクスウェルの方程式**”に対応していることを示そう。このマクスウェルの方程式は発散(**div**)や回転(**rot**)など，“**ベクトル解析**”の記号で表現されるので，まだ今の時点では理解できないと思う。でも，この後，詳しく解説していくので，心配は不要です。

ここではさらに，電磁気学で頻出の磁束 Φ(**Wb**)や磁束密度 $\boldsymbol{B}$(**Wb/m²**)，…などの単位についても，分かりやすく解説するつもりだ。

● クーロンの法則から解説しよう！

高校で習う電磁気学で，最初に出てくるのが“**クーロンの法則**”なんだね。

クーロンの法則によると，図 **1** に示すように，r(**m**)だけ離して置かれた，電気量 q_1(**C**)と q_2(**C**)の **2** つの点電荷が互いに及ぼし合う力 f は，$q_1 \times q_2$ に比例し，r^2 に反比例する。

“クーロン”と読む。電気量(電荷)の単位

これを“クーロン力”という。

図1　クーロン力

(i) $q_1q_2 > 0$ のとき斥力

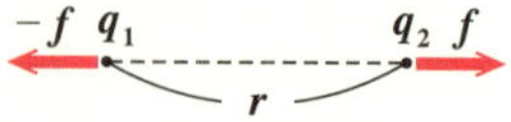

(ii) $q_1q_2 < 0$ のとき引力

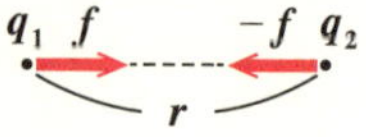

よって，クーロン力 f の大きさは，次の公式($*a$)で表すことができる。これは，形式的には，ニュートンの“**万有引力の法則**(ばんゆういんりょく)”と類似しているので，これらを並べて示そう。

r(**m**)だけ離して置かれた質量 m_1(**kg**)と m_2(**kg**)の **2** つの質点が互いに及ぼす引力の大きさ f を求める法則のことで，公式($*$)で表される。

・クーロンの法則

$$f = k\frac{q_1 q_2}{r^2} \quad \cdots\cdots (*a)$$

$\left(\begin{array}{l} k：比例定数 \\ k \fallingdotseq 8.988 \times 10^9 \ (\mathrm{Nm^2/C^2}) \end{array} \right)$

これは，$k \fallingdotseq 9.0 \times 10^9 \ (\mathrm{Nm^2/C^2})$ と覚えておいてもいい。

・万有引力の法則

$$f = G\frac{m_1 m_2}{r^2} \quad \cdots\cdots (*)$$

$\left(\begin{array}{l} G：万有引力定数 \\ G \fallingdotseq 6.672 \times 10^{-11} \ (\mathrm{Nm^2/kg^2}) \end{array} \right)$

これは，$G \fallingdotseq 6.7 \times 10^{-11} \ (\mathrm{Nm^2/kg^2})$ と覚えておいてもいい。

このように，$(*a)$ のクーロン力と $(*)$ の万有引力の公式は，同じ形をしているので，この後は，力学で学んだ様々な公式や手法がそのまま電磁気学にも当てはまるんじゃないかって？残念ながら，その予想とは違って，実際には，電磁気学は力学とはまったく異なる公式や手法を利用することになるんだね。

その主な理由は，次に挙げる **3** つなんだね。

(Ⅰ) 万有引力には，文字通り引力のみしか働かない。しかし，電荷には正と負 (⊕と⊖) が存在し，図 **1** に示すように，

(ⅰ) q_1 と q_2 が同符号 (⊕と⊕，または ⊖と⊖) のときは，斥力が働き，

(ⅱ) q_1 と q_2 が異符号 (⊕と⊖，または ⊖と⊕) のときは，引力が働く。

(Ⅱ) $(*a)$ と $(*)$ のそれぞれの比例定数 $k \fallingdotseq 8.988 \times 10^9 \ (\mathrm{Nm^2/C^2})$ と $G \fallingdotseq 6.672 \times 10^{-11} \ (\mathrm{Nm^2/kg^2})$ を比べれば分かるように，万有引力に比べてクーロン力は巨大な力となり得る。

(Ⅲ) ニュートン力学において，質点がある程度の速さで運動しても空間に何の影響も与えないが，電磁気学においては，電荷が運動したり，電流が流れたりすると，そのまわりには，磁場が発生することになる。

(Ⅰ) **2** つの点電荷の符号により，クーロン力 f が斥力(せきりょく)または引力(いんりょく)になり得ることは，読者の皆さんは既にご存知だと思う。

(Ⅱ) クーロン力と万有引力の大きさの違いを実感してもらうために，次の例題を設けた。実際に計算して，確かめてみよう。

例題 8　他から何の影響も受けない宇宙空間に，質量 **100 (t)** で等しい **2** つの質点 P_1 と P_2 を **100 (m)** だけ離して置いたものとする。これらの **2** 質点は，共に $+0.1$ **(C)** の電荷をもつものとする。このとき，次の公式

$$\begin{cases} \text{(i) 万有引力の公式：} f_1 = G\dfrac{m_1 m_2}{r^2} \cdots\cdots (*) \\ \text{(ii) クーロン力の公式：} f_2 = k\dfrac{q_1 q_2}{r^2} \cdots\cdots (*a) \end{cases}$$

を用いて，万有引力 f_1 とクーロン力 f_2 を求めよう。(ただし，$G = 6.7\times10^{-11}\,(\mathrm{Nm^2/kg^2})$，$k = 9.0\times10^{9}\,(\mathrm{Nm^2/C^2})$ とする。)

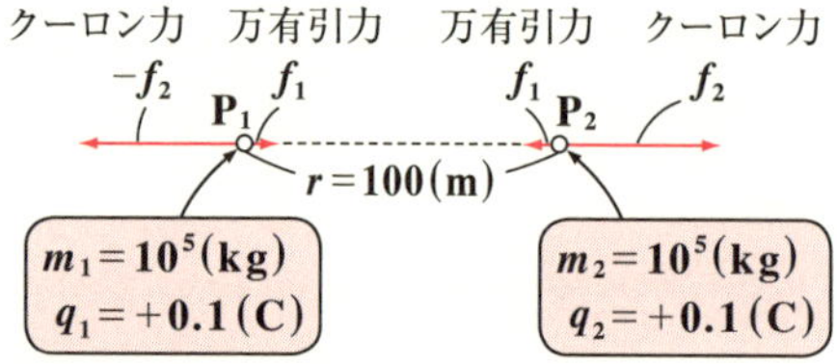

右図に示すように，宇宙空間に $r = 100\,(\mathrm{m})$ だけ離して置かれた **2** つの帯電した質点 P_1 と P_2 の質量 m_1，m_2 と電荷 (電気量) q_1，q_2 は，

$m_1 = m_2 = 100\,(\mathrm{t}) = 10^2\times10^3\,(\mathrm{kg}) = 10^5\,(\mathrm{kg})$ であり，

(トン $(1\mathrm{t} = 10^3\mathrm{kg})$)

$q_1 = q_2 = +0.1\,(\mathrm{C})$ である。また，$r = 10^2\,(\mathrm{m})$ である。

(i) $(*)$ より，この **2** つの質点に働く万有引力の大きさ f_1 を求めると，

$$f_1 = G\frac{m_1\cdot m_2}{r^2} = 6.7\times10^{-11}\times\frac{10^5\times10^5}{(10^2)^2} = 6.7\times\underbrace{10^{-11}\times10^{10}\times10^{-4}}_{10^{-11+10-4} = 10^{-5}}$$

$= 6.7\times10^{-5}\,(\mathrm{N})$ となる。これに対して，

(ii) $(*a)$ より，この **2** つの質点に働くクーロン力 (斥力) の大きさ f_2 を求めると，

$$f_2 = k\frac{q_1\cdot q_2}{r^2} = 9.0\times10^9\times\frac{0.1\times0.1}{(10^2)^2} = 9.0\times\underbrace{10^9\times10^{-2}\times10^{-4}}_{10^{9-2-4} = 10^3}$$

$= 9.0\times10^3\,(\mathrm{N})$ となるんだね。

これから，かなり質量の大きな **2** つの質点であっても，その万有引力の大きさ f_1 は，クーロン力の大きさ f_2 に対して，**1** 億分の **1** 未満でしかないことが分かるんだね。

(Ⅲ) ニュートン力学では，ある程度の質量をもつ質点が座標空間内をある程度の速さで運動しても，まわりの空間に特に変化はない。これに対して，

光速 $c = 2.998 \times 10^8 (m/s)$ よりもずっと小さな速さという意味だね。

ある電気量をもった電荷が運動したり，電流が流れると，そのまわりに磁場(磁界)が発生する。これは，ニュートン力学では考えられなかった現象で，電場と磁場が互いに影響し合う複雑な系を取り扱わなければならないことが分かると思う。これが，電磁気学が力学とはまったく異なる考え方や手法を必要とする決定的な理由になるんだね。

● クーロンの法則から電場を導入しよう！

クーロンの法則：$f = k\dfrac{q_1 q_2}{r^2}$ ……(∗a) を変形して，

$f = k\dfrac{q_1}{r^2} \cdot q_2$ とし，さらに $E = k\dfrac{q_1}{r^2}$ とおくと，

($k\dfrac{q_1}{r^2}$ = E(電場))

$f = q_2 E$ ……(∗a)′ となるのはいいね。

ここで，この E(N/C) のことを“**電場**”(または“**電界**”)と呼ぶ。ンッ？こんなことをして，何になるのかって？

実は，クーロン力もこの電場も，本当はベクトルとして，それぞれ $\boldsymbol{f}$, $\boldsymbol{E}$ などとおくべきものなんだ。でも，今はまだプロローグなので，簡単にスカラー量として表している。

一般に，力には“**近接力**(きんせつりょく)”と“**遠隔力**(えんかくりょく)”の 2 種類がある。2 つの物体が接触した状態で及ぼし合う力のことを“**近接力**”といい，これに対して，**万有引力**のように，2 つの物体が離れた状態で及ぼし合う力のことを“**遠隔力**”というんだね。

クーロン力も万有引力と同様の式で表されるので，これも初めは遠隔力として考えられていた。しかし，ファラデーは，“**電気力線**(でんきりきせん)”や“**電場**(でんば)”の考え方を導入して，このクーロン力も近接力として扱うことを提案したんだね。現在では，前述したスカラー場やベクトル場などの“**場**”の考え方は一般的なんだけれど，当時この“**場**”の考え方は画期的なものだったんだ。

これから，詳しく解説しよう。

ファラデーの考え方では，まず，図2(i)に示すように，電荷 q_1 が存在することによって，ちょうど豆電球からまわりに光線が放射されるように，q_1 を中心に放射状に電気力線が出て，q_1 のまわりの空間に電場 E が形成されるものとしたんだね。そして，図2(ii)に示すように，この電場 E の中に置かれた点電荷 q_2 が，電場 E と接触することにより，

$f = q_2E$ ……(*a)′ の力を受けると考えた。つまり，クーロン力 f は，点電荷 q_2 と電場 E との近接力と考えたんだね。

図2 電気力線と電場

(i) 電荷 q_1 のまわりにできる電場 E

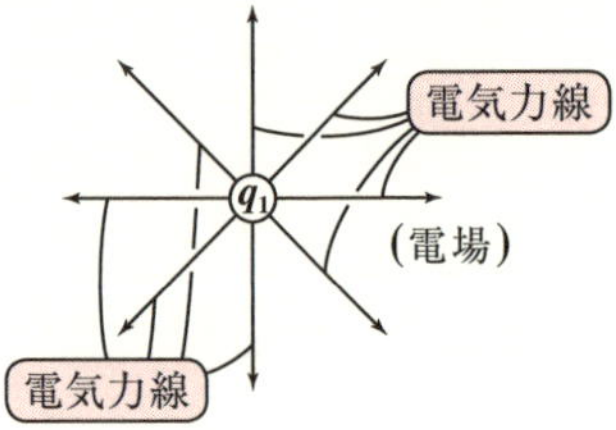

(ii) 電場 E から力を受ける電荷 q_2

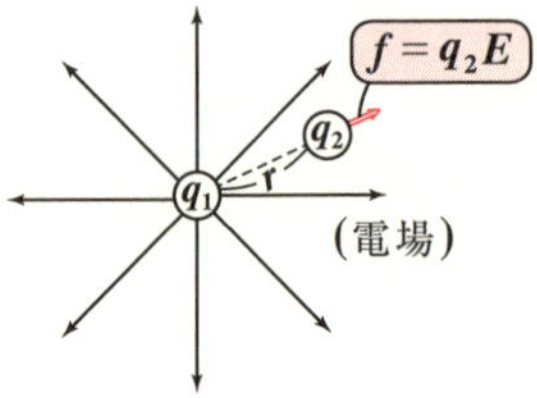

このように平面や空間に，スカラー場やベクトル場を想定して問題を解いていく手法は，電磁気学ではよく用いられるやり方なので，シッカリ頭に入れておこう。

● 単電荷は存在しても単磁荷は存在しない！

では次に，単電荷は存在するが，単磁荷は存在し得ないことを説明しよう。図3に，原子構造のイメージを示そう。物質を構成する原子は，陽子(ようし)と中性子(ちゅうせいし)からなる原子核のまわりに，陽子（正の電荷⊕をもつ）と同じ個数の電子（負の電荷⊖をもつ）が雲のように広がった状態で存在する。したがって，1つの原子で見た場合，これは電気的には完全に中性になるんだね。

図3 原子の構造のイメージ
(電子と原子核)

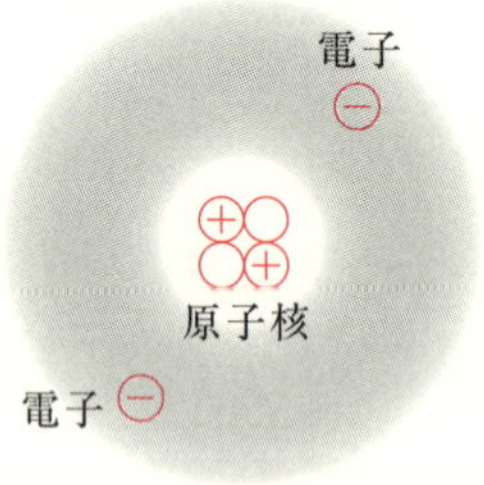

（陽子⊕と中性子◯からなる原子核のまわりに，陽子と同数の電子⊖が雲のように広がって存在するイメージだ！）

このような電子や陽子が荷う最小単位の電気量のことを“**電気素量**”といい，これを e で表すと，

$e = 1.602 \times 10^{-19}$(C) であることが分かっている。

このように，⊕の電荷と⊖の電荷の正体が陽子と電子であるため，図4に示すように，電荷には，正の点電荷や負の点電荷，すなわち単電荷は存在し得るんだね。具体的には，正の点電荷 $+q$(C) は，陽子やプラスイオンの集合体と考えればいいし，負の点電荷 $-q$(C) は，電子やマイナスイオンの集合体と考えればいいんだね。

図4　単電荷は存在する

これに対して，磁石の場合は，**N** 極と **S** 極があり，**N** と **N**(または，**S** と **S**) の間には斥力が働き，**N** と **S** の間には引力が働く。よって，電荷のときと同様に取り扱えると思うかも知れないね。しかし，図5に示すように，**N** 極と **S** 極をもつ棒磁石を真ん中で **2** つに切断しても **2** つの **N** 極と **S** 極をもつ磁石が現われる。これらをさらに **4** つに切断しても，**8** つに切断しても…，同様に **4** つや **8** つの **N** 極と **S** 極をもった短い棒磁石が出来るだけで，**N** 極だけ，または **S** 極だけの単磁荷が存在することはないんだね。これは重要なことなので，シッカリ頭に入れておこう。

図5　単電荷は存在しない

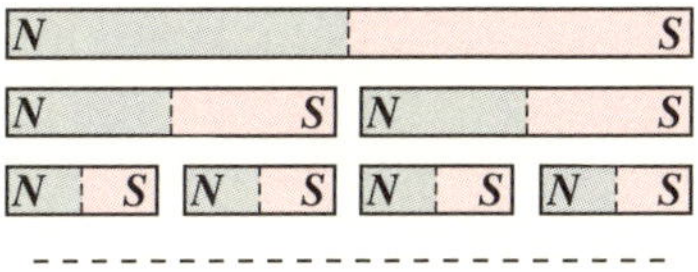

ここで，電場 E のときと同様に，**N** 極と **S** 極をもった磁石のまわりには空間の変化が生じる。この空間の変化のことを“**磁場**”といい，これは，H(A/m) で表す。では，この磁場 H を求める“**アンペールの法則**”についても復習しておこう。

● アンペールの法則についても復習しよう！

電場 E とは違って，磁場 H は単磁荷のまわりに生じるものではないんだね。何故なら，単磁荷は存在しないからだ。では，磁場 H はどのような場合に生じるのか？これは，「運動する電荷や電流の作用の結果として生じる」と

言う以外ないんだね。

この電流 I(A) と磁場 H(A/m) との関係を表す法則として，高校物理でも

（この単位は“アンペア”と読む。）

有名な“**アンペールの法則**”がある。これは，図6に示すように，I(A) の直線電流のまわりに発生する磁場 H(A/m) は，I に比例し，直線電流からの垂直距離 r(m) に反比例して次の公式：

図6 アンペールの法則

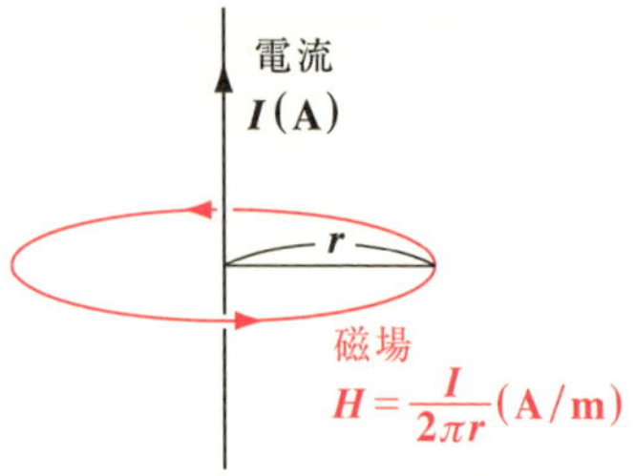

$$H = \frac{I}{2\pi r} \quad \cdots\cdots(*b)$$

で表されるというものなんだね。

ここで，図6に示すように，電流 I のまわりの磁場 H を表す磁力線（じりょくせん）が円形のループを描いて回転していることに気を付けよう。つまり，単磁荷は存在しないので，磁力線は湧き出したり，消滅したりすることなく，常にループ（閉曲線）を描くということを意味しているんだね。

ちなみに，導線に I(A) の電流が流れるということは，1秒間に導線のある断面を 1(C) の電荷が通過していくことを表している。つまり，

I(A) = 1(C/s) ……$(*c)$ となることも覚えておこう。

それでは，アンペールの法則の問題を，次の例題で解いてみよう。

> 例題9 $I = 0.1$(A) の直線電流に対して垂直な距離 $r = \frac{1}{2}$, 1, 2, 4 (m) における磁場 H(A/m) を求め，rH 座標上に r と H の関係を表すグラフを描こう。

$I = 0.1$(A) の直線電流に対して垂直な距離 r(m) における磁場 H(A/m) は，

アンペールの法則：$H = \frac{I}{2\pi r}$ ……$(*b)$ を用いて，

$H = \frac{0.1}{2\pi r} = \frac{1}{20\pi} \cdot \frac{1}{r}$ ……① となる。よって，①より，

(i) $r = \frac{1}{2}$ のとき，$H = \frac{1}{20\pi} \times \frac{1}{\frac{1}{2}} = \frac{1}{10\pi} \fallingdotseq 0.032\,(\mathrm{A/m})$

(ii) $r = 1$ のとき，$H = \frac{1}{20\pi} \times \frac{1}{1} \fallingdotseq 0.016\,(\mathrm{A/m})$

(iii) $r = 2$ のとき，

$H = \frac{1}{20\pi} \times \frac{1}{2} \fallingdotseq 0.008\,(\mathrm{A/m})$

(iv) $r = 4$ のとき，

$H = \frac{1}{20\pi} \times \frac{1}{4} \fallingdotseq 0.004\,(\mathrm{A/m})$

となる。よって，r と H の曲線を表すグラフは，右図のようになる。

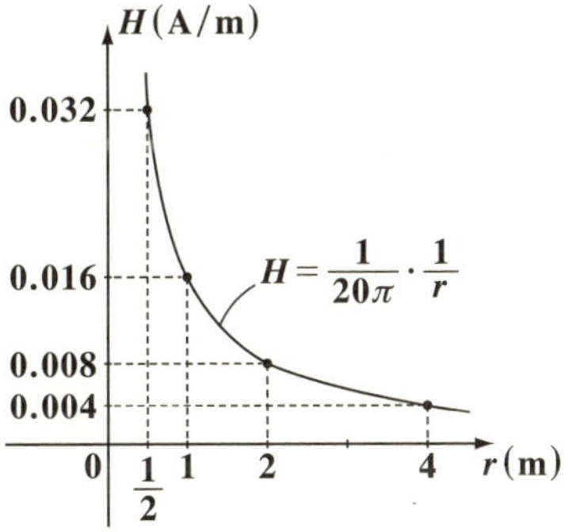

● ファラデーの電磁誘導の法則も復習しよう！

アンペールの法則により，電流 I から磁場 H が生ずるのであれば，逆に磁場から電流を取り出すことができるのでないかと考えたファラデーは，次の“**電磁誘導の法則**(でんじゆうどう)”を発見した。高校では，これを $V = -\frac{\Delta\Phi}{\Delta t}$ と表していたと思うけれど，大学の電磁気学では，これを微分表示にして，

$V = -\frac{d\Phi}{dt}\,(\mathrm{V})$ ……$(*d)$ と表すことにしよう。

（この単位は“ボルト”と読む。）

図7 電磁誘導の法則

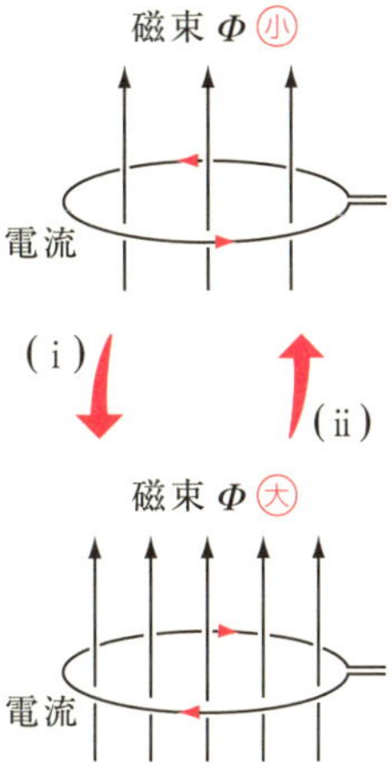

図7に示すように，円形の導線内の磁束 $\Phi(\mathrm{Wb})$ を

（この単位は“ウェーバー”と読む。）

時刻 t(s) の経過と供に，

(i) 小 → 大 に増加させると，この磁束 Φ の変化を妨げる向き，すなわち Φ を減少させる向きに起電力 V(V) が生じ，

(ii) 大 → 小 に減少させると，この磁束 Φ の変化を妨げる向き，すなわち Φ を増加させる向きに起電力 V が生じるんだね。

このように，円形の導線内の磁束 Φ(Wb) の変化を妨げる向きに発生する起電力のことを "**誘導起電力**(ゆうどうきでんりょく)" V(V) と呼ぶ。この誘導起電力 V により，導線の抵抗 $R(\Omega)$ の大きさに反比例して，円形の導線に電流 $I\left(=\dfrac{V}{R}\right)$ が流れることになる。

（この単位は "オーム" と読む。）

このように，磁束 Φ を変化させるという力学的な仕事から，起電力を発生させて電流をとり出す操作の法則が "**ファラデーの電磁誘導の法則**"：

$$V=-\frac{d\Phi}{dt}\quad\cdots\cdots(*d)$$ なんだね。

この電磁誘導の法則についても，次の例題で練習しておこう。

例題 10　右図に示すように，円形の導線の内部の磁束 Φ(Wb) を

$$\Phi=\sin\frac{1}{2}t\quad\cdots\cdots①$$

$(t$：時刻 (s)，$t\geqq 0)$

により変化させたとき，この導線に生ずる誘導起電力 V(V) を求め，Φ と V の経時変化のグラフを示そう。

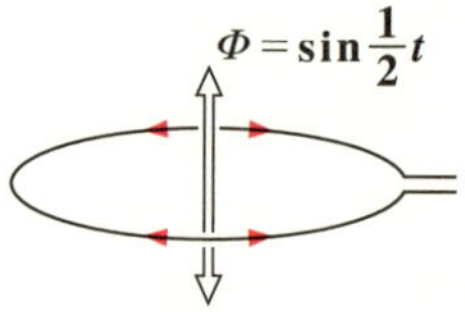

ファラデーの電磁誘導の公式：$V=-\dfrac{d\Phi}{dt}$ ……$(*d)$ に，①を代入すると，

$$V=-\frac{d}{dt}\left(\sin\frac{1}{2}t\right)=-\frac{1}{2}\cos\frac{1}{2}t\quad\cdots\cdots②$$

（微分公式：$(\sin mx)'=m\cos mx$ (m：定数) を用いた。）

となる。よって，

磁束：$\Phi = \sin\frac{1}{2}t$ ……① と

誘導起電力：

$V = -\frac{1}{2}\cos\frac{1}{2}t$ ……② の

$t \geqq 0$ における経時変化のグラフは，右図のようになるんだね。大丈夫？

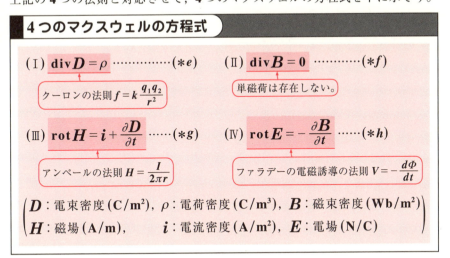

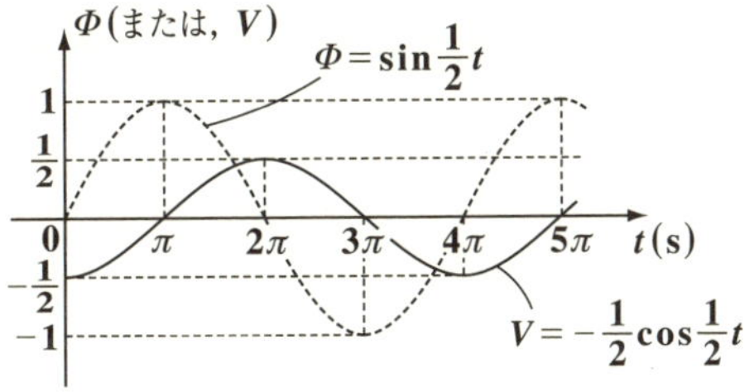

● マクスウェルの4つの方程式を紹介しよう！

このプロローグでは，高校の電磁気学で習う(i)クーロンの法則，(ii)単磁荷は存在しないこと，(iii)アンペールの法則，そして(iv)ファラデーの電磁誘導の法則について復習してきた。そして，実は，これらは，大学で学ぶ電磁気学でも最も重要な法則なんだけれど，これらをさらに洗練された形式で，4つの"**マクスウェルの方程式**"として表現することができるんだね。上記の4つの法則と対応させて，4つのマクスウェルの方程式を下に示そう。

4つのマクスウェルの方程式

(I) $\mathrm{div}\boldsymbol{D} = \rho$ ……………(*e)

クーロンの法則 $f = k\frac{q_1 q_2}{r^2}$

(II) $\mathrm{div}\boldsymbol{B} = 0$ …………(*f)

単磁荷は存在しない。

(III) $\mathrm{rot}\boldsymbol{H} = \boldsymbol{i} + \frac{\partial \boldsymbol{D}}{\partial t}$ ……(*g)

アンペールの法則 $H = \frac{I}{2\pi r}$

(IV) $\mathrm{rot}\boldsymbol{E} = -\frac{\partial \boldsymbol{B}}{\partial t}$ ……(*h)

ファラデーの電磁誘導の法則 $V = -\frac{d\Phi}{dt}$

($\boldsymbol{D}$：電束密度$(\mathrm{C/m^2})$，ρ：電荷密度$(\mathrm{C/m^3})$，$\boldsymbol{B}$：磁束密度$(\mathrm{Wb/m^2})$
$\boldsymbol{H}$：磁場$(\mathrm{A/m})$，$\boldsymbol{i}$：電流密度$(\mathrm{A/m^2})$，$\boldsymbol{E}$：電場$(\mathrm{N/C})$)

非常にシンプルにまとめられた美しい4つの公式なんだけれど，これらを今見ておられるほとんどの読者の皆さんにとって，「"**div**"って何？，"**rot**"って何なの!?」って状態だろうと思う。…そう，4つのマクスウェルの方程式は，

“**ベクトル解析**”という数学用語で記述されているんだね。ベクトル解析とは，ベクトルと微分·積分を融合した**1**つの数学分野で，**grad**(グラディエント，勾配ベクトル)や**div**(ダイヴァージェンス，発散)や**rot**(ローテイション，回転)などの記号を使って，様々な物理的な現象を記述していくんだね。したがって，大学の電磁気学を学ぶためには，このベクトル解析の知識と解法の技術を身に付ける必要があるんだね。エッ，気が遠くなりそうって!? 大丈夫！ベクトル解析についても，次の章で，電磁気学を学ぶ上で必要なそのエッセンスを分かりやすく解説するからね。

ここでは，**4**つのマクスウェルの方程式について簡単に概説しておこう。

(Ⅰ)クーロンの法則：$f=k\frac{q_1q_2}{r^2}$ から導かれるマクスウェルの方程式：

$\mathrm{div}\boldsymbol{D}=\rho$ ……$(*e)$ について，

“ダイヴァージェンス$\boldsymbol{D}$”と読む。“$\boldsymbol{D}$の発散”を表す。

$\boldsymbol{D}$(C/m^2)は“**電束密度**(でんそくみつど)”と呼ばれるベクトル量で，現時点では，これは電場$\boldsymbol{E}$(N/C)に真空誘電率ε_0をかけたもの，すなわち，

$\boldsymbol{D}=\varepsilon_0\boldsymbol{E}$ ……① で定義されるベクトルと考えてくれたらいいんだね。

電場も本当はベクトルなので，Eではなく$\boldsymbol{E}$と表している。

ρ(ロー)は単位体積当りの電気量，すなわち電荷密度を表している。そして，$(*e)$の表す意味は，「電荷のあるところでは，電場の発散が生じる」ということなんだね。

(Ⅱ)単磁荷は存在しないことから導かれるマクスウェルの方程式：

$\mathrm{div}\boldsymbol{B}=0$ ……$(*f)$ について，

$\boldsymbol{B}$(Wb/m^2)は“**磁束密度**(じそくみつど)”と呼ばれるベクトル量で，これは，磁場$\boldsymbol{H}$(A/m)に真空の透磁率μ_0をかけたもの，すなわち，

$\boldsymbol{B}=\mu_0\boldsymbol{H}$ ……② で定義されるベクトルのことなんだね。

磁場も本当はベクトルなので，Hではなく$\boldsymbol{H}$と表している。

$(*f)$の意味は，「$\boldsymbol{B}$の発散(ダイヴァージェンス)が**0**であるということより磁場$\boldsymbol{H}$や磁束密度$\boldsymbol{B}$には湧き出しや吸い込みがなく，これらはループ(閉曲線)を描く」ということなんだね。

(Ⅲ) アンペールの法則：$H=\dfrac{I}{2\pi r}$ から導かれるマクスウェルの方程式：

$\mathrm{rot}\,\boldsymbol{H}=\boldsymbol{i}+\dfrac{\partial \boldsymbol{D}}{\partial t}$ ……(∗g) について，

"ローテイション $\boldsymbol{H}$" と読む。"磁場 $\boldsymbol{H}$ の回転" を表す。

$\boldsymbol{i}$ (A/m²) は電流密度と呼ばれるもので，実際にアンペールの法則から導かれる公式は $\mathrm{rot}\,\boldsymbol{H}=\boldsymbol{i}$ なんだね。これから文字通り，電流 $\boldsymbol{i}$ のまわりに回転する磁場 $\boldsymbol{H}$ が生じると，読み取ってくれたらいい。$\dfrac{\partial \boldsymbol{D}}{\partial t}$ は "**変位電流**(へんいでんりゅう)" と呼ばれるもので，時間変化する電磁場の問題に対応させるために，マクスウェルが考案した仮想的な電流なんだね。そして，(∗g) の意味は，「電流や電場の変化による変位電流のまわりでは，回転する磁場が生じる」ということなんだね。

(Ⅳ) ファラデーの電磁誘導の法則：$V=-\dfrac{d\Phi}{dt}$ から導かれるマクスウェルの方程式：

$\mathrm{rot}\,\boldsymbol{E}=-\dfrac{\partial \boldsymbol{B}}{\partial t}$ ……(∗h) について，

この意味は，「変動する磁場のまわりには回転する電場が生じる」ということなんだね。

どう？これで，4 つのマクスウェルの方程式についても，少しはなじみを持てるようになって頂けたかも知れないね。もちろん，この後で，さらに詳しく解説していこう。

ここで，電磁気学にはこの 4 つのマクスウェルの方程式の他にもう 1 つ重要な公式がある。それは，次の "**ローレンツ力**" の公式：

$\boldsymbol{f}=q(\boldsymbol{E}+\boldsymbol{v}\times\boldsymbol{B})$ ……(∗i) なんだね。

(q：スカラー，$\boldsymbol{E}$：ベクトル，$\boldsymbol{v}\times\boldsymbol{B}$：2 つのベクトルの外積（ベクトル）)

(∗i) の内の $\boldsymbol{f}=q\boldsymbol{E}$ は，電場 $\boldsymbol{E}$ の中に置かれた点電荷 q に働く力であることは既に解説した。(∗i) の内のもう 1 つの力 $\boldsymbol{f}=q\boldsymbol{v}\times\boldsymbol{B}$ は，磁束密度 $\boldsymbol{B}(=\mu_0\boldsymbol{H})$ (Wb/m²) の中を速度 $\boldsymbol{v}$ (m/s) で，点電荷 q (C) が運動するときに働く力を表している。ここで $\boldsymbol{v}\times\boldsymbol{B}$ は，$\boldsymbol{v}$ と $\boldsymbol{B}$ の外積を表しているんだね。

以上，5 つの公式について，これから詳しく解説していこう！

● 単位についても解説しよう！

プロローグの最後にもう**1**つ大事な話をしておこう。これまでの解説でも，**N**(ニュートン)，**C**(クーロン)，**A**(アンペア)，**Wb**(ウェーバー)など…，電磁気学では実に様々な単位が登場する。そして，まだ解説していないけれど，これ以外にも**F**(ファラッド)，**T**(テスラ)，**G**(ガウス)など…があり，さらにこれらが組合わされて出てくるので，単位を覚えるだけで大変になってしまうかも知れないね。でも，心配は要りません。

ここで，これらの単位を正確に導くポイントを教えよう。ポイントは次の**2**つだけなんだね。

(i) 公式の両辺の単位は必ず一致する。
(ii) すべての単位は**MKSA**単位系によって表せる。

この**2**つは，電磁気学だけでなく，すべての物理量の単位を求める際に利用できる基本法則でもあるんだね。

まず，(i)について，$a=b$という等式が与えられた場合，たとえばaの単位が(**C**)ならば，当然bの単位も(**C**)であり，a(**C**)$=b$(**C**)となる。a(**C**)$=b$(**A**)などとなることは決してない。また，$a=b+c$の等式についても，a(**Wb**)ならば，a(**Wb**)$=b$(**Wb**)$+c$(**Wb**)となる。次，(ii)では，物理量は，**MKSA**単位系，すなわち**m**(メートル)，**kg**(キログラム)，**s**(秒)，**A**(アンペア)の**4**つの組合せ(積や商)のみですべて表すことができると言っているんだよ。

それでは，いくつか例題で練習しておこう。

(*ex*1) 力f(**N**)は，公式：$f=ma$ より，$[\mathrm{N}]=[\mathrm{kgm/s^2}]$となる。
(f：N，m：kg，a：m/s²)　([kgm/s²]：MKSA単位系)

(*ex*2) 仕事W(**J**)は，力fの向きにxだけ動かしたものより，
公式：$W=f\cdot x$ から，$[\mathrm{J}]=[\mathrm{Nm}]=[\mathrm{kgm^2/s^2}]$となる。
(W：J，f：N，x：m，N＝kgm/s²)

(*ex*3) $1(\mathrm{A})=1(\mathrm{C/s})$ より，$[\mathrm{A}]=\left[\dfrac{\mathrm{C}}{\mathrm{s}}\right]$ よって両辺にsをかけて，
$[\mathrm{C}]=[\mathrm{As}]$ となるのもいいね。つまり，$1(\mathrm{C})=1(\mathrm{As})$と表せる。
([As]：MKSA単位系)

(ex4) 公式 $f = qE$ より，$E = \dfrac{f}{q}$ だね。よって，電場 E の単位は，

（f：力 (N)，q：電荷 (C)，E：電場）

$\left[\dfrac{\text{N}}{\text{C}}\right] = [\text{N}\,\text{C}^{-1}]$ となる。これをさらに **MKSA** 単位系で表すと，

（N = kgms^{-2}，$\text{C}^{-1} = (\text{As})^{-1}$）

$[\text{NC}^{-1}] = [\text{kgms}^{-2}(\text{As})^{-1}] = [\text{kgms}^{-2}\text{A}^{-1}\text{s}^{-1}] = [\text{kgm/s}^3\text{A}]$ となるんだね。だんだん，要領を覚えてきたでしょう。

では，次の例題で磁束 Φ の単位 **Wb** と起電力の単位 **V** について考えよう。

例題 11　次の単位の問題を解いてみよう。

(1) ローレンツ力の公式：$f = qv \times B$ ……$(*i)'$ から，
磁束密度 B の単位が $[\text{Wb/m}^2] = [\text{N/Am}]$ となること，さらに，
磁束 Φ の単位が $[\text{Wb}] = [\text{J/A}]$ となることを確認しよう。

(2) ファラデーの電磁誘導の法則：$V = -\dfrac{d\Phi}{dt}$ ……$(*d)$ から，
起電力の単位が $[\text{V}] = [\text{J/C}]$ となることを確認しよう。

---

(1) ローレンツ力の公式：$f = qv \times B$ より，単位で考えると，

（f：N，q：C，v：m/s，B：Wb/m^2）

$[\text{Wb/m}^2]\cdot[\text{C}\cdot\text{m/s}] = [\text{N}]$ だから，磁束密度 B の単位 $[\text{Wb/m}^2]$ は，

（$\left[\dfrac{\text{C}}{\text{s}}\cdot\text{m} = \text{A}\cdot\text{m}\right]$）

$[\text{Wb/m}^2] = [\text{N/Am}]$ となるんだね。この両辺に $[\text{m}^2]$ をかけると，
磁束 Φ の単位 $[\text{Wb}]$ は，
$[\text{Wb}] = [\text{Nm}^2/\text{Am}] = [\text{Nm/A}] = [\text{J/A}]$ となることも確認できた。

（Nm = J）

(2) 電磁誘導の法則：$V = -\dfrac{d\Phi}{dt}$ より，V の単位 $[\text{V}]$ は，
$[\text{V}] = [\text{Wb/s}] = [\text{J/As}] = [\text{J/C}]$ となることも確認できた。

（Wb = J/A，As = C）

以上より，$[\text{Wb}] = [\text{J/A}]$，$[\text{V}] = [\text{J/C}]$ だね。これって，とても覚えやすいでしょう？

演習問題 2 ● クーロンの法則と電場 ●

xy 座標平面上の原点 O に，$q_1 = 10^{-3}$ (C) の点電荷を置いた。このとき，原点以外の点 $P(x, y)$ における q_1 による電場を $\boldsymbol{E}$ とおき，O から P に向かうベクトルを $\boldsymbol{r} = [x, y]$，またその大きさ（ノルム）を r とおくと，

$\boldsymbol{E} = k \cdot \frac{q_1}{r^3}\boldsymbol{r}$ ……(*) と表される。（ただし，$k = 9 \times 10^9$ ($\mathrm{Nm^2/C^2}$) とする。）

(*) を利用して，次の各問いに答えよ。

(1) 点 $A(2\sqrt{2}, 1)$ における q_1 による電場 $\boldsymbol{E}_2$ を求めよ。また，点 A に $q_2 = 6 \times 10^{-6}$ (C) の点電荷を置いたとき，q_2 に働くクーロン力 $\boldsymbol{f}_2$ を求めよ。

(2) 点 $B(-2, \sqrt{5})$ における q_1 による電場 $\boldsymbol{E}_3$ を求めよ。また，点 B に $q_3 = -3 \times 10^{-5}$ (C) の点電荷を置いたとき，q_3 に働くクーロン力 $\boldsymbol{f}_3$ を求めよ。

レクチャー 高校の電磁気学の復習として示した，クーロンの法則：$f = k\frac{q_1 q_2}{r^2}$ から導いた q_1 による電場 $E = k\frac{q_1}{r^2}$ ……① は，本当はベクトルとして表すべきものなんだね。

右図に示すように，原点 $O(0, 0)$ に q_1(C) の点電荷をおいたとき，点 $P(x, y)$ における q_1 による電場を $\boldsymbol{E}$（ベクトル）とおこう。また，$\boldsymbol{r} = [x, y]$ とおき，$\boldsymbol{r}$ と同じ向きの単位ベクトルを $\boldsymbol{e}$ とおくと，①より，

（単位ベクトル：大きさ 1 のベクトル）

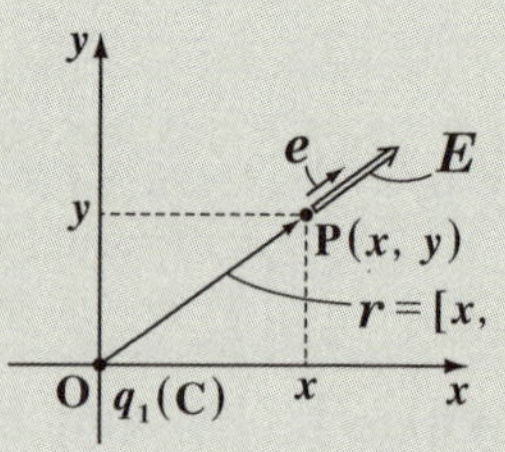

$\boldsymbol{E} = k\frac{q_1}{r^2}\boldsymbol{e}$ ……② となる。ここで，$\boldsymbol{e} = \frac{\boldsymbol{r}}{r}$ ……③ より，

（$\boldsymbol{E}$ は①の右辺に $\boldsymbol{e}$ をかけたものになる。）（$\boldsymbol{e}$ は $\boldsymbol{r}$ を自分自身の大きさ r で割ったもの。）

③を②に代入すると，

$\boldsymbol{E} = k \cdot \frac{q_1}{r^3}\boldsymbol{r}$ ……(*)（$k = 9 \times 10^9$ ($\mathrm{Nm^2/C^2}$)）が導けるんだね。大丈夫？

解答＆解説

(1) O から点 $A(2\sqrt{2},\ 1)$ に向かうベクトルを $\boldsymbol{r}_2=[2\sqrt{2},\ 1]$ とおき，その大きさを r_2 とおくと，

$r_2=\|\boldsymbol{r}_2\|=\sqrt{(2\sqrt{2})^2+1}=3$ より，

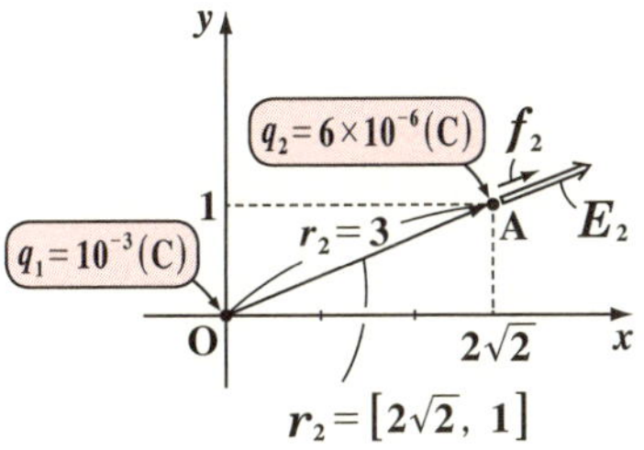

点 A における $q_1(=10^{-3}(\mathrm{C}))$ による電場 $\boldsymbol{E}_2$ は，(*)を用いると，

$$\boldsymbol{E}_2=k\cdot\frac{q_1}{r_2^{\ 3}}\boldsymbol{r}_2=9\times10^9\times\frac{10^{-3}}{3^3}[2\sqrt{2},\ 1]$$

$$=\frac{10^6}{3}[2\sqrt{2},\ 1]\ (\mathrm{N/C})$$ となる。……………………………………………(答)

よって，点 A においた点電荷 $q_2=6\times10^{-6}(\mathrm{C})$ に働くクーロン力 $\boldsymbol{f}_2$ は，

（これは斥力）

$$\boldsymbol{f}_2=q_2\boldsymbol{E}_2=6\times10^{-6}\times\frac{10^6}{3}[2\sqrt{2},\ 1]=2[2\sqrt{2},\ 1]=[4\sqrt{2},\ 2]\ (\mathrm{N})$$ である。

………(答)

(2) O から点 $B(-2,\ \sqrt{5})$ に向かうベクトルを $\boldsymbol{r}_3=[-2,\ \sqrt{5}]$ とおき，その大きさを r_3 とおくと，

$r_3=\|\boldsymbol{r}_3\|=\sqrt{(-2)^2+(\sqrt{5})^2}=3$ より，

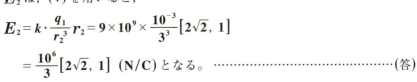

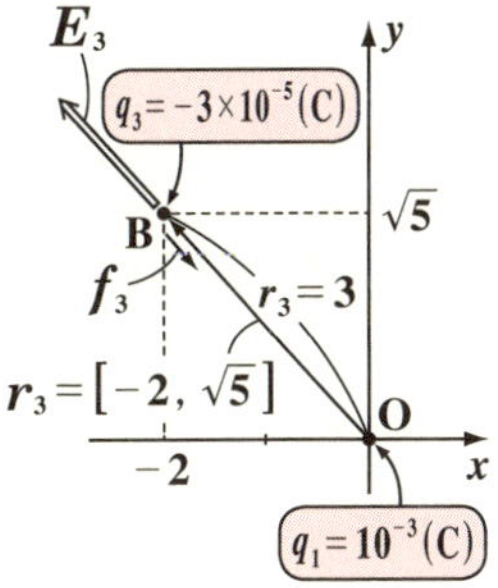

点 B における $q_1(=10^{-3}(\mathrm{C}))$ による電場 $\boldsymbol{E}_3$ は，(*)を用いると，

$$\boldsymbol{E}_3=k\cdot\frac{q_1}{r_3^{\ 3}}\boldsymbol{r}_3=9\times10^9\times\frac{10^{-3}}{3^3}[-2,\ \sqrt{5}]$$

$$=\frac{10^6}{3}[-2,\ \sqrt{5}]\ (\mathrm{N/C})$$ となる。………(答)

よって，点 B においた点電荷 $q_3=-3\times10^{-5}(\mathrm{C})$ に働くクーロン力 $\boldsymbol{f}_3$ は，

（これは引力）

$$\boldsymbol{f}_3=q_3\boldsymbol{E}_3=-3\times10^{-5}\times\frac{10^6}{3}[-2,\ \sqrt{5}]=-10[-2,\ \sqrt{5}]=[20,\ -10\sqrt{5}]\ (\mathrm{N})$$

である。……………………………………………………………………(答)

講義1 ●電磁気学のプロローグ　公式エッセンス

1. 空間ベクトルの内積と外積

$\mathbf{0}$ でない空間ベクトル $\boldsymbol{a}=[x_1,\ y_1,\ z_1]$，$\boldsymbol{b}=[x_2,\ y_2,\ z_2]$ について，

$$\begin{cases} (\text{i})\ \text{内積}\ \boldsymbol{a}\cdot\boldsymbol{b}=\|\boldsymbol{a}\|\|\boldsymbol{b}\|\cos\theta=x_1x_2+y_1y_2+z_1z_2 \\ (\text{ii})\ \text{外積}\ \boldsymbol{a}\times\boldsymbol{b}=[y_1z_2-z_1y_2,\ z_1x_2-x_1z_2,\ x_1y_2-y_1x_2] \end{cases}$$

・$\boldsymbol{a}\perp\boldsymbol{b} \iff \boldsymbol{a}\cdot\boldsymbol{b}=0$　　・$\boldsymbol{a}\,/\!/\,\boldsymbol{b} \iff \boldsymbol{a}\times\boldsymbol{b}=\mathbf{0}$

2. スカラー場とベクトル場

(Ⅰ) スカラー場 (スカラー値関数)

(i) 2次元スカラー場 $f(x,\ y)$　(ii) 3次元スカラー場 $f(x,\ y,\ z)$

(Ⅱ) ベクトル場 (ベクトル値関数)

(i) 2次元ベクトル場 $\boldsymbol{f}(x,\ y)=[f_1(x,\ y),\ f_2(x,\ y)]$

(ii) 3次元ベクトル場 $\boldsymbol{f}(x,y,z)=[f_1(x,y,z),\ f_2(x,y,z),\ f_3(x,y,z)]$

3. 偏微分と全微分

(Ⅰ) 2変数スカラー値関数 $f(x,\ y)$ の全微分

$$df=\frac{\partial f}{\partial x}dx+\frac{\partial f}{\partial y}dy\ \left(\frac{\partial f}{\partial x}=f_x,\ \frac{\partial f}{\partial y}=f_y：\text{偏微分}\right)$$

(Ⅱ) 3変数スカラー値関数 $f(x,\ y,\ z)$ の全微分

$$df=\frac{\partial f}{\partial x}dx+\frac{\partial f}{\partial y}dy+\frac{\partial f}{\partial z}dz\ \left(\frac{\partial f}{\partial x}=f_x,\ \frac{\partial f}{\partial y}=f_y,\ \frac{\partial f}{\partial z}=f_z：\text{偏微分}\right)$$

4. 高校の電磁気学とマクスウェルの方程式の関係

(Ⅰ) $f=k\dfrac{q_1q_2}{r^2}$　$\Longrightarrow$　$\mathrm{div}\,\boldsymbol{D}=\rho$

(Ⅱ) 単磁荷は存在しない　$\Longrightarrow$　$\mathrm{div}\,\boldsymbol{B}=0$

(Ⅲ) $H=\dfrac{I}{2\pi r}$　$\Longrightarrow$　$\mathrm{rot}\,\boldsymbol{H}=\boldsymbol{i}+\dfrac{\partial\boldsymbol{D}}{\partial t}$

(Ⅳ) $V=-\dfrac{d\Phi}{dt}$　$\Longrightarrow$　$\mathrm{rot}\,\boldsymbol{E}=-\dfrac{\partial\boldsymbol{B}}{\partial t}$

(4つのマクスウェルの方程式)

(Ⅴ) $\boldsymbol{f}=q(\boldsymbol{E}+\boldsymbol{v}\times\boldsymbol{B})$　(ローレンツ力)

講　義
Lecture
2

ベクトル解析

テーマ

▶ ベクトル解析の基本

$$\left(\begin{array}{l}\text{勾配ベクトル } \mathrm{grad}\, f = [f_x,\ f_y,\ f_z] \\ \text{発散 } \mathrm{div}\, \boldsymbol{f} = f_{1x} + f_{2y} + f_{3z} \\ \text{回転 } \mathrm{rot}\, \boldsymbol{f} = [f_{3y} - f_{2z},\ f_{1z} - f_{3x},\ f_{2x} - f_{1y}]\end{array}\right)$$

▶ ベクトル解析の応用

$$\left(\begin{array}{l}\text{ガウスの発散定理 } \iiint_V \mathrm{div}\, \boldsymbol{f}\, dV = \iint_S \boldsymbol{f} \cdot \boldsymbol{n}\, dS \\ \text{ストークスの定理 } \iint_S \mathrm{rot}\, \boldsymbol{f} \cdot \boldsymbol{n}\, dS = \oint_C \boldsymbol{f} \cdot d\boldsymbol{r}\end{array}\right)$$

§1. ベクトル解析の基本

大学の電磁気学は，“**ベクトル解析**”の記号法を用いて表されるので，ここでその基本をシッカリ勉強しておこう。ベクトル解析とは，ベクトルと微分積分を融合した数学の**1**分野のことなんだね。

ここではまず，ベクトル解析の基本として，“**勾配**(こうばい)**ベクトル**” **grad** f，“**発散**(はっさん)” **div** f，そして，“**回転**(かいてん)” **rot** f について詳しく解説しよう。これらの記号法は，電磁気学を記述する上で必要不可欠なものなので，是非使いこなせるようになってくれ。ン？難しそうだって？大丈夫だよ。例題を解きながら具体的に分かりやすく解説するから，すべてマスターできるはずだ。

（grad f：“グラディエント f”と読む。　div f：“ダイヴァージェンス f”　rot f：“ローテイション f”と読む。）

● 勾配ベクトル grad f から解説しよう！

grad f のことを，スカラー場 f の“**勾配**(こうばい)**ベクトル**”といい，これを“**グラディエント** f”と呼んでもいい。このスカラー場（または，スカラー値関数）f は，平面スカラー場 $f(x, y)$ でも，空間スカラー場 $f(x, y, z)$ でも構わない。このfに，**grad**が演算子として働くんだね。では，**grad** f の定義を下に示そう。

勾配ベクトル（グラディエント）の定義

(Ⅰ) 平面スカラー場 $f(x, y)$ の“**勾配ベクトル**”（または“**グラディエント**”）は，**grad** f と表され，これは次のように定義される。

$$\mathrm{grad}\,f = \left[\frac{\partial f}{\partial x},\ \frac{\partial f}{\partial y}\right] = [f_x,\ f_y] \quad \cdots\cdots(*j)$$

(Ⅱ) 空間スカラー場 $f(x, y, z)$ の“**勾配ベクトル**”（または“**グラディエント**”）は，**grad** f と表され，これは次のように定義される。

$$\mathrm{grad}\,f = \left[\frac{\partial f}{\partial x},\ \frac{\partial f}{\partial y},\ \frac{\partial f}{\partial z}\right] = [f_x,\ f_y,\ f_z] \quad \cdots\cdots(*j)'$$

この定義から，**grad** f は，スカラー値関数 f を x や y（や z）でそれぞれ偏微分したものを要素にもつベクトル値関数になることが分かったと思う。

では，この勾配ベクトル $\mathbf{grad}f$ を次の例題で実際に求めてみよう。

例題 12	(1) $f(x,\ y)=2x-y$ の $\mathbf{grad}f$ を求めよう。 (2) $g(x,\ y)=3x^2y^3$ の $\mathbf{grad}g$ を求めよう。 (3) $f(x,\ y,\ z)=x-3y+2z$ の $\mathbf{grad}f$ を求めよう。 (4) $g(x,\ y,\ z)=x^2z-3yz$ の $\mathbf{grad}g$ を求めよう。

(1) 平面スカラー場 $f(x,\ y)=2x-y$ の勾配ベクトル $\mathbf{grad}f$ は，公式 $(*j)$ より，

$$\mathbf{grad}f=\left[\frac{\partial f}{\partial x},\ \frac{\partial f}{\partial y}\right]=\left[\frac{\partial}{\partial x}(2x-y),\ \frac{\partial}{\partial y}(2x-y)\right]$$

（定数扱い）（定数扱い）（x と y による偏微分）

$=[2,\ -1]$ となる。

(2) 平面スカラー場 $g(x,\ y)=3x^2y^3$ の勾配ベクトル $\mathbf{grad}g$ は，公式 $(*j)$ より，

$$\mathbf{grad}g=\left[\frac{\partial g}{\partial x},\ \frac{\partial g}{\partial y}\right]=\left[\frac{\partial}{\partial x}(3x^2\cdot y^3),\ \frac{\partial}{\partial y}(3x^2\cdot y^3)\right]$$

（定数扱い）（定数扱い）

$=[6x\cdot y^3,\ 3x^2\cdot 3y^2]=[6xy^3,\ 9x^2y^2]$ となる。

(3) 空間スカラー場 $f(x,\ y,\ z)=x-3y+2z$ の勾配ベクトル $\mathbf{grad}f$ は，公式 $(*j)'$ より，

$$\mathbf{grad}f=\left[\frac{\partial f}{\partial x},\ \frac{\partial f}{\partial y},\ \frac{\partial f}{\partial z}\right]$$

$$=\left[\frac{\partial}{\partial x}(x-3y+2z),\ \frac{\partial}{\partial y}(x-3y+2z),\ \frac{\partial}{\partial z}(x-3y+2z)\right]$$

（定数扱い）（定数扱い）（定数扱い）

$=[1,\ -3,\ 2]$ となる。

(4) 空間スカラー場 $g(x,\ y,\ z)=x^2z-3yz$ の勾配ベクトル $\mathbf{grad}g$ は，公式 $(*j)'$ より，

$$\mathbf{grad}g=\left[\frac{\partial g}{\partial x},\ \frac{\partial g}{\partial y},\ \frac{\partial g}{\partial z}\right]$$

$$=\left[\frac{\partial}{\partial x}(x^2z-3yz),\ \frac{\partial}{\partial y}(x^2z-3z\cdot y),\ \frac{\partial}{\partial z}(x^2z-3yz)\right]$$

（定数扱い）（定数扱い）（定数扱い）

$=[2x\cdot z,\ -3z\cdot 1,\ x^2\cdot 1-3y\cdot 1]=[2xz,\ -3z,\ x^2-3y]$ となる。

これで，勾配ベクトル$\mathbf{grad}f$の計算にも慣れただろうね。

では，この$\mathbf{grad}f$の図形的な意味を，平面スカラー場$f(x, y)$について解説しておこう。平面スカラー場$z=f(x, y)=k$（定数）とおくと，図1(i)に示すような，等位曲線：

$f(x, y)=k$（定数）……① が描ける。このとき，$f(x, y)$は一定なので，この微小変化分（全微分）dfは当然0になる。

よって，$df=0$…………②

ここで，全微分dfは，偏微分f_x, f_yにより，

$$df=f_x\cdot dx+f_y\cdot dy \quad \cdots\cdots ③$$

$$\left[df=\frac{\partial f}{\partial x}dx+\frac{\partial f}{\partial y}dy\right]$$

と表されるので，②，③より，

$f_x\cdot dx+f_y\cdot dy=0$ ……④

となる。

ここで，$d\boldsymbol{r}=[dx, dy]$とおくと，図1(ii)に示すように，これは①の等位曲線上のある点$\mathrm{P}(x, y)$における接線方向の微小ベクトルになる。

図1(i) 等位曲線

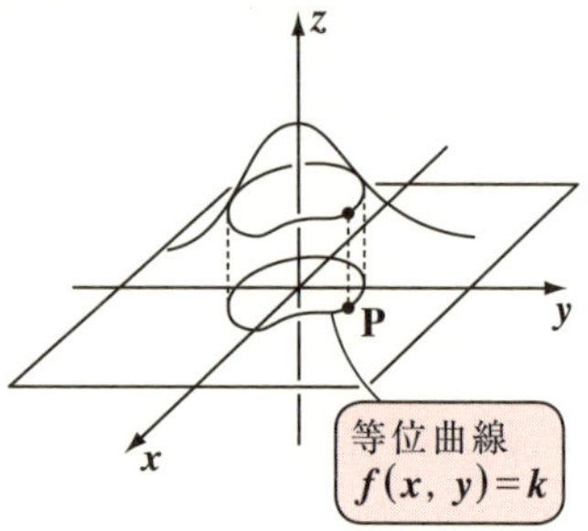

(ii) $\mathbf{grad}f$の図形的な意味

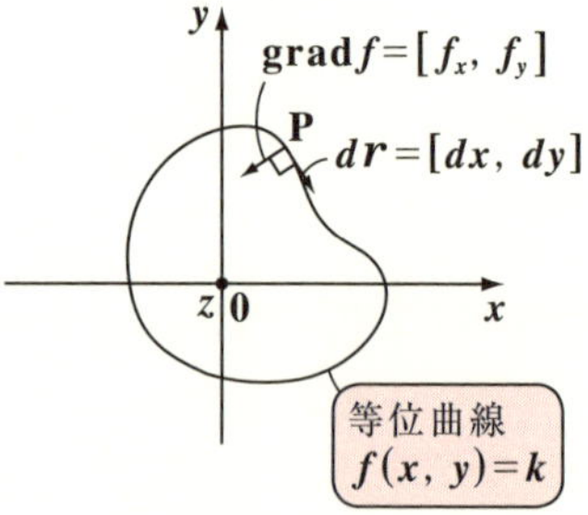

また，$\mathbf{grad}f=[f_x, f_y]=\left[\frac{\partial f}{\partial x}, \frac{\partial f}{\partial y}\right]$より，④は，

$\mathbf{grad}f\cdot d\boldsymbol{r}=0$となって，$\mathbf{grad}f\perp d\boldsymbol{r}$（直交）となるんだね。

よって，$\mathbf{grad}f$は，①の等位曲線の接線方向と常に垂直な向きのベクトルとなるので，これは，曲面$z=f(x, y)$の最大傾斜の向きを示すベクトルになるんだね。これから，$\mathbf{grad}f$を勾配(こうばい)ベクトルと呼ぶ理由がご理解頂けたと思う。

それでは，ベクトル解析独特の記号法，すなわち“**ナブラ**”(または“**ハミルトン演算子**”)∇についても解説しよう。

(Ⅰ) 平面ベクトル場において，∇(ナブラ)を次のように定義する。

$$\nabla = \left[\frac{\partial}{\partial x},\ \frac{\partial}{\partial y}\right] \quad \text{または，} \quad \nabla = \frac{\partial}{\partial x}\boldsymbol{i} + \frac{\partial}{\partial y}\boldsymbol{j}$$

(ただし，$\boldsymbol{i} = [1,\ 0]$，$\boldsymbol{j} = [0,\ 1]$)

この∇は，ベクトルの形をしているけれど，これだけでは意味がない。これは，スカラー値関数$f(x,\ y)$に作用して初めて$\mathbf{grad}f$となるんだよ。

つまり，$\mathbf{grad}f = \nabla f = \left[\frac{\partial}{\partial x},\ \frac{\partial}{\partial y}\right]f = \left[\frac{\partial f}{\partial x},\ \frac{\partial f}{\partial y}\right]$となるんだね。大丈夫？

(Ⅱ) 同様に，空間ベクトル場においても，∇(ナブラ)を次のように定義しよう。

$$\nabla = \left[\frac{\partial}{\partial x},\ \frac{\partial}{\partial y},\ \frac{\partial}{\partial z}\right] \quad \text{または，} \quad \nabla = \frac{\partial}{\partial x}\boldsymbol{i} + \frac{\partial}{\partial y}\boldsymbol{j} + \frac{\partial}{\partial z}\boldsymbol{k}$$

(ただし，$\boldsymbol{i} = [1,\ 0,\ 0]$，$\boldsymbol{j} = [0,\ 1,\ 0]$，$\boldsymbol{k} = [0,\ 0,\ 1]$)

そして，この∇も，スカラー値関数$f(x,\ y,\ z)$に作用して初めて$\mathbf{grad}f$を表すことになる。つまり，

$$\mathbf{grad}f = \nabla f = \left[\frac{\partial}{\partial x},\ \frac{\partial}{\partial y},\ \frac{\partial}{\partial z}\right]f = \left[\frac{\partial f}{\partial x},\ \frac{\partial f}{\partial y},\ \frac{\partial f}{\partial z}\right] \text{となるんだね。}$$

つまり，$\mathbf{grad}f$は∇fと表してもいいということなんだね。

ン？でも，何故∇(ナブラ)などという，ベクトルもどきの変な演算子をもち出す必要があるのかまったく分からないって!?…，当然の疑問だね。
それは，この後で解説する“**発散**”$\mathbf{div}\boldsymbol{f}$や“**回転**”$\mathbf{rot}\boldsymbol{f}$も，この$\nabla$(ナブラ)を使うと，次のように内積や外積のように表されて便利だからなんだね。

$\mathbf{div}\boldsymbol{f} = \nabla \cdot \boldsymbol{f}$　　$\mathbf{rot}\boldsymbol{f} = \nabla \times \boldsymbol{f}$

内積のような表現　　外積のような表現

これらの意味についてもこれから詳しく解説する。ではまず，“**発散**”$\mathbf{div}\boldsymbol{f}$から始めよう！

● 発散 $\mathrm{div}\boldsymbol{f}$ は，水の流れで理解しよう！

平面ベクトル場 $\boldsymbol{f}(x, y)$ や空間ベクトル場 $\boldsymbol{f}(x, y, z)$ に対して，その“**発散**”（または“**ダイヴァージェンス**”）$\mathrm{div}\boldsymbol{f}$ の定義を下に示そう。

発散（ダイヴァージェンス）の定義

（Ⅰ）平面ベクトル場 $\boldsymbol{f}(x, y) = [f_1(x, y), f_2(x, y)]$ の“**発散**”（または“**ダイヴァージェンス**”）$\mathrm{div}\boldsymbol{f}$ は，次のように定義される。

$$\mathrm{div}\boldsymbol{f} = \frac{\partial f_1}{\partial x} + \frac{\partial f_2}{\partial y} \quad \cdots\cdots(*k)$$

← $\mathrm{div}\boldsymbol{f} = \nabla\cdot\boldsymbol{f}$ と表される。

（Ⅱ）空間ベクトル場 $\boldsymbol{f}(x, y, z) = [f_1(x, y, z), f_2(x, y, z), f_3(x, y, z)]$ の“**発散**”（または“**ダイヴァージェンス**”）$\mathrm{div}\boldsymbol{f}$ は，次のように定義される。

$$\mathrm{div}\boldsymbol{f} = \frac{\partial f_1}{\partial x} + \frac{\partial f_2}{\partial y} + \frac{\partial f_3}{\partial z} \quad \cdots\cdots(*k)'$$

← $\mathrm{div}\boldsymbol{f} = \nabla\cdot\boldsymbol{f}$ と表される。

ベクトル値関数 $\boldsymbol{f}$ に対して，その発散 $\mathrm{div}\boldsymbol{f}$ はスカラー値関数になっていることに気を付けよう。また，ナブラ ∇ を用いると，発散 $\mathrm{div}\boldsymbol{f}$ は $\mathrm{div}\boldsymbol{f} = \nabla\cdot\boldsymbol{f}$ と表されることになる。もちろん，本当の内積は，「各成分同士の積の和」のことだけれど，これは，下に示すように，「∇ が $\boldsymbol{f}$ の各成分に作用したものの和」であることに気を付けよう。

（Ⅰ）平面ベクトル場では，

$$\nabla\cdot\boldsymbol{f} = \left[\frac{\partial}{\partial x}, \frac{\partial}{\partial y}\right]\cdot[f_1, f_2] = \frac{\partial f_1}{\partial x} + \frac{\partial f_2}{\partial y} = \mathrm{div}\boldsymbol{f}$$ となるし，また，

（Ⅱ）空間ベクトル場では，

$$\nabla\cdot\boldsymbol{f} = \left[\frac{\partial}{\partial x}, \frac{\partial}{\partial y}, \frac{\partial}{\partial z}\right]\cdot[f_1, f_2, f_3] = \frac{\partial f_1}{\partial x} + \frac{\partial f_2}{\partial y} + \frac{\partial f_3}{\partial z} = \mathrm{div}\boldsymbol{f}$$ となるんだね。演算子がベクトルの内積のような働きをしていることが分かったと思う。

それでは，この発散 $\mathrm{div}\boldsymbol{f}$ についても，次の例題で実際に求めてみよう。**(1)**, **(2)**, **(3)** は **P19** で扱った平面ベクトル場の発散の問題で，また，**(4)**, **(5)** は空間ベクトル場の発散の問題になっている。まず，$\mathrm{div}\boldsymbol{f}$ を求める計算に慣れることだね。

例題 13 (1) $\boldsymbol{f}(x,\ y)=[-1,\ 1]$ のとき，$\mathrm{div}\boldsymbol{f}$ を求めよう。

(2) $\boldsymbol{g}(x,\ y)=\left[\frac{1}{2}x,\ 0\right]$ のとき，$\mathrm{div}\boldsymbol{g}$ を求めよう。

(3) $\boldsymbol{h}(x,\ y)=\left[\frac{1}{2}y,\ -\frac{1}{2}x\right]$ のとき，$\mathrm{div}\boldsymbol{h}$ を求めよう。

(4) $\boldsymbol{f}(x,\ y,\ z)=[x^2,\ -2y,\ -2zx]$ のとき，$\mathrm{div}\boldsymbol{f}$ を求めよう。

(5) $\boldsymbol{g}(x,\ y,\ z)=[4x,\ yz^2,\ -2z^2]$ のとき，$\mathrm{div}\boldsymbol{g}$ を求めよう。

(1) P19 で解説した，平面ベクトル場

$\boldsymbol{f}(x,\ y)=[-1,\ 1]$ の発散 $\mathrm{div}\boldsymbol{f}$ は，

公式 $(*k)$ より，

$$\mathrm{div}\boldsymbol{f}=\underbrace{\frac{\partial(-1)}{\partial x}}_{0}+\underbrace{\frac{\partial(1)}{\partial y}}_{0}=0+0=0 \text{ である。}$$

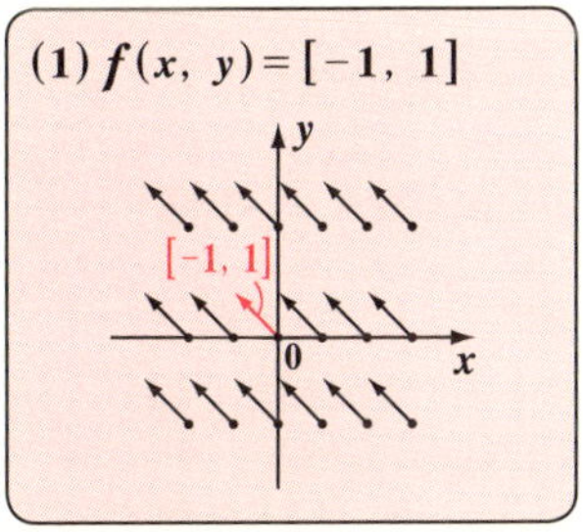

(2) P19 で解説した，平面ベクトル場

$\boldsymbol{g}(x,\ y)=\left[\frac{1}{2}x,\ 0\right]$ の発散 $\mathrm{div}\boldsymbol{g}$ は，

公式 $(*k)$ より，

$$\mathrm{div}\boldsymbol{g}=\underbrace{\frac{\partial}{\partial x}\left(\frac{1}{2}x\right)}_{\frac{1}{2}}+\underbrace{\frac{\partial(0)}{\partial y}}_{0}=\frac{1}{2}+0=\frac{1}{2} \text{ である。}$$

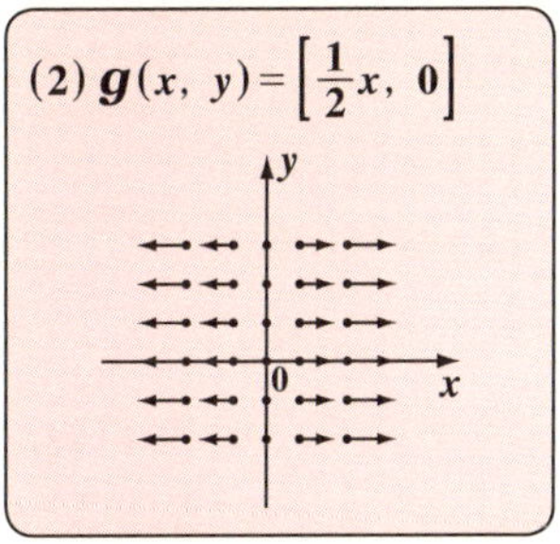

(3) P19 で解説した，平面ベクトル場

$\boldsymbol{h}(x,\ y)=\left[\frac{1}{2}y,\ -\frac{1}{2}x\right]$ の発散 $\mathrm{div}\boldsymbol{h}$ は，

公式 $(*k)$ より，

$$\mathrm{div}\boldsymbol{h}=\underbrace{\frac{\partial}{\partial x}\left(\frac{1}{2}y\right)}_{0}+\underbrace{\frac{\partial}{\partial y}\left(-\frac{1}{2}x\right)}_{0}=0+0=0$$

である。

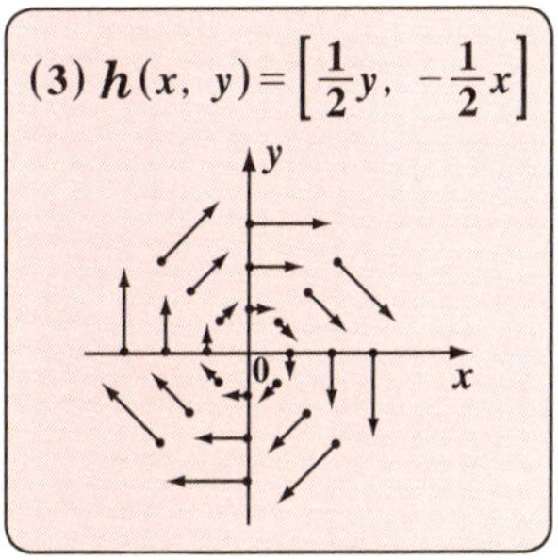

(1), (3) では，共に発散が $\mathrm{div}\boldsymbol{f}=0$，$\mathrm{div}\boldsymbol{h}=0$ であるが，(2) では，$\mathrm{div}\boldsymbol{g}=\frac{1}{2}>0$ となっている。これについても，後で解説しよう。

(4) 空間ベクトル場 $\boldsymbol{f}(x,\ y,\ z)$ $=[x^2,\ -2y,\ -2zx]$ の発散 $\mathrm{div}\boldsymbol{f}$ は，公式 $(*k)'$ より，

> $\boldsymbol{f}=[f_1,\ f_2,\ f_3]$ のとき，
> $\mathrm{div}\boldsymbol{f}=f_{1x}+f_{2y}+f_{3z}$ ……$(*k)'$

$$\mathrm{div}\boldsymbol{f}=\underbrace{\frac{\partial}{\partial x}(x^2)}_{2x}+\underbrace{\frac{\partial}{\partial y}(-2y)}_{-2}+\underbrace{\frac{\partial}{\partial z}(-2zx)}_{-2x}$$

$=2x-2-2x=-2$ である。

(5) 空間ベクトル場 $\boldsymbol{g}(x,\ y,\ z)=[4x,\ yz^2,\ -2z^2]$ の発散 $\mathrm{div}\boldsymbol{g}$ は，公式 $(*k)'$ より，

$$\mathrm{div}\boldsymbol{g}=\underbrace{\frac{\partial}{\partial x}(4x)}_{4}+\underbrace{\frac{\partial}{\partial y}(yz^2)}_{z^2}+\underbrace{\frac{\partial}{\partial z}(-2z^2)}_{-4z}$$

$=4+z^2-4z=(z-2)^2$ である。

以上より，(1), (3) の発散は 0 で，(2) の発散は $\frac{1}{2}$ で正，そして，(4) の発散 $\mathrm{div}\boldsymbol{f}=-2$ で負であることが分かった。一般に，

- (i) 発散が正のとき，「湧き出しのある場」といい，
- (ii) 発散が負のとき，「吸い込みのある場」といい，そして，
- (iii) 発散が 0 のとき，「湧き出しも，吸い込みもない場」というんだね。

したがって，(5) の $\mathrm{div}\boldsymbol{g}=(z-2)^2$ について考えると，$z=2$ のときのみ，$\mathrm{div}\boldsymbol{g}=0$ となるので，xyz 座標空間においてこのベクトル場 $\boldsymbol{g}$ は，平面 $z=2$ においてのみ湧き出しも吸い込みもないが，それ以外の $z\neq 2$ では，$\mathrm{div}\boldsymbol{g}>0$ となるので，湧き出しのある場であることが分かるんだね。

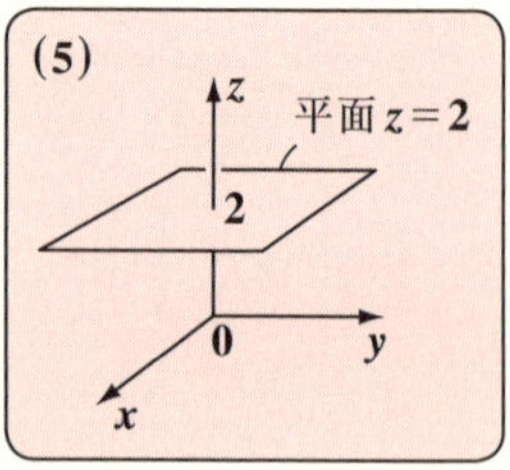

では，発散 div の符号 (⊕, ⊖, 0) によって，何故こんなことが言えるのか？ それは，発散の物理的な意味から導かれるんだね。

ここでは，平面ベクトル場 $\boldsymbol{f}(x,\ y)=[f_1(x,\ y),\ f_2(x,\ y)]$ を水の流れ場と考えよう。すると，その意味が分かりやすいと思う。

図2に示すように，平面ベクトル場（水の流れ場）$\boldsymbol{f}$の中に，横Δx，たてΔyの微小な長方形ABCDをとり，これを通して，流入・流出する水の総量を調べてみよう。

図2　divの物理的な意味

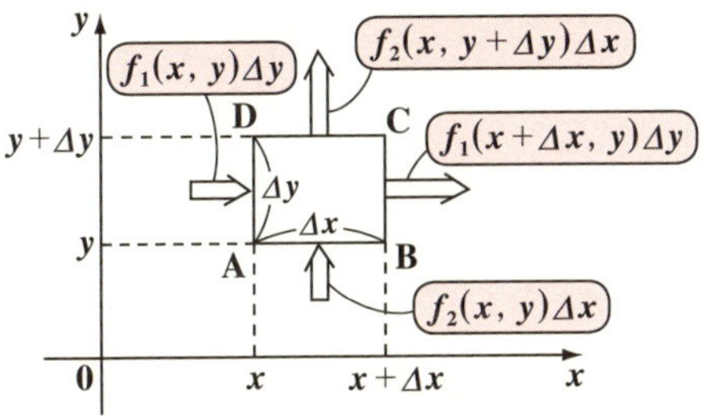

(i) x軸方向の水の正味の流出量について，

辺ADを通して流入する水量は$f_1(x, y)\Delta y$であり，辺BCを通して流出する水量は$f_1(x+\Delta x, y)\Delta y$となる。

よって，差し引きした正味の□ABCDから流出する水量は近似的に，

$$f_1(x+\Delta x, y)\Delta y - f_1(x, y)\Delta y$$
$$= \{f_1(x+\Delta x, y) - f_1(x, y)\}\Delta y$$
$$\fallingdotseq \frac{\partial f_1}{\partial x}\Delta x\Delta y \quad \cdots\cdots ①$$ となる。

偏微分係数 $\frac{\partial f_1}{\partial x}$ は近似的に

$$\frac{\partial f_1}{\partial x} \fallingdotseq \frac{f_1(x+\Delta x, y) - f_1(x, y)}{\Delta x}$$

と表されるので，これから

$$f_1(x+\Delta x, y) - f_1(x, y) \fallingdotseq \frac{\partial f_1}{\partial x}\Delta x$$

となるんだね。

(ii) y軸方向の水の正味の流出についても同様に，辺ABを通して流入する水量は$f_2(x, y)\Delta x$であり，辺DCを通して流出する水量は，$f_2(x, y+\Delta y)\Delta x$となる。よって，差し引きした正味の□ABCDから流出する水量は近似的に，

$$f_2(x, y+\Delta y)\Delta x - f_2(x, y)\Delta x = \{f_2(x, y+\Delta y) - f_2(x, y)\}\Delta x$$
$$\fallingdotseq \frac{\partial f_2}{\partial y}\Delta y\Delta x = \frac{\partial f_2}{\partial y}\Delta x\Delta y \quad \cdots\cdots ②$$ となるんだね。

以上(i)(ii)より，平面ベクトル場の微小長方形ABCDから流出する正味の水量は①＋②より求まって，

$$\left(\frac{\partial f_1}{\partial x} + \frac{\partial f_2}{\partial y}\right)\Delta x\Delta y \quad \cdots\cdots ③$$ となる。よって，

この③を長方形ABCDの面積$\Delta x\Delta y$で割って，単位面積当たりの正味の流出量を求めると，それが発散 $\mathrm{div}\boldsymbol{f} = \frac{\partial f_1}{\partial x} + \frac{\partial f_2}{\partial y}$ になるんだね。

div $\boldsymbol{f}$ は，流れ場 $\boldsymbol{f}$ の中の各微小領域において，

(i) 水道の蛇口のように，水の湧き出しがある場合は，$\mathbf{div}\boldsymbol{f} > 0$ となり，
(ii) 排水口のように，水の吸い込みがある場合は，$\mathbf{div}\boldsymbol{f} < 0$ となり，そして，
(iii) 水の湧き出しも吸い込みもない場合は，$\mathbf{div}\boldsymbol{f} = 0$ となる。

以上より，**div** $\boldsymbol{f}$ の物理的な意味もご理解頂けたと思う。

● ラプラシアンについても解説しよう！

これまで解説した，勾配ベクトルと発散を組み合わせて，新たな演算子を作ることができる。空間スカラー場 $f(x, y, z)$ の勾配ベクトルは，

$\mathbf{grad}f = \left[\dfrac{\partial f}{\partial x}, \dfrac{\partial f}{\partial y}, \dfrac{\partial f}{\partial z}\right]$ ……① となり，これはベクトル場になる。

よって，①の発散 **div** をとることができる。すなわち，$\mathbf{div}(\mathbf{grad}\,f)$ は，

$$\mathbf{div}(\mathbf{grad}f) = \nabla \cdot (\nabla f) = \left[\frac{\partial}{\partial x}, \frac{\partial}{\partial y}, \frac{\partial}{\partial z}\right] \cdot \left[\frac{\partial f}{\partial x}, \frac{\partial f}{\partial y}, \frac{\partial f}{\partial z}\right]$$

（∇：ベクトルもどき）（∇f：ベクトル）

（ベクトルもどきとベクトルの内積は，ベクトルもどきの各成分が，ベクトルの各成分に作用したものの和だ。）

$$= \frac{\partial}{\partial x}\left(\frac{\partial f}{\partial x}\right) + \frac{\partial}{\partial y}\left(\frac{\partial f}{\partial y}\right) + \frac{\partial}{\partial z}\left(\frac{\partial f}{\partial z}\right)$$

$$= \frac{\partial^2 f}{\partial x^2} + \frac{\partial^2 f}{\partial y^2} + \frac{\partial^2 f}{\partial z^2} \quad \cdots\cdots②$$ となるんだね。

ここで，$\nabla \cdot (\nabla f) = (\nabla \cdot \nabla) f = \nabla^2 f = \Delta f$ とおくと，

（Δ：ギリシャ文字の"**デルタ**"）

$$\overset{デルタ}{\Delta} = \nabla^2 = \nabla \cdot \nabla = \frac{\partial^2}{\partial x^2} + \frac{\partial^2}{\partial y^2} + \frac{\partial^2}{\partial z^2}$$ となるね。この Δ(デルタ)は，"**ラプラスの演算子**"または"**ラプラシアン**"と呼ばれる新たな演算子で，これが空間スカラー場 f に作用して，$\Delta f = \dfrac{\partial^2 f}{\partial x^2} + \dfrac{\partial^2 f}{\partial y^2} + \dfrac{\partial^2 f}{\partial z^2}$ となるんだね。

平面スカラー場 $f(x, y)$ におけるラプラシアン $\Delta(= \nabla^2 = \nabla \cdot \nabla)$ は当然，

$\Delta = \dfrac{\partial^2}{\partial x^2} + \dfrac{\partial^2}{\partial y^2}$ のことで，これが平面スカラー場 $f(x, y)$ に作用して，

$\Delta f = \frac{\partial^2 f}{\partial x^2} + \frac{\partial^2 f}{\partial y^2}$ となるのも大丈夫だね。

ここで，偏微分方程式 $\Delta f = g$ のことを，"**ポアソンの方程式**"といい，特に

（$g(x, y, z)$ または $g(x, y)$ のこと）

（具体的には，$f_{xx} + f_{yy} + f_{zz} = g$，または $f_{xx} + f_{yy} = g$ のこと）

偏微分方程式 $\Delta f = 0$ のことを"**ラプラスの方程式**"といい，このラプラス方

（具体的には，$f_{xx} + f_{yy} + f_{zz} = 0$，または $f_{xx} + f_{yy} = 0$ のこと）

程式も，大学数学や物理学の様々な分野で出てくるので，シッカリ頭に入れておこう。

● 回転 rot f についても解説しよう！

回転は，その性質上すべて空間ベクトル場を想定している。よってまず，空間ベクトル場 f の"**回転**"(または"**ローテイション**") rot f の定義をまず下に示そう。

回転（ローテイション）の定義

空間ベクトル場 $f(x, y, z) = [f_1(x, y, z),\ f_2(x, y, z),\ f_3(x, y, z)]$

の"**回転**"(または"**ローテイション**") rot f は，次のように定義される。

$$\mathrm{rot}\, f = \left[\frac{\partial f_3}{\partial y} - \frac{\partial f_2}{\partial z},\ \frac{\partial f_1}{\partial z} - \frac{\partial f_3}{\partial x},\ \frac{\partial f_2}{\partial x} - \frac{\partial f_1}{\partial y}\right] \quad \cdots\cdots (*l)$$

（$\mathrm{rot}\, f = \nabla \times f$ と表される。）

偏微分は，$\frac{\partial f_3}{\partial y} = f_{3y}$，$\frac{\partial f_2}{\partial z} = f_{2z}$ など…と表せるので，

$\mathrm{rot}\, f = [f_{3y} - f_{2z},\ f_{1z} - f_{3x},\ f_{2x} - f_{1y}]$ と略記することもできる。さらに，

ベクトルもどきの演算子（ナブラ）$\nabla = \left[\frac{\partial}{\partial x},\ \frac{\partial}{\partial y},\ \frac{\partial}{\partial z}\right]$ を利用すると，

回転 rot f は，

$$\mathrm{rot}\, f = \nabla \times f$$

と表すこともできる。

右に，$\nabla \times f$ の具体的な計算法を示す。

$\nabla \times f$ の計算

$$\begin{array}{ccccccc} \frac{\partial}{\partial x} & & \frac{\partial}{\partial y} & & \frac{\partial}{\partial z} & & \frac{\partial}{\partial x} \\ f_1 & & f_2 & & f_3 & & f_1 \end{array}$$

$$\frac{\partial f_2}{\partial x} - \frac{\partial f_1}{\partial y}\Bigg]\ \Bigg[\frac{\partial f_3}{\partial y} - \frac{\partial f_2}{\partial z},\quad \frac{\partial f_1}{\partial z} - \frac{\partial f_3}{\partial x},$$

∇は演算子なので，かけ算ではないけれど，外積と同様の計算になっているんだね。

それでは，回転 $\mathbf{rot}\boldsymbol{f}$ についても，次の例題で実際に計算練習してみよう。

例題 14 (1) $\boldsymbol{f}(x,\,y,\,z)=[2x,\,3y,\,-z]$ のとき，$\mathbf{rot}\boldsymbol{f}$ を求めよう。

(2) $\boldsymbol{g}(x,\,y,\,z)=\left[\dfrac{1}{2}y,\,-\dfrac{1}{2}x,\,0\right]$ のとき，$\mathbf{rot}\boldsymbol{g}$ を求めよう。

(3) $\boldsymbol{h}(x,\,y,\,z)=[x^2y,\,y^2z,\,z^2x]$ のとき，$\mathbf{rot}\boldsymbol{h}$ を求めよう。

一般に，空間ベクトル場 $\boldsymbol{f}=[f_1,\,f_2,\,f_3]$ の回転 $\mathbf{rot}\boldsymbol{f}$ は，右の模式図のように求めることができて，

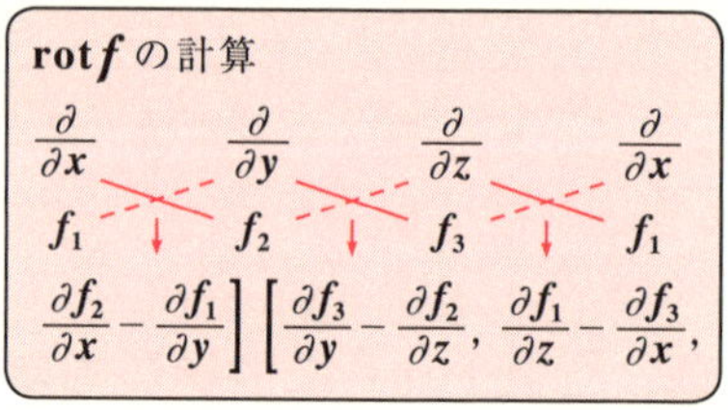

$$\mathbf{rot}\boldsymbol{f}=[f_{3y}-f_{2z},\,f_{1z}-f_{3x},\,f_{2x}-f_{1y}]$$

となる。この要領で解いていこう。

$\mathbf{rot}\boldsymbol{f}$ の計算

$$\frac{\partial f_2}{\partial x}-\frac{\partial f_1}{\partial y}\left[\frac{\partial f_3}{\partial y}-\frac{\partial f_2}{\partial z},\ \frac{\partial f_1}{\partial z}-\frac{\partial f_3}{\partial x},\right.$$

(1) 空間ベクトル場 $\boldsymbol{f}(x,\,y,\,z)=[2x,\,3y,\,-z]$ の回転 $\mathbf{rot}\boldsymbol{f}$ を，右の模式図のように求めると，

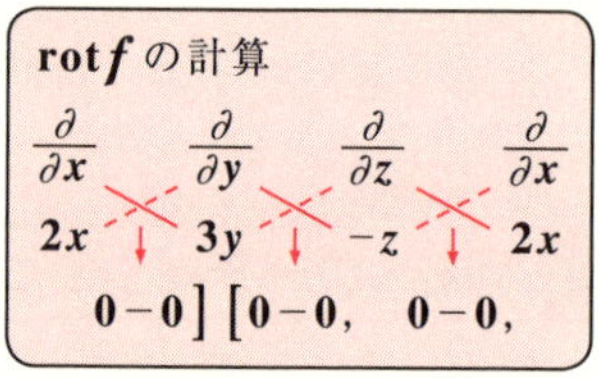

$$\mathbf{rot}\boldsymbol{f}=[0-0,\,0-0,\,0-0]$$
$$=[0,\,0,\,0]=\boldsymbol{0}\ \ \text{である。}$$

（零ベクトル）

$\mathbf{rot}\boldsymbol{f}$ の計算

$$0-0\ [0-0,\ \ 0-0,$$

(2) 空間ベクトル場

$$\boldsymbol{g}(x,\,y,\,z)=\left[\frac{1}{2}y,\,-\frac{1}{2}x,\,0\right]\text{の回転}\ \mathbf{rot}\boldsymbol{g}$$

を右の図のように求めると，

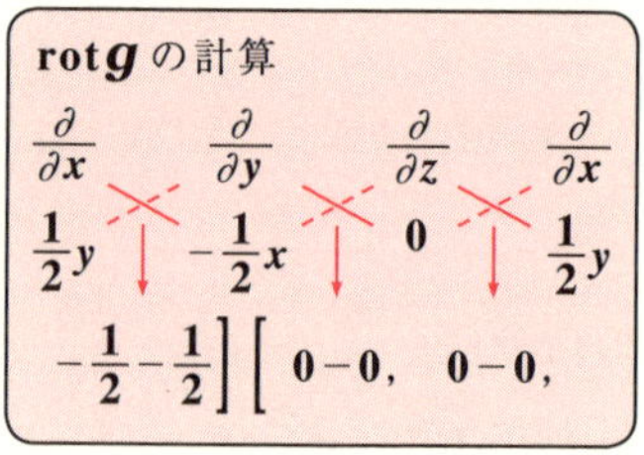

$$\mathbf{rot}\boldsymbol{g}=\left[0-0,\,0-0,\,-\frac{1}{2}-\frac{1}{2}\right]$$
$$=[0,\,0,\,-1]\ \text{である。}$$

$\mathbf{rot}\boldsymbol{g}$ の計算

$$-\frac{1}{2}-\frac{1}{2}\left[\ 0-0,\ \ 0-0,\right.$$

(3) 空間ベクトル場

$$\boldsymbol{h}(x,\,y,\,z)=[x^2y,\,y^2z,\,z^2x]\text{の回転}$$

$\mathbf{rot}\boldsymbol{h}$ を右の図のように求めると，

$$\mathbf{rot}\boldsymbol{h}=[0-y^2,\,0-z^2,\,0-x^2]$$
$$=-[y^2,\,z^2,\,x^2]\ \text{である。}$$

$\mathbf{rot}\boldsymbol{h}$ の計算

$$0-x^2\ [0-y^2,\ \ 0-z^2,$$

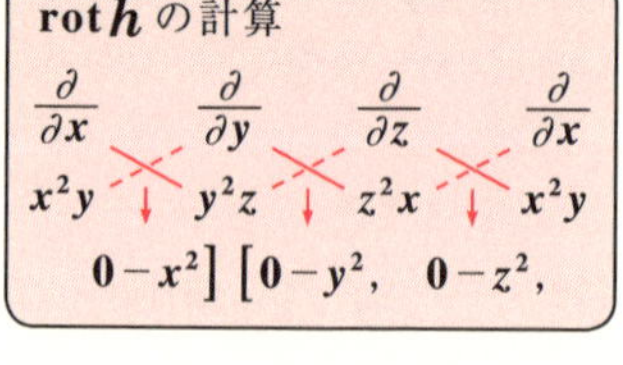

それでは，空間ベクトル場 $\boldsymbol{f}=[f_1,\ f_2,\ f_3]$ の回転 $\mathbf{rot}\,\boldsymbol{f}=\left[\dfrac{\partial f_3}{\partial y}-\dfrac{\partial f_2}{\partial z},\ \dfrac{\partial f_1}{\partial z}-\dfrac{\partial f_3}{\partial x},\ \dfrac{\partial f_2}{\partial x}-\dfrac{\partial f_1}{\partial y}\right]$ の物理的な意味について解説しよう。ここでは特に xy 平面上の点 $\mathrm{P}(x,\ y,\ 0)$ のまわりの回転の成分，すなわち，$\mathbf{rot}\,\boldsymbol{f}$ の z 成分を導いてみよう。ただし，初学者の方で，これからの解説が難しいと思った方は，この導出の解説は飛ばしても構わない。トライしたい方も，1回で理解しようとせず，何回か読み通して，マスターしていったらいいと思う。では，解説しよう。

（$\dfrac{\partial f_2}{\partial x}-\dfrac{\partial f_1}{\partial y}$：$xy$ 平面上の点 $\mathrm{P}(x,\ y,\ 0)$ の回転を表す成分。）

図3に示すように，空間ベクトル場 $\boldsymbol{f}$ では，空間内のすべての点 $\mathrm{P}(x,\ y,\ z)$ に，ベクトル場 $\boldsymbol{f}=[f_1,\ f_2,\ f_3]$ が対応しており，これを今回は点 P に働く力だと考えると，

回転 $\mathbf{rot}\,\boldsymbol{f}=\left[\dfrac{\partial f_3}{\partial y}-\dfrac{\partial f_2}{\partial z},\ \dfrac{\partial f_1}{\partial z}-\dfrac{\partial f_3}{\partial x},\ \dfrac{\partial f_2}{\partial x}-\dfrac{\partial f_1}{\partial y}\right]$ が，文字通り点 P のまわりの回転の強さを表していることになるんだね。

図3　空間ベクトル場

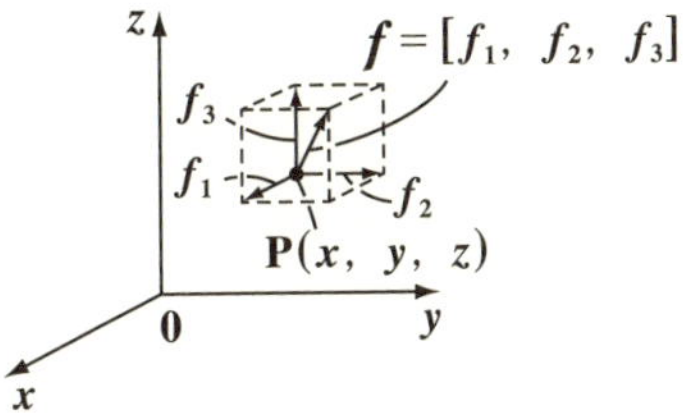

図4に示すように，空間ベクトル場 $\boldsymbol{f}$ の xy 平面上の点 $\mathrm{P}(x,\ y,\ 0)$ を中心とする腕の長さが $\Delta x(=\Delta y)$ の微小な十字形の浮き PABCD(＋) が置かれているものとする。

図4　$\mathbf{rot}\,\boldsymbol{f}$ の物理的意味

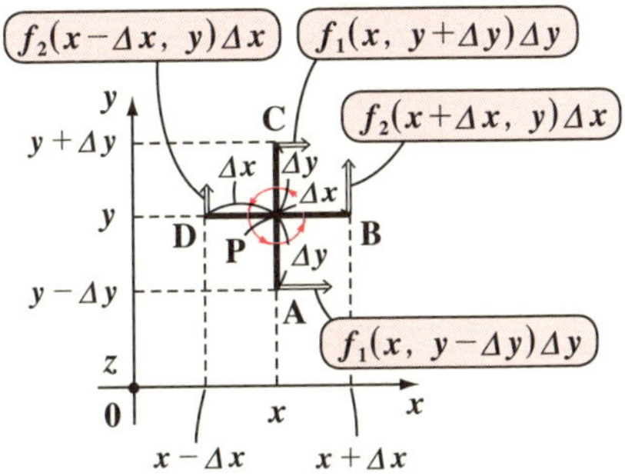

ここで，ベクトル場 $\boldsymbol{f}=[f_1,\ f_2,\ f_3]$ を力と考えて，xy 平面上でこの浮きに対して，$\boldsymbol{f}$ の x 成分 f_1 と y 成分 f_2 が，P のまわりにどのような回転力を与えているかを考えてみよう。

点 P のまわりに，反時計まわりに回転する向きを正とすると，

(ⅰ) 点 $\mathbf{A}$ と点 $\mathbf{C}$ に働く力 $f_1(x, y-\Delta y)$ と $f_1(x, y+\Delta y)$ によって，点 $\mathbf{P}$ のまわりに，この浮きを回転させようとするモーメントは，

(力)×(腕の長さ)

$f_1(x, y-\Delta y)\Delta y - f_1(x, y+\Delta y)\Delta y$ ……① となるんだね。

⊕の向きのモーメント　⊖の向きのモーメント

(ⅱ) 同様に，点 $\mathbf{B}$ と点 $\mathbf{D}$ に働く力 $f_2(x+\Delta x, y)$ と $f_2(x-\Delta x, y)$ によって，点 $\mathbf{P}$ のまわりにこの浮きを回転させようとするモーメントは，

$f_2(x+\Delta x, y)\Delta x - f_2(x-\Delta x, y)\Delta x$ ……② だね。

⊕の向きのモーメント　⊖の向きのモーメント

以上(ⅰ)(ⅱ)より，①+②が，xy 平面内で，この浮きを中心 $\mathbf{P}$ のまわりに反時計まわりに回転させようとする力のモーメントになる。よって，少し大変だけれど，これを変形してまとめると，

$$①+② = f_1(x, y-\Delta y)\Delta y - f_1(x, y+\Delta y)\Delta y + f_2(x+\Delta x, y)\Delta x - f_2(x-\Delta x, y)\Delta x$$
$$= \{f_2(x+\Delta x, y) - f_2(x-\Delta x, y)\}\Delta x - \{f_1(x, y+\Delta y) - f_1(x, y-\Delta y)\}\Delta y$$

$f_2(x, y)$ を引いた分たす →
$$= \frac{\{f_2(x+\Delta x, y) - f_2(x, y)\} + \{f_2(x, y) - f_2(x-\Delta x, y)\}}{\Delta x}(\Delta x)^2$$

$f_1(x, y)$ を引いた分たす →
$$- \frac{\{f_1(x, y+\Delta y) - f_1(x, y)\} + \{f_1(x, y) - f_1(x, y-\Delta y)\}}{\Delta y}(\Delta y)^2$$

$(\Delta y)^2 = (\Delta x)^2$

ここで，$\Delta x(=\Delta y) \to 0$ の極限をとると，①+②は，

$$①+② = \left\{\frac{f_2(x+\Delta x, y) - f_2(x, y)}{\Delta x} + \frac{f_2(x, y) - f_2(x-\Delta x, y)}{\Delta x}\right\}(\Delta x)^2$$

（それぞれ → $\frac{\partial f_2}{\partial x}$，$\frac{\partial f_2}{\partial x}$，$(\Delta x)^2 \to (dx)^2$）

$$- \left\{\frac{f_1(x, y+\Delta y) - f_1(x, y)}{\Delta y} + \frac{f_1(x, y) - f_1(x, y-\Delta y)}{\Delta y}\right\}(\Delta y)^2$$

（それぞれ → $\frac{\partial f_1}{\partial y}$，$\frac{\partial f_1}{\partial y}$，$(\Delta y)^2 \to (dx)^2$）

より，①+② → $2\frac{\partial f_2}{\partial x}(dx)^2 - 2\frac{\partial f_1}{\partial y}(dx)^2 = 2\left(\frac{\partial f_2}{\partial x} - \frac{\partial f_1}{\partial y}\right)(dx)^2$ となる。

よって，この極限を $2(dx)^2$ で割って浮きの大きさの影響を取り去って得られる $\frac{\partial f_2}{\partial x} - \frac{\partial f_1}{\partial y}$ ……③ を，xy 平面内で，ベクトル場 $\boldsymbol{f}$ が点 P に及ぼす回転作用と考えることができる。

図5　rot $\boldsymbol{f}$ の物理的な意味

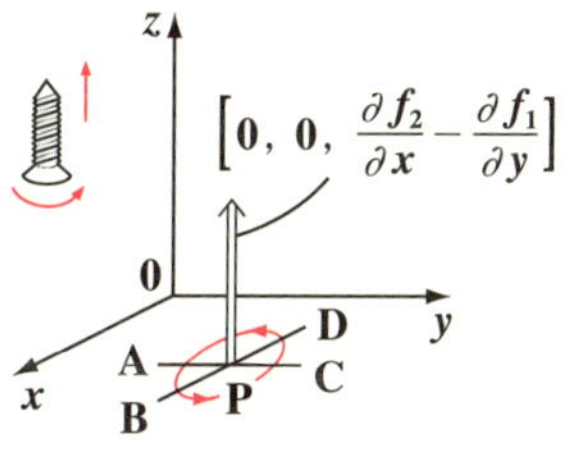

そして，さらにこの③は，図5に示すように，xy 平面内での反時計まわりの回転作用なので，右ねじがまわるときに進む z 軸の正の向きのベクトルと考えることができる。

よって，この回転作用は，$\left[0,\ 0,\ \frac{\partial f_2}{\partial x} - \frac{\partial f_1}{\partial y}\right]$ ……④ と表すことができ，この z 成分が，rot $\boldsymbol{f}$ の z 成分になっているんだね。フ～，疲れたって？そうだね。かなり大変な計算だったからね。rot $\boldsymbol{f}$ の x 成分や y 成分も同様の変形で導くことができるので，これ以上の解説は省略しよう。

● grad，div，rot の融合した公式も紹介しよう！

それでは，勾配ベクトル grad$f$，発散 div$\boldsymbol{f}$，回転 rot $\boldsymbol{f}$ を組み合わせた，電磁気学で頻出の重要公式も紹介しておこう。

grad, div, rot の応用公式

(Ⅰ) $\mathrm{div}(\mathrm{rot}\,\boldsymbol{f}) = 0$ ……$(*m)$　　(Ⅱ) $\mathrm{rot}(\mathrm{grad}\,f) = \boldsymbol{0}$ ……$(*m)'$

この2式の証明は，次の演習問題で示すことにして，ここでは，例題で(Ⅰ)の $(*m)$ が成り立つことを確認しておこう。

例題 14(3)(P54) で $\boldsymbol{h} = [x^2y,\ y^2z,\ z^2x]$ のとき，$\mathrm{rot}\,\boldsymbol{h} = [-y^2,\ -z^2,\ -x^2]$ となった。

したがって，この発散 div を求めると，

$$\mathrm{div}(\mathrm{rot}\,\boldsymbol{h}) = \mathrm{div}[-y^2,\ -z^2,\ -x^2] = -\underbrace{\frac{\partial(y^2)}{\partial x}}_{0} - \underbrace{\frac{\partial(z^2)}{\partial y}}_{0} - \underbrace{\frac{\partial(x^2)}{\partial z}}_{0} = 0$$ となって，

$(*m)$ が成り立つことが確認できるんだね。

| 演習問題 3 | ● $\mathbf{div}(\mathbf{rot}f)=0$ の証明 ● |

空間ベクトル場 $f=[f_1,\ f_2,\ f_3]$ に対して，公式：

$\mathbf{div}(\mathbf{rot}f)=0$ ……$(*m)$ が成り立つことを示せ。

$\left(\text{ただし，シュワルツの定理：} \dfrac{\partial^2 f}{\partial x \partial y}=\dfrac{\partial^2 f}{\partial y \partial x} \text{は成り立つものとする。}\right)$

ヒント！ $\dfrac{\partial f_1}{\partial x}=f_{1x}, \quad \dfrac{\partial f_2}{\partial y}=f_{2y}$ など…と表すことにすると，$\mathbf{rot}f=[\,f_{3y}-f_{2z},$ $f_{1z}-f_{3x},\ f_{2x}-f_{1y}]$ となるので，この発散 $\mathbf{div}$ をとったスカラー値が 0 となることを示せばいいんだね。この際，シュワルツの定理も利用しよう。

解答 & 解説

空間ベクトル場 $f=[f_1,\ f_2,\ f_3]$ の
回転 $\mathbf{rot}f$ は，右図のように求めると，

$$\mathbf{rot}f=\left[\dfrac{\partial f_3}{\partial y}-\dfrac{\partial f_2}{\partial z},\ \dfrac{\partial f_1}{\partial z}-\dfrac{\partial f_3}{\partial x},\ \dfrac{\partial f_2}{\partial x}-\dfrac{\partial f_1}{\partial y}\right]$$

> **$\mathbf{rot}f$ の計算**
> $\dfrac{\partial}{\partial x} \qquad \dfrac{\partial}{\partial y} \qquad \dfrac{\partial}{\partial z} \qquad \dfrac{\partial}{\partial x}$
> $f_1 \qquad\quad f_2 \qquad\quad f_3 \qquad\quad f_1$
> $\dfrac{\partial f_2}{\partial x}-\dfrac{\partial f_1}{\partial y} \Bigg] \Bigg[\dfrac{\partial f_3}{\partial y}-\dfrac{\partial f_2}{\partial z},\ \dfrac{\partial f_1}{\partial z}-\dfrac{\partial f_3}{\partial x},$

$$=[f_{3y}-f_{2z},\ f_{1z}-f_{3x},\ f_{2x}-f_{1y}]\ \cdots\cdots① \quad \text{となる。}$$

この①の発散 $\mathbf{div}$ をとると，

$$\mathbf{div}(\mathbf{rot}f)=\dfrac{\partial}{\partial x}(f_{3y}-f_{2z})+\dfrac{\partial}{\partial y}(f_{1z}-f_{3x})+\dfrac{\partial}{\partial z}(f_{2x}-f_{1y})$$

$$=f_{3yx}-f_{2zx}+f_{1zy}-f_{3xy}+f_{2xz}-f_{1yz}$$

先 後（他も同じ）

$$=(f_{3yx}-f_{3xy})+(f_{2xz}-f_{2zx})+(f_{1zy}-f_{1yz})$$

$f_{3xy} \qquad\qquad f_{2zx} \qquad\qquad f_{1yz}$

> **シュワルツの定理**
> $\dfrac{\partial^2 f}{\partial x \partial y}=\dfrac{\partial^2 f}{\partial y \partial x}$
> $(f_{yx}=f_{xy})$

$$=(f_{3xy}-f_{3xy})+(f_{2zx}-f_{2zx})+(f_{1yz}-f_{1yz})$$

$$=0 \quad \text{となって，公式：}$$

$\mathbf{div}(\mathbf{rot}f)=0$ ……$(*m)$ は成り立つ。 ……………………(終)

これから，どのような空間ベクトル場 $f=[f_1,\ f_2,\ f_3]$ であっても，回転（rot）をとった後で発散（div）をとれば，それは必ず 0 になるんだね。

演習問題 4　● $\mathbf{rot(grad}\,f) = \mathbf{0}$ の証明 ●

空間スカラー場 $f(x, y, z)$ に対して，公式：

$\mathbf{rot}\,(\mathbf{grad}\,f) = \mathbf{0}$ ……$(*m)'$ が成り立つことを示せ。

$\left(\text{ただし，シュワルツの定理：} \dfrac{\partial^2 f}{\partial x \partial y} = \dfrac{\partial^2 f}{\partial y \partial x} \text{は成り立つものとする。}\right)$

ヒント！ $\mathbf{grad}\,f = \left[\dfrac{\partial f}{\partial x}, \dfrac{\partial f}{\partial y}, \dfrac{\partial f}{\partial z}\right] = [f_x, f_y, f_z]$ の回転 (**rot**) をとって，これが $\mathbf{0}$ となることを示せばいいんだね。その際に，シュワルツの定理 $f_{yx} = f_{xy}$ も利用することになるんだね。これも重要公式なので，頭に入れておこう。

解答＆解説

空間スカラー場 $f(x, y, z)$ について，この勾配ベクトル $\mathbf{grad}\,f$ を求めると，

$$\mathbf{grad}\,f = \left[\frac{\partial f}{\partial x}, \frac{\partial f}{\partial y}, \frac{\partial f}{\partial z}\right] = [f_x, f_y, f_z] \quad \cdots\cdots ①$$

となる。

この①の回転 **rot** を右図のように計算して求めると，

rot(grad f) の計算

$\dfrac{\partial}{\partial x}$　$\dfrac{\partial}{\partial y}$　$\dfrac{\partial}{\partial z}$　$\dfrac{\partial}{\partial x}$

f_x　f_y　f_z　f_x

$f_{yx} - f_{xy}]\,[f_{zy} - f_{yz},\ f_{xz} - f_{zx},$

$$\mathbf{rot}\,(\mathbf{grad}\,f) = \left[\frac{\partial^2 f}{\partial y \partial z} - \frac{\partial^2 f}{\partial z \partial y},\ \frac{\partial^2 f}{\partial z \partial x} - \frac{\partial^2 f}{\partial x \partial z},\ \frac{\partial^2 f}{\partial x \partial y} - \frac{\partial^2 f}{\partial y \partial x}\right]$$

$$= [\underbrace{f_{zy}}_{f_{yz}} - f_{yz},\ \underbrace{f_{xz}}_{f_{zx}} - f_{zx},\ \underbrace{f_{yx}}_{f_{xy}} - f_{xy}]$$

シュワルツの定理

$\dfrac{\partial^2 f}{\partial x \partial y} = \dfrac{\partial^2 f}{\partial y \partial x}$

$(f_{yx} = f_{xy})$

$$= [\underbrace{f_{yz} - f_{yz}}_{0},\ \underbrace{f_{zx} - f_{zx}}_{0},\ \underbrace{f_{xy} - f_{xy}}_{0}]$$

$= [0, 0, 0] = \mathbf{0}$ となって，公式：

$\mathbf{rot}\,(\mathbf{grad}\,f) = \mathbf{0}$ ……$(*m)'$ は成り立つ。 ……………………………………(終)

これから，どのような空間スカラー場 $f(x, y, z)$ であっても，勾配ベクトル (**grad**) をとった後で，回転 (**rot**) をとれば，必ず $\mathbf{0}$ になることが分かったんだね。

§2. ベクトル解析の応用

前回の講義で，“**ベクトル解析**”の基本である，勾配ベクトル $\mathbf{grad}\,f$，発散 $\mathrm{div}\,\boldsymbol{f}$，回転 $\mathbf{rot}\,\boldsymbol{f}$ について勉強した。でも，電磁気学を学ぶ上で，これだけではまだ十分とは言えないんだね。

今回の講義では，ベクトル解析の応用として，“**ガウスの発散定理**”と“**ストークスの定理**”について解説しよう。ただし，これらを数学的にキチンと解説しようとすると大変になるので，ここでは，これらの公式の意味と，例題による計算練習を中心に教えようと思う。

これで，電磁気学を学ぶ上で必要な数学的な準備はほぼ整うので，みんな頑張って理解してほしい。

● ガウスの発散定理について解説しよう！

まず初めに，空間ベクトル場 $\boldsymbol{f}=[f_1,\ f_2,\ f_3]$ について，“**ガウスの発散定理**”の公式を下に示そう。

ガウスの発散定理

右図に示すようにベクトル場 $\boldsymbol{f}=[f_1,\ f_2,\ f_3]$ の中に，閉曲面 S で囲まれた領域 V があるとき，次式が成り立つ。

$$\iiint_V \mathrm{div}\,\boldsymbol{f}\,dV=\iint_S \boldsymbol{f}\cdot\boldsymbol{n}\,dS \quad \cdots\cdots(*n)$$

（ただし，単位法線ベクトル $\boldsymbol{n}$ は，閉曲面 S の内部から外部に向かう向きにとる。）

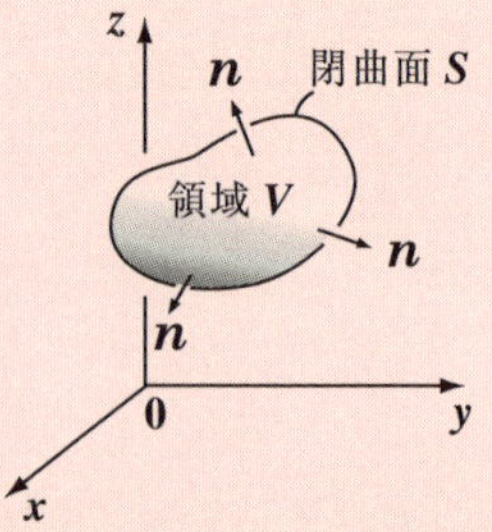

ン？かなり難しそうだって!?…そうだね。$(*n)$ の左辺は発散 $\mathrm{div}\,\boldsymbol{f}$ を領域 V で体積分，つまり 3 重積分したものであり，また，この右辺は，内積 $\boldsymbol{f}\cdot\boldsymbol{n}$ を閉曲面 S で面積分，すなわち 2 重積分したものだからね。初学者にとっては，難しく感じるのも当然だと思う。

でも，この公式を，水の流れのイメージで考えると，この公式 $(*n)$ が表している意味も比較的楽につかめるようになると思う。

図1
$\iint_S \boldsymbol{f}\cdot\boldsymbol{n}dS$ の物理的な意味

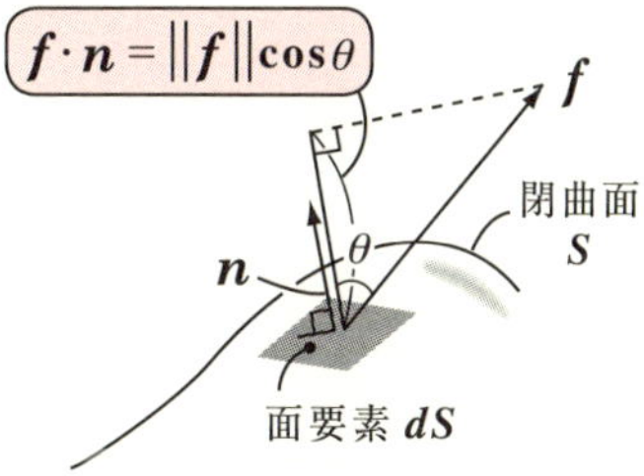

では，これからガウスの発散定理について解説しよう。

まず，ベクトル場 $\boldsymbol{f}=[f_1, f_2, f_3]$ は水の流速を表す流れ場であると考えることにしよう。すると，図1に示すように，閉曲面 S の1部である微小な面積（面要素）dS を通って，内側から外側へ単位時間当たりに流出する実質的な水量が，

$\boldsymbol{f}\cdot\boldsymbol{n}dS$ ……① であることが分かると思う。

実質的な流出量を求めるには，流速 $\boldsymbol{f}$ の dS に対して垂直な成分のみが必要であり，$\boldsymbol{f}$ と $\boldsymbol{n}$ のなす角を θ とおくと，これは，

（$\boldsymbol{n}$：曲面に垂直な，内側から外側に向かう単位ベクトルのこと）

$\|\boldsymbol{f}\|\cos\theta=\|\boldsymbol{f}\|\underbrace{\|\boldsymbol{n}\|}_{1}\cos\theta=\boldsymbol{f}\cdot\boldsymbol{n}$ となり，これに微小面積 dS をかけたもの，

すなわち $\boldsymbol{f}\cdot\boldsymbol{n}dS$ が，実質的に dS を通って外部に流れ出る流出量になるんだね。そして，これを閉曲面 S 全体で面積分したもの，

すなわち $\iint_S \boldsymbol{f}\cdot\boldsymbol{n}dS$ ……$(*n)'$ が，

閉曲面 S 全体を通して，内側から外側に流れ出す「総流出量」を表すことになるんだね。

では，何故水が流出するのか？それは，閉曲面 S の内部の領域 V に水の湧き出し，つまり $\mathrm{div}\boldsymbol{f}$ があるはずだからで，この V における「総湧き出し量」は，これを領域 V 全体で体積分（3重積分）したもの，

すなわち $\iiint_V \mathrm{div}\boldsymbol{f}dV$ ……$(*n)''$ となることが分かるはずだ。

そして，$(*n)''=(*n)'$ となるはずで，これから **“ガウスの発散定理”**

$\iiint_V \mathrm{div}\boldsymbol{f}dV=\iint_S \boldsymbol{f}\cdot\boldsymbol{n}dS$ ……$(*n)$ が導けるんだね。

どう？これで，ガウスの発散定理の公式 $(*n)$ の意味も分かったでしょう？後は，例題で具体的に計算練習してみることにしよう。

例題 15　空間ベクトル場 $\boldsymbol{f}=\left[\frac{1}{2}x,\ \frac{1}{2}y,\ \frac{1}{2}z\right]$ において，原点 **O** を中心とする半径 1 の球面（閉曲面）を S として，S で囲まれる領域を V とおく。このとき，ガウスの発散定理：

$\iiint_V \mathrm{div}\boldsymbol{f}\,dV=\iint_S \boldsymbol{f}\cdot\boldsymbol{n}\,dS$ ……(∗n) が成り立つことを確認しよう。

（ただし，$\boldsymbol{n}$ は S の内部から外部に向かう単位法線ベクトルである。）

(∗n) の左・右両辺の積分値を求めて，これらが一致することを確認してみよう。

(i) (∗n) の左辺について，

まず，$\boldsymbol{f}=\left[\frac{1}{2}x,\ \frac{1}{2}y,\ \frac{1}{2}z\right]$ の発散 $\mathrm{div}\boldsymbol{f}$ を求めると，

$$\mathrm{div}\boldsymbol{f}=\nabla\cdot\boldsymbol{f}=\underbrace{\frac{\partial}{\partial x}\left(\frac{1}{2}x\right)}_{\frac{1}{2}}+\underbrace{\frac{\partial}{\partial y}\left(\frac{1}{2}y\right)}_{\frac{1}{2}}+\underbrace{\frac{\partial}{\partial z}\left(\frac{1}{2}z\right)}_{\frac{1}{2}}=\frac{3}{2}\ (\text{定数})$$ となる。

これから，

$$((\ast n)\text{の左辺})=\iiint_V \underbrace{\mathrm{div}\boldsymbol{f}}_{\frac{3}{2}(\text{定数})}\,dV=\frac{3}{2}\underbrace{\iiint_V dV}_{\text{半径 }r=1\text{ の球の体積 }\frac{4}{3}\pi\cdot 1^3}$$

$$=\frac{3}{2}\times\frac{4}{3}\pi\cdot 1^3=2\pi \quad \cdots\cdots①$$ である。

(ii) (∗n) の右辺について，

右図に示すように，

球面 S：$x^2+y^2+z^2=1$ 上の点 $\mathrm{P}(x,\ y,\ z)$ における

ベクトル場 $\boldsymbol{f}=\frac{1}{2}[x,\ y,\ z]$

より，$\boldsymbol{f}=\frac{1}{2}\overrightarrow{\mathrm{OP}}$ である。

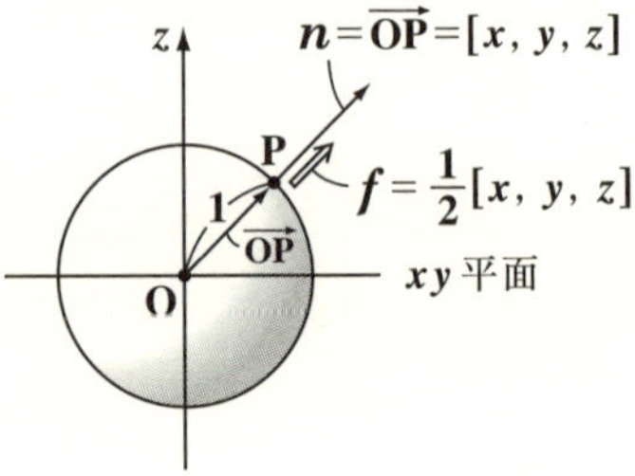

よって，$\boldsymbol{f} /\!/ \overrightarrow{\mathbf{OP}}\ (=\boldsymbol{n})$ より，$\boldsymbol{f}$ と $\boldsymbol{n}$ のなす角 $\theta = 0$ (ラジアン) である。

$\therefore\ \boldsymbol{f}\cdot\boldsymbol{n} = \underbrace{\|\boldsymbol{f}\|}_{\frac{1}{2}\|\boldsymbol{n}\|=\frac{1}{2}}\cdot\underbrace{\|\boldsymbol{n}\|}_{1}\cdot\underbrace{\cos 0}_{1} = \frac{1}{2}\times 1\times 1 = \frac{1}{2}$ (定数) となる。

これから，

$$((*n)\text{の右辺}) = \iint_S \underbrace{\boldsymbol{f}\cdot\boldsymbol{n}}_{\frac{1}{2}(\text{定数})}dS = \frac{1}{2}\underbrace{\iint_S dS}_{\text{半径 } r=1 \text{ の球面の面積 } 4\pi\cdot 1^2}$$

$$= \frac{1}{2}\times 4\pi\cdot 1^2 = 2\pi \quad \cdots\cdots ②\ \text{である。}$$

以上 (i)(ii) の①, ②より，これらは一致するので，ガウスの発散定理が成り立つことが確認されたんだね。大丈夫だった？

ではさらに，ガウスの発散定理を利用する次の例題を解いてみよう。

例題 16 空間ベクトル場 $\boldsymbol{f} = \left[-\frac{1}{2}y,\ \frac{1}{2}x,\ 0\right]$ において，点 $\mathbf{O}(0, 0, 0)$ 点 $\mathbf{A}(3, 0, 0)$，点 $\mathbf{B}(0, 2, 0)$，点 $\mathbf{C}(0, 0, 4)$ からなる四面体 $\mathbf{OABC}$ の 4 つの面を併せて閉曲面 S とし，S で囲まれる領域を V とおく。
このとき，ガウスの発散定理を用いて，面積分 $\iint_S \boldsymbol{f}\cdot\boldsymbol{n}dS$ の値を求めよう。
(ただし，$\boldsymbol{n}$ は S の内部から外部に向かう単位法線ベクトルである。)

ガウスの発散定理：

$$\iiint_V \mathrm{div}\boldsymbol{f}\,dV = \iint_S \boldsymbol{f}\cdot\boldsymbol{n}dS \quad \cdots\cdots(*n)$$

より，$\iint_S \boldsymbol{f}\cdot\boldsymbol{n}dS$ の代わりに体積分

これは，4 つの面△OAB，△OBC，△OCA，△ABC について，面積分しなければならないので，直接求めるのはメンドウだ。

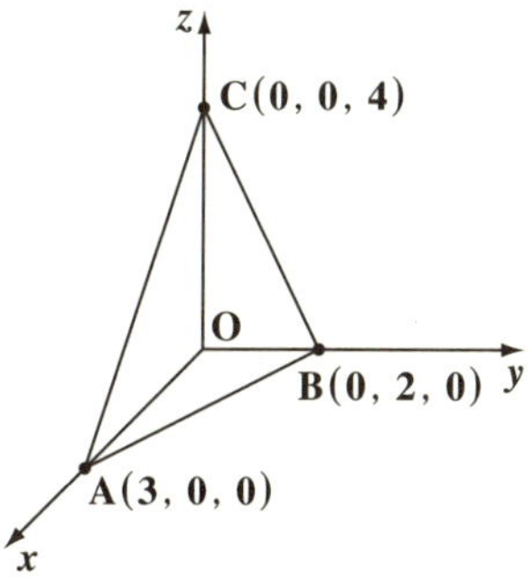

$\iiint_V \mathrm{div}\boldsymbol{f}\,dV$ を求めればいいんだね。よって，まず，

$\boldsymbol{f} = \left[-\frac{1}{2}y,\ \frac{1}{2}x,\ 0\right]$ の発散 $\mathrm{div}\boldsymbol{f}$ を求めると，

$$\mathrm{div}\boldsymbol{f} = \underbrace{\frac{\partial}{\partial x}\left(-\frac{1}{2}y\right)}_{0} + \underbrace{\frac{\partial}{\partial y}\left(\frac{1}{2}x\right)}_{0} + \underbrace{\frac{\partial(0)}{\partial z}}_{0} = 0+0+0 = 0$$ となる。

よって，求める面積分は，

$$\iint_S \boldsymbol{f}\cdot\boldsymbol{n}\,dS = \iiint_V \underbrace{\mathrm{div}\boldsymbol{f}}_{0}\,dV = 0\cdot\iiint_V dV = 0\times 4 = 0$$ である。

これは，四面体 OABC の体積のこと。
$\therefore \underbrace{\frac{1}{3}\cdot\frac{1}{2}\cdot 3\cdot 2}_{\triangle OAB}\cdot\underbrace{4}_{\text{高さ}h=4} = 4$ となる。

どう？簡単だったでしょう？ではもう1題解いておこう。

例題 17　空間ベクトル場 $\boldsymbol{g} = [xy^2,\ yz^2,\ zx^2]$ の回転 rot をとったものを $\boldsymbol{f}$ とおく。すなわち，$\boldsymbol{f} = \mathrm{rot}\,\boldsymbol{g}$ ……① を空間ベクトル場とする空間内に4点 O(0, 0, 0)，A(3, 0, 0)，B(0, 2, 0)，C(0, 0, 4) からなる四面体 OABC の4つの面を併せて閉曲面 S とし，この S で囲まれる領域を V とおく。このとき，ガウスの発散定理を用いて，面積分 $\iint_S \boldsymbol{f}\cdot\boldsymbol{n}\,dS$ の値を求めよう。(ただし，$\boldsymbol{n}$ は S の内部から外部に向かう単位法線ベクトルを表す。)

例題16と同じ四面体 OABC を用いて，この4つの面を併せて閉曲面 S としているんだね。今回も，ガウスの発散定理を用いて，この面積分の代わりに体積分で求めることにする。

$\iiint_V \mathrm{div}\boldsymbol{f}\,dV = \iint_S \boldsymbol{f}\cdot\boldsymbol{n}\,dS$ ……$(*n)$ より，まずここで，

$\boldsymbol{f}$ の発散 $\mathrm{div}\boldsymbol{f}$ を求めることにする。

$\boldsymbol{f} = \mathrm{rot}\,\boldsymbol{g}$ ……① より，これを代入すると，

$\mathrm{div}(\mathrm{rot}\,\boldsymbol{g}) = 0$ ……② となる。

rot $\boldsymbol{g}$ 求めなくても $\mathrm{div}(\mathrm{rot}\,\boldsymbol{g}) = 0$ となる。(公式 $(*m)$) (P57)

②を $(*n)$ に代入すると，求める面積分は，

$$\iint_S \boldsymbol{f}\cdot\boldsymbol{n}\,dS = \iiint_V \underbrace{\mathrm{div}\,\boldsymbol{f}}_{\mathrm{div}(\mathrm{rot}\,\boldsymbol{g})=0}\,dV = 0\cdot\underbrace{\iiint_V dV}_{4\,(\text{例題16より})} = 0\times 4 = 0$$

となって，答えだ。

参考

$\boldsymbol{g} = [xy^2,\ yz^2,\ zx^2]$ の回転 $\mathrm{rot}\,\boldsymbol{g}$

を右図のように求めて，

$\mathrm{rot}\,\boldsymbol{g} = [-2yz,\ -2zx,\ -2xy]$

となり，この発散 div をとると，

rot $\boldsymbol{g}$ の計算

$$\frac{\partial}{\partial x}\quad\frac{\partial}{\partial y}\quad\frac{\partial}{\partial z}\quad\frac{\partial}{\partial x}$$
$$xy^2\quad yz^2\quad zx^2\quad xy^2$$
$$0-2xy]\,[0-2yz,\ 0-2zx,$$

$$\mathrm{div}(\mathrm{rot}\,\boldsymbol{g}) = \underbrace{\frac{\partial}{\partial x}(-2yz)}_{0} + \underbrace{\frac{\partial}{\partial y}(-2zx)}_{0} + \underbrace{\frac{\partial}{\partial z}(-2xy)}_{0} = 0$$

となることが確認できる。

もちろん，どのような $\boldsymbol{g}$ に対しても，$(*m)$ の公式から

$\mathrm{div}(\mathrm{rot}\,\boldsymbol{g}) = 0$ となることは分かっているんだけどね。

これで，ガウスの発散定理にも，ずい分慣れたと思う。ガウスの発散定理は面積分と体積分の関係を表した公式で，一般に，面積分の計算の方がメンドウなことが多いので，体積分で求めることが多いことも覚えておこう。

そして，これが，クーロンの法則：$f = k\dfrac{q_1q_2}{r^2}$ からマクスウェルの方程式の 1 つ：$\mathrm{div}\,\boldsymbol{D} = \rho$ を導く際に重要な役割を演じることも覚えておいてくれ。

それでは次に“**ストークスの定理**”について解説しよう。この公式は面積(めんせき)分(ぶん)と接線線積分(せっせんせんせきぶん)との間の関係を表す公式で，電磁気学を学ぶ上で欠かせないものなんだね。ここでは公式の証明よりも，その使い方を例題を解きながらマスターしていこう。

● ストークスの定理を解説しよう！

では次，“ストークスの定理”を下に示そう。

ストークスの定理

右図に示すようにベクトル場
$\boldsymbol{f}=[f_1,\ f_2,\ f_3]$ の中に，閉曲線 C で囲まれた曲面 S があるとき，次式が成り立つ。

$$\iint_S \mathrm{rot}\,\boldsymbol{f}\cdot\boldsymbol{n}\,dS=\oint_C \boldsymbol{f}\cdot d\boldsymbol{r} \quad \cdots\cdots(*o)$$

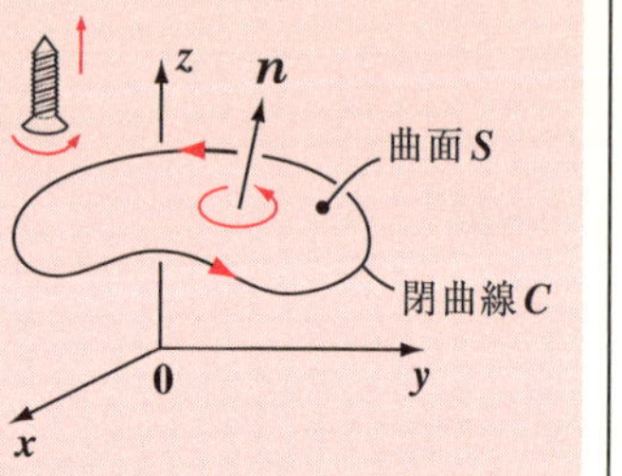

（ただし，単位法線ベクトル $\boldsymbol{n}$ を S の正の向きとし，周回積分路 C は右上図に示すような向きに回るものとする。）

$(*o)$ のストークスの定理の左辺は，$\boldsymbol{f}$ が $\mathrm{rot}\,\boldsymbol{f}$ に変わってはいるけれど，ガウスの発散定理でも出てきた面積分だね。すなわち，$\mathrm{rot}\,\boldsymbol{f}$ の曲面 S に対する法線方向の成分を面積分するんだね。

これに対して，$(*o)$ の右辺は，“**接線線積分**（せっせんせんせきぶん）”になっている。微小ベクトル $d\boldsymbol{r}$ を具体的に書くと，

$d\boldsymbol{r}=[dx,\ dy,\ dz]$

のことで，これは曲線 C 上の点 $\mathrm{P}(x,\ y,\ z)$ における微小な接線ベクトルのことなんだ。

図2　接線線積分のイメージ

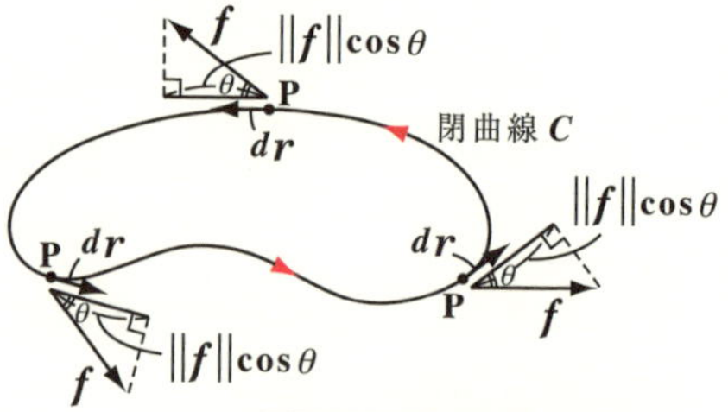

$$\boldsymbol{f}\cdot d\boldsymbol{r}=\|\boldsymbol{f}\|\|d\boldsymbol{r}\|\cos\theta$$

よって，図2に示すように，$\boldsymbol{f}$ と $d\boldsymbol{r}$ の内積，すなわち，
$\boldsymbol{f}\cdot d\boldsymbol{r}=[f_1,\ f_2,\ f_3]\cdot[dx,\ dy,\ dz]=f_1dx+f_2dy+f_3dz$ を閉曲線 C のまわりに右ネジが回転して $\boldsymbol{n}$ がその進む向きとなるように，1周分積分するので，積分記号 $\int$ の代わりに $\oint_C$ と表したんだ。よって，$(*o)$ の右辺は，“**周回接線線積分**（しゅうかいせっせんせんせきぶん）”（または“**1周接線線積分**”）と呼ぶことができるんだね。

このストークスの定理の証明は，初学者には難しい。よって，ここでは，証明よりも，例題を解いて，ストークスの定理に慣れていくことにしよう。

例題 18　空間ベクトル場 $\boldsymbol{f}=[-y,\ x,\ 0]$ において，xy 平面上に原点 $\mathbf{0}$ を中心とする半径 1 の閉曲線（円）C：$x^2+y^2=1$ $(z=0)$ があり，C に囲まれる xy 平面上の曲面（円）を S とおく。このとき，ストークスの定理：$\iint_S \mathrm{rot}\,\boldsymbol{f}\cdot\boldsymbol{n}\,dS=\oint_C \boldsymbol{f}\cdot d\boldsymbol{r}$ ……$(*o)$ が成り立つことを確認してみよう。
（ただし，S に対する単位法線ベクトル $\boldsymbol{n}$ の z 成分は正とする。）

(i) $(*o)$ の左辺について，

空間ベクトル場 $\boldsymbol{f}=[-y,\ x,\ 0]$ の回転 $\mathrm{rot}\,\boldsymbol{f}$ を求めると，

$\mathrm{rot}\,\boldsymbol{f}=[0,\ 0,\ 2]$ ……① となる。

$\mathrm{rot}\,\boldsymbol{f}$ の計算

$$\frac{\partial}{\partial x}\quad \frac{\partial}{\partial y}\quad \frac{\partial}{\partial z}\quad \frac{\partial}{\partial x}$$
$$-y\quad x\quad 0\quad -y$$
$$1-(-1)]\,[0-0,\quad 0-0,$$

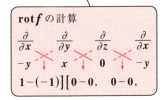

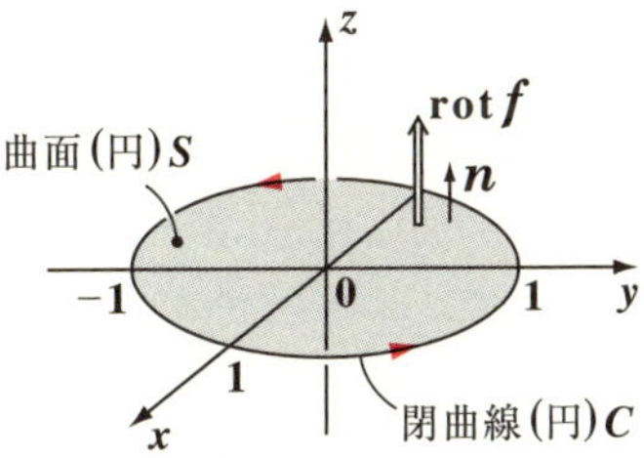

また，右図より，円（曲面）S は，xy 平面上の円より，この単位法線ベクトル $\boldsymbol{n}$ は，$\boldsymbol{n}=[0,0,1]$ ……② である。よって，①と②の内積を求めると，

$\mathrm{rot}\,\boldsymbol{f}\cdot\boldsymbol{n}=[0,\ 0,\ 2]\cdot[0,\ 0,\ 1]=0\times0+0\times0+2\times1=2$ （定数）となる。

よって，

$((*o)\text{の左辺})=\iint_S \underline{\mathrm{rot}\,\boldsymbol{f}\cdot\boldsymbol{n}}\,dS=2\underline{\iint_S dS}=2\times\pi\cdot1^2=2\pi$ ……③ である。

2（定数）

S は，$\mathbf{0}$ を中心とする半径 1 の円より，その面積は $\pi\cdot1^2$

(ii) $(*o)$ の右辺について，

$\boldsymbol{f}\cdot d\boldsymbol{r}=[-y,\ x,\ 0]\cdot[dx,\ dy,\ dz]=-ydx+xdy+\cancel{0\cdot dz}$

$=-ydx+xdy$ ……④ となる。

よって，④を $(*o)$ の右辺に代入すると，

$((*o)\text{の右辺}) = \oint_C (-ydx + xdy)$

……⑤ となる。

$((*o)\text{の左辺}) = \iint_S \mathrm{rot}\, f \cdot n dS = 2\pi$ ……③

ここで，閉曲線（円）C は，0 を中心とする半径 $r=1$ の円なので右図より，x と y は媒介変数 θ を用いて，

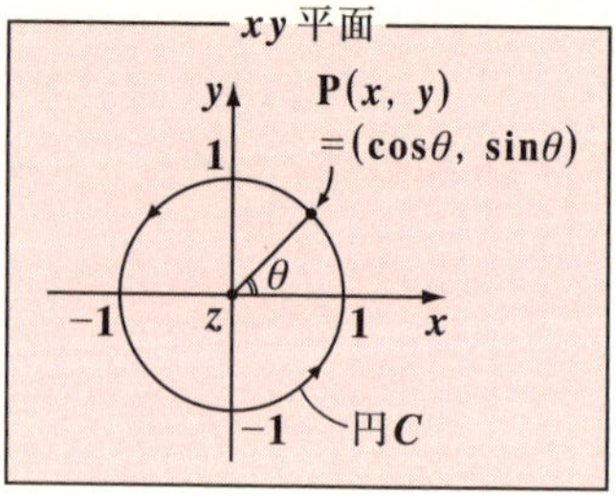

$$\begin{cases} x = \cos\theta \\ y = \sin\theta \end{cases} \cdots\cdots ⑥ \quad (0 \leqq \theta < 2\pi)$$

と表すことができる。ここで，dx と $d\theta$ および dy と $d\theta$ の関係を求めると，

$\underline{1 \cdot dx} = \underline{-\sin\theta \cdot d\theta}$，　$\underline{1 \cdot dy} = \underline{\cos\theta \cdot d\theta}$ となる。

（x を x で微分して，dx をかけた。）（$\cos\theta$ を θ で微分して，$d\theta$ をかけた。）（y を y で微分して，dy をかけた。）（$\sin\theta$ を θ で微分して，$d\theta$ をかけた。）

よって，$\begin{cases} dx = -\sin\theta d\theta \\ dy = \cos\theta d\theta \end{cases}$ ……⑥′ となる。⑥，⑥′を⑤に代入して，

θ で，積分区間 $0 \leqq \theta < 2\pi$ により積分すればよいので，

$$((*o)\text{の右辺}) = \int_0^{2\pi} (-\underbrace{\sin\theta}_{y} \cdot \underbrace{(-\sin\theta) d\theta}_{dx} + \underbrace{\cos\theta}_{x} \cdot \underbrace{\cos\theta d\theta}_{dy})$$

$$= \int_0^{2\pi} (\underbrace{\sin^2\theta + \cos^2\theta}_{1}) \cdot d\theta = [\theta]_0^{2\pi} = 2\pi \cdots\cdots ⑦$$ となるんだね。

以上（i）（ii）の③と⑦は一致する。よって，ストークスの定理：

$\iint_S \mathrm{rot}\, f \cdot n dS = \oint_C f \cdot dr$ ……$(*o)$ が成り立つことが確認できた。

$((*o)$の右辺$)$ の積分で，媒介変数 θ を使って解くことが，この問題のポイントだったんだね。これで，少しはストークスの定理にも慣れたでしょう！

では，もう 1 題，ストークスの定理の問題を解いてみよう！

例題 19　空間スカラー場 $f(x, y, z)=xy+z$ の勾配ベクトルを空間ベクトル場 $\boldsymbol{f}$ とおく，すなわち，空間ベクトル場 $\boldsymbol{f}=\mathrm{grad}f$ において，xy 平面上に原点 0 を中心とする半径 2 の閉曲線（円）$C: x^2+y^2=4$ $(z=0)$ があり，C に囲まれる xy 平面上の曲面（円）を S とおく。このとき，$\oint_C \boldsymbol{f}\cdot d\boldsymbol{r}$ をストークスの定理を用いて求めよう。

ストークスの定理より，$\oint_C \boldsymbol{f}\cdot d\boldsymbol{r}$ は，

$$\oint_C \boldsymbol{f}\cdot d\boldsymbol{r}=\iint_S \mathrm{rot}\underbrace{\boldsymbol{f}}_{(\mathrm{grad}\,f)}\cdot\boldsymbol{n}\,dS=\iint_S \underbrace{\mathrm{rot}(\mathrm{grad}\,f)}_{\boldsymbol{0}=[0,\,0,\,0]}\cdot\underbrace{\boldsymbol{n}}_{[0,\,0,\,1]}\,dS$$

公式：$\mathrm{rot}(\mathrm{grad}f)=\boldsymbol{0}$ …$(*m)'$ (P57) を使った。

$$=\iint_S \underbrace{[0,\,0,\,0]\cdot[0,\,0,\,1]}_{0^2+0^2+0\times1=0\ (\text{定数})}\,dS$$

$$=\underbrace{0\iint_S}\,dS=0\times4\pi=0\quad\text{となる。}$$

半径 2 の円の面積は $\pi\cdot2^2$

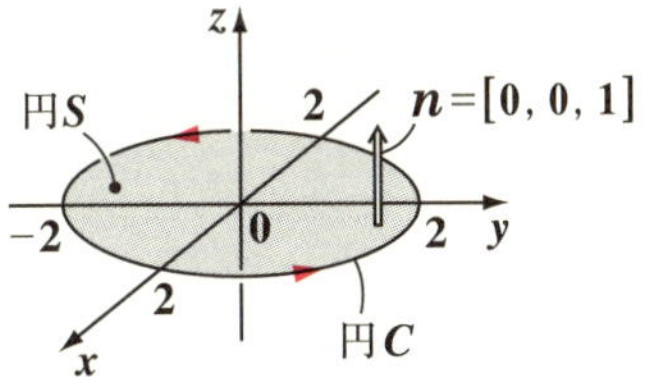

どう？ 公式：$\mathrm{rot}(\mathrm{grad}f)=\boldsymbol{0}$ ……$(*m)'$ を使えば，アッという間に解ける問題だったんだね。面白かったでしょう？

これで，ベクトル解析の講義も終り，数学的な準備も整ったので，次の章からはいよいよ電磁気学の本格的な解説に入ろう。

今回の講義では，ガウスの発散定理とストークスの定理の問題を例題で十分に解いたので，これらの定理にも慣れることができたと思う。

講義2 ● ベクトル解析 公式エッセンス

1. 勾配ベクトル（グラディエント）

スカラー値関数 $f(x,\ y,\ z)$ に対して，

$$\mathbf{grad}f=\nabla f=\left[\frac{\partial}{\partial x},\ \frac{\partial}{\partial y},\ \frac{\partial}{\partial z}\right]f=\left[\frac{\partial f}{\partial x},\ \frac{\partial f}{\partial y},\ \frac{\partial f}{\partial z}\right]$$

2. 発散（ダイヴァージェンス）

（ⅰ）ベクトル場 $\boldsymbol{f}=[f_1(x,\ y),\ f_2(x,\ y)]$ に対して，（ただし，平面ベクトル場）

$$\mathbf{div}\boldsymbol{f}=\nabla\cdot\boldsymbol{f}=\left[\frac{\partial}{\partial x},\ \frac{\partial}{\partial y}\right]\cdot[f_1,\ f_2]=\frac{\partial f_1}{\partial x}+\frac{\partial f_2}{\partial y}$$

（ⅱ）ベクトル場 $\boldsymbol{f}=[f_1,\ f_2,\ f_3]$ に対して，

$$\mathbf{div}\boldsymbol{f}=\nabla\cdot\boldsymbol{f}=\frac{\partial f_1}{\partial x}+\frac{\partial f_2}{\partial y}+\frac{\partial f_3}{\partial z}$$

3. ポアソンの方程式

$$\Delta f=\frac{\partial^2 f}{\partial x^2}+\frac{\partial^2 f}{\partial y^2}+\frac{\partial^2 f}{\partial z^2}=g\quad\left(\text{ラプラシアン}\Delta=\nabla\cdot\nabla=\frac{\partial^2}{\partial x^2}+\frac{\partial^2}{\partial y^2}+\frac{\partial^2}{\partial z^2}\right)$$

特に，$g=0$，すなわち $\Delta f=0$ をラプラスの方程式という。

4. 回転（ローテイション）

ベクトル場 $\boldsymbol{f}=[f_1(x,\ y,\ z),\ f_2(x,\ y,\ z),\ f_3(x,\ y,\ z)]$ に対して，

$$\mathbf{rot}\boldsymbol{f}=\nabla\times\boldsymbol{f}=\left[\frac{\partial f_3}{\partial y}-\frac{\partial f_2}{\partial z},\ \frac{\partial f_1}{\partial z}-\frac{\partial f_3}{\partial x},\ \frac{\partial f_2}{\partial x}-\frac{\partial f_1}{\partial y}\right]$$

5. grad，div，rotの応用公式

（Ⅰ）$\mathbf{div}(\mathbf{rot}\boldsymbol{f})=0$　　（Ⅱ）$\mathbf{rot}(\mathbf{grad}f)=\mathbf{0}$

6. ガウスの発散定理

$$\iiint_V \mathbf{div}\boldsymbol{f}\,dV=\iint_S \boldsymbol{f}\cdot\boldsymbol{n}\,dS$$

7. ストークスの定理

$$\iint_S \mathbf{rot}\boldsymbol{f}\cdot\boldsymbol{n}\,dS=\oint_C \boldsymbol{f}\cdot d\boldsymbol{r}$$

講義 Lecture 3

静電場

テーマ

▶ クーロンの法則からマクスウェルの方程式へ

$\left(\boldsymbol{f} = k\dfrac{q_1 q_2}{r^2}\boldsymbol{e},\ \mathrm{div}\boldsymbol{D} = \rho\right)$

▶ 電位と電場

$(\boldsymbol{E} = -\mathrm{grad}\phi)$

▶ 導体

(導体の性質，鏡像法，静電遮蔽)

▶ コンデンサー

(静電エネルギー，電場のエネルギー密度 $u_e = \dfrac{1}{2}\varepsilon_0 E^2$)

▶ 誘電体

(真電荷と分極電荷，電束密度 $\boldsymbol{D} = \varepsilon_0\boldsymbol{E} + \boldsymbol{P}$)

§1. クーロンの法則とマクスウェルの方程式

それではこれから，電磁気学の基本テーマである“**静電場**”について解説しよう。静電場とは，基本的には，真空中において，静止した点電荷が作る一定の電場のことなんだね。

そして，この静電場を支配する基本法則が“**クーロンの法則**”なんだけれど，これに“**ガウスの法則**”や“**ガウスの発散定理**”などを利用することにより，より洗練された“**マクスウェルの方程式**”の**1**つ：$\mathrm{div}\boldsymbol{D}=\rho$ ……$(*e)$ を導くことができるんだね。

今回も分かりやすく解説するので，すべて理解できるはずだ。

クーロンの法則から始めよう！

図**1**に示すように，距離 $r(\mathrm{m})$ だけ離れた**2**つの点電荷 $q_1(\mathrm{C})$ と $q_2(\mathrm{C})$ に互いに作用する力の大きさを f とおくと，“**クーロンの法則**”(**P27**)より，

$$f=k\frac{q_1q_2}{r^2} \quad \cdots\cdots(*a) \quad (k：\text{比例定数})$$

と表されるのは大丈夫だね。

しかし，クーロン力は本当は当然ベクトル量なので，図**2**に示すように，

- q_1 が q_2 に及ぼすクーロン力を $\boldsymbol{f}_{12}$ と表し，
- q_2 が q_1 に及ぼすクーロン力を $\boldsymbol{f}_{21}$ と表すことにする。

また，q_1 から q_2 に向かうベクトルを $\boldsymbol{r}$，その大きさを $r=\|\boldsymbol{r}\|$ とおくと，$\boldsymbol{r}$ と同じ向きの単位ベクトル(大きさ**1**のベクトル) $\boldsymbol{e}$ は，

$\boldsymbol{e}=\dfrac{\boldsymbol{r}}{r}$ と表せるのも分かるね。

図**1**　クーロンの法則(Ⅰ)

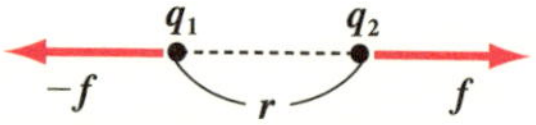

$$f=k\frac{q_1q_2}{r^2}$$

図は $q_1q_2>0$ のイメージ

図**2**　クーロンの法則(Ⅱ)

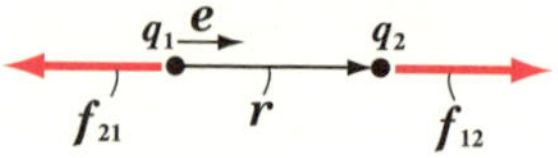

$$\boldsymbol{f}_{12}=k\frac{q_1q_2}{r^2}\boldsymbol{e}=k\frac{q_1q_2}{r^3}\boldsymbol{r}$$

$$\left(r=\|\boldsymbol{r}\|,\ \boldsymbol{e}=\frac{\boldsymbol{r}}{r},\ k=\frac{1}{4\pi\varepsilon_0}\right)$$

図は $q_1\,q_2>0$ のイメージ

よって，点電荷 q_1 が点電荷 q_2 に及ぼすクーロン力 f_{12} は，

$$f_{12}=k\cdot\frac{q_1q_2}{r^2}e \quad \left(e=\frac{r}{r}\right)\quad\cdots\cdots(*a)'$$ または $$f_{12}=k\cdot\frac{q_1q_2}{r^3}r\quad\cdots\cdots(*a)''$$ と表される。

$(k=8.988\times10^9\ (\mathrm{Nm^2/C^2}))$ ← $k\doteqdot9\times10^9$

逆に，q_2 が q_1 に及ぼすクーロン力 f_{21} は，作用・反作用の法則により，当然 $f_{21}=-f_{12}$ となるのも大丈夫だね。

では次，クーロン力の"**重ね合わせの原理**"についても解説しよう。図3に示すように，複数の点電荷 q_1，q_2，…，q_n が，点電荷 q に及ぼす合力を f とおく。

図3　クーロン力の重ね合わせ

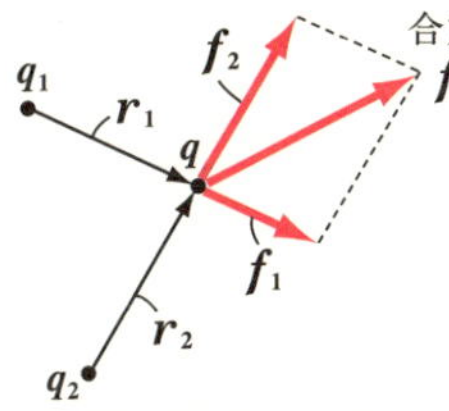

図は，$n=2$ のイメージ

また，点 q_i から点 q に向かうベクトルを r_i とおき，q_i が q に及ぼす個別のクーロン力を f_i とおくと，

$$f_i=k\frac{qq_i}{r_i^3}r_i\quad\cdots\cdots①\quad(i=1,\ 2,\ 3,\ \cdots,\ n,\ r_i=\|r_i\|)$$ となるんだね。

したがって，複数の点電荷 q_1，q_2，…，q_n が点電荷 q に及ぼすクーロン力の合力 f は，①を単純にたし合わせたもの，すなわち，

$$f=\sum_{i=1}^{n}k\cdot\frac{q\,q_i}{r_i^3}r_i=kq\sum_{i=1}^{n}\frac{q_i}{r_i^3}r_i\quad\cdots\cdots(*p)$$ で表されるんだね。

これを，クーロン力の"**重ね合わせの原理**"という。

では，次の例題で問題練習しておこう。

> 例題 20　xy 座標平面上の3点 A(1, 0)，B(0, 2)，C(1, 2) にそれぞれ3つの点電荷 $q_1=4\times10^{-4}$(C)，$q_2=-10^{-4}$(C)，$q=10^{-6}$(C) があるとき，q_1 と q_2 が q に及ぼすクーロン力の合力を求めよう。(ただし，$k=9\times10^9\ (\mathrm{Nm^2/C^2})$ とする。)

まず，r_1 と r_2 を

$r_1=\overrightarrow{AC}=\overrightarrow{OC}-\overrightarrow{OA}=[1,\ 2]-[1,\ 0]=[0,\ 2]$

$r_2=\overrightarrow{BC}=\overrightarrow{OC}-\overrightarrow{OB}=[1,\ 2]-[0,\ 2]=[1,\ 0]$ とおくと，

$$\begin{cases} r_1 = \|\boldsymbol{r}_1\| = \sqrt{0^2+2^2} = 2 \\ r_2 = \|\boldsymbol{r}_2\| = \sqrt{1^2+0^2} = 1 \end{cases}$$ となる。

$q_1 = 4\times10^{-4}(\mathrm{C})$, $q_2 = -10^{-4}(\mathrm{C})$,

$q = 10^{-6}(\mathrm{C})$, $k = 9\times10^{9}\ (\mathrm{Nm^2/C^2})$

クーロンの法則より，$k = \dfrac{f\cdot r^2}{q_1 q_2}\left[\dfrac{\mathrm{N\cdot m^2}}{\mathrm{C^2}}\right]$ から，kの単位が分かるんだね。

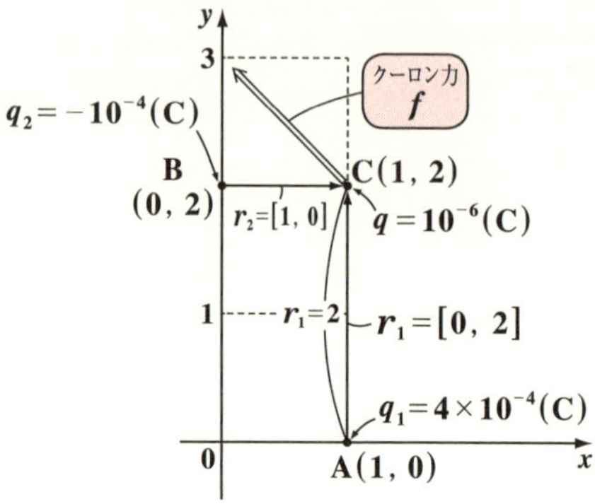

これらを，$\boldsymbol{f} = k\dfrac{q\cdot q_1}{r_1{}^3}\boldsymbol{r}_1 + k\dfrac{q\cdot q_2}{r_2{}^3}\boldsymbol{r}_2$

$= kq\left(\dfrac{q_1}{r_1{}^3}\boldsymbol{r}_1 + \dfrac{q_2}{r_2{}^3}\boldsymbol{r}_2\right)$ に代入して，求めるクーロン力 $\boldsymbol{f}$ は，

$$\boldsymbol{f} = \underbrace{9\times10^9}_{k}\times\underbrace{10^{-6}}_{q}\left\{\frac{4\times10^{-4}}{2^3}\underbrace{[0,\ 2]}_{\boldsymbol{r}_1} + \frac{-10^{-4}}{1^3}\underbrace{[1,\ 0]}_{\boldsymbol{r}_2}\right\}$$

$$= \underbrace{9\times10^9\times10^{-10}}_{0.9}\underbrace{\left\{\frac{1}{2}[0,\ 2] - [1,\ 0]\right\}}_{[0,\ 1]-[1,\ 0]=[-1,\ 1]}$$

$= 0.9[-1,\ 1] = [-0.9,\ 0.9]\ (\mathrm{N})$ となって，答えだ！

● 電場とガウスの法則について解説しよう！

正の点電荷 Q が，$r(=\|\boldsymbol{r}\|)$ だけ離れた点電荷 q に及ぼすクーロン力 $\boldsymbol{f}$ は，$(*a)'$ より，

$$\boldsymbol{f} = k\cdot\frac{qQ}{r^2}\boldsymbol{e} \quad \cdots\cdots① \quad \left(\boldsymbol{e} = \frac{\boldsymbol{r}}{r}\right)$$

となる。ここで，①を少し変形して，

$$\boldsymbol{f} = q\cdot\underbrace{k\frac{Q}{r^2}\boldsymbol{e}}_{\boldsymbol{E}(\text{電場})\text{：ベクトル}} \quad \cdots\cdots①' \text{ とし，}$$

$$\boldsymbol{E} = k\frac{Q}{r^2}\boldsymbol{e} = k\frac{Q}{r^3}\boldsymbol{r} \quad \cdots\cdots②$$

図4　クーロンの法則と電場
Q が作る電場 $\boldsymbol{E}$

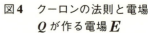

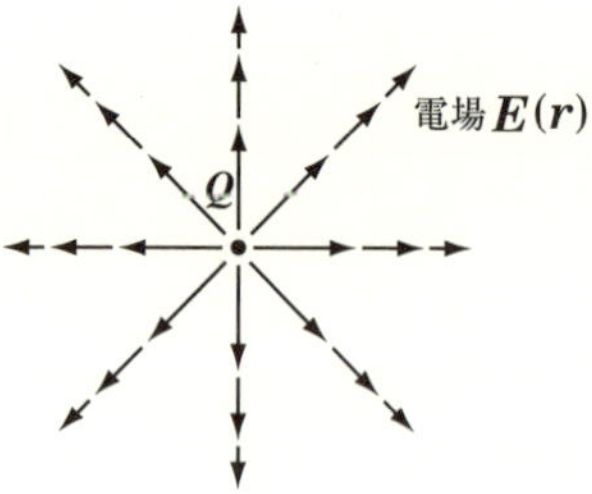

とおくと，①′は，

$\boldsymbol{f}=q\boldsymbol{E}$ ……③ となる。ここで，点電荷 q の位置を自由に変化させると，$\boldsymbol{r}$ は点 Q を始点として，空間全体を動くベクトルとなる。よって，②より，$\boldsymbol{E}$ は，変化する $\boldsymbol{r}$ の関数として，$\boldsymbol{E}(\boldsymbol{r})$ と表すことができるんだね。この $\boldsymbol{E}(\boldsymbol{r})$ のことを，電荷 Q が空間に作る“**電場**”または“**電界**”という。このイメージを図4に示した。そして，この電場 $\boldsymbol{E}(\boldsymbol{r})$ の中にある位置 $\boldsymbol{r}$ に点電荷 q を置くと，図5に示すように，$\boldsymbol{E}(\boldsymbol{r})$ による近接力（きんせつりょく）として，q には，

図5　電場 $\boldsymbol{E}$ より q が受ける力

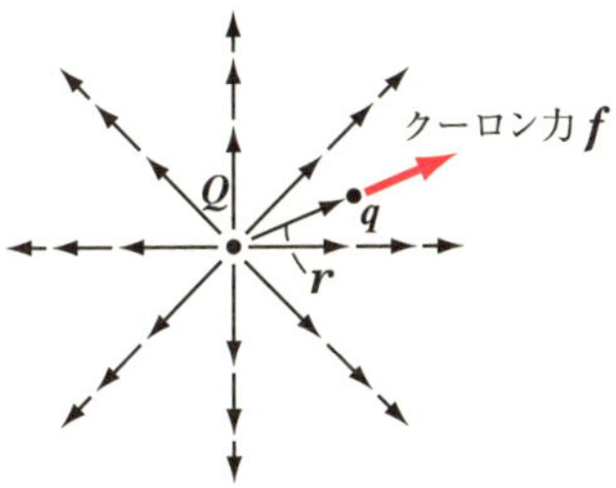

クーロン力 $\boldsymbol{f}=q\boldsymbol{E}=q\boldsymbol{E}(\boldsymbol{r})$ ……④ が働くと考えればいいんだね。

電場 $\boldsymbol{E}(\boldsymbol{r})$ は空間（または平面）全体に存在するベクトル場で，Q から q に向かう位置ベクトル $\boldsymbol{r}$ が決まると，定ベクトルとして電場 $\boldsymbol{E}(\boldsymbol{r})$ が決まる。

つまり，遠隔力の形で表された“クーロンの法則”を

(i) まず，Q による電場 $\boldsymbol{E}(\boldsymbol{r})$ を考え，
(ii) 次に，電場 $\boldsymbol{E}(\boldsymbol{r})$ によって q が力 $\boldsymbol{f}(=q\boldsymbol{E})$ を受けると，

2段階に分けて考えているんだね。ここまでは大丈夫だね。

では次，電場 $\boldsymbol{E}(\boldsymbol{r})=k\dfrac{Q}{r^2}\boldsymbol{e}$ ……② の比例定数 k について教えよう。

次のように，定数 k は2通りに表すことができる。

(i) 光速 $c=2.998\times10^8\,(\mathrm{m/s})$ を用いて，経験上

$k=c^2\times10^{-7}=8.988\times10^9\,(\mathrm{Nm^2/C^2})$ ……$(*q)$ と表せる。

$c^2(\mathrm{m^2/s^2})$ より，$(*q)$ の両辺の単位は合っていない。つまり，経験式なんだね。

(ii) 真空の“**誘電率**（ゆうでんりつ）”ε_0 を用いて，

$k=\dfrac{1}{4\pi\varepsilon_0}$ ……………………………………$(*q)'$ と表せる。

ここで，真空誘導率 ε_0 は，$(*q)'$ から逆に，その値と単位が分かるんだね。

$$\varepsilon_0=\frac{1}{4\pi}\times\frac{1}{k}=\frac{1}{4\pi\times8.988\times10^9}=8.854\times10^{-12}\,(\mathrm{C^2/Nm^2})$$

k の単位の逆数になる。

よって，②の電場 $\boldsymbol{E}(\boldsymbol{r})$ の式に $(*q)'$ を代入すると，

$$\boldsymbol{E}=\frac{1}{4\pi\varepsilon_0}\cdot\frac{Q}{r^2}\boldsymbol{e}=\frac{1}{4\pi r^2}\cdot\frac{Q}{\varepsilon_0}\boldsymbol{e} \quad \cdots\cdots ⑤$$ となる。ここで，

⑤の両辺のノルム(大きさ)をとって，電場の大きさ(強さ)を$E(=\|\boldsymbol{E}\|)$とおくと，$\|\boldsymbol{e}\|=1$より，

$$E=\frac{1}{4\pi r^2}\cdot\frac{Q}{\varepsilon_0} \quad \cdots\cdots ⑤'$$ となる。この両辺に$4\pi r^2$をかけると，

$$4\pi r^2\cdot E=\frac{Q}{\varepsilon_0} \quad \cdots\cdots ⑥$$ となる。そして，この⑥こそ，

"ガウスの法則" の原型になっているんだね。式のイメージも図6に示そう。

図6 ガウスの法則の雛型

$$4\pi r^2\cdot E=\frac{Q}{\varepsilon_0}$$

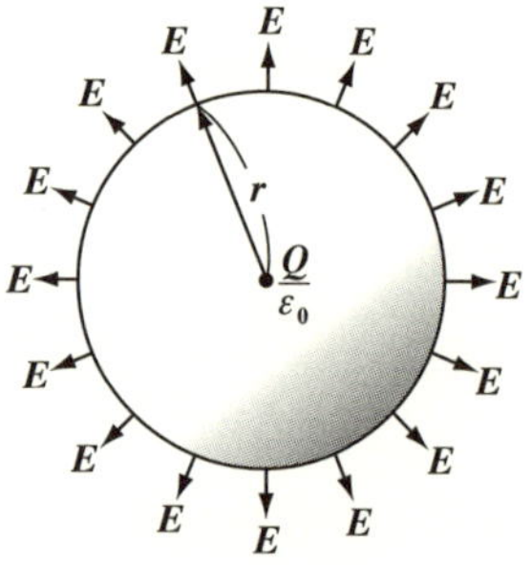

図6から分かるように，中心に点電荷$Q(\div\varepsilon_0)$があるとき，これを囲む半径rの球面には，一様に球面と垂直な外側の向きに同じ大きさの電場Eが針ねずみのように出ていると考えればいいんだね。

これって，水の湧き出しのモデルとソックリだって!? よく復習しているね。そう…，その通りだね。

- $\frac{Q}{\varepsilon_0}$を水の単位時間当たりの湧き出し量，
- Eを球面から流出する単位面積当たりの流出速度

と考え，球の表面積を$S(=4\pi r^2)$とおくと，当然，

$$S\cdot E=\frac{Q}{\varepsilon_0} \quad \cdots\cdots ⑦$$ が成り立つのが分かるね。そして，この⑦は⑥と同じ式であり，これを一般化して，より洗練された形にしたものが **"ガウスの法則"** であり，さらに，これを基にして，最終目標のマクスウェルの方程式の1つ $\mathrm{div}\boldsymbol{D}=\rho$ ……$(*e)$ が導けるんだね。ン？ 早く知りたいって!? いいよ，一気に解説を進めていこう！

ここで，⑦をさらに一般化してみよう。$\frac{Q}{\varepsilon_0}$ を囲むのは球面ではなくて，図7(i)に示すように任意の閉曲面 S でも構わない。もちろん，この場合，閉曲面 S から出ている電場(ベクトル) $\boldsymbol{E}$ の大きさは一定でもなければ，閉曲面 S に対して垂直であるとも限らないんだね。

図7 ガウスの法則(I)

(i)

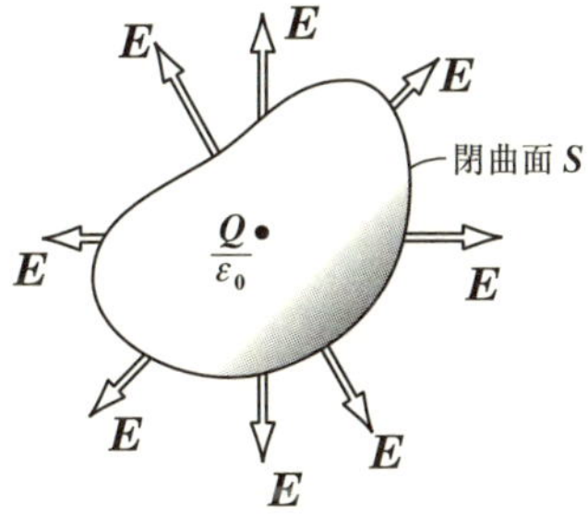

(ii)

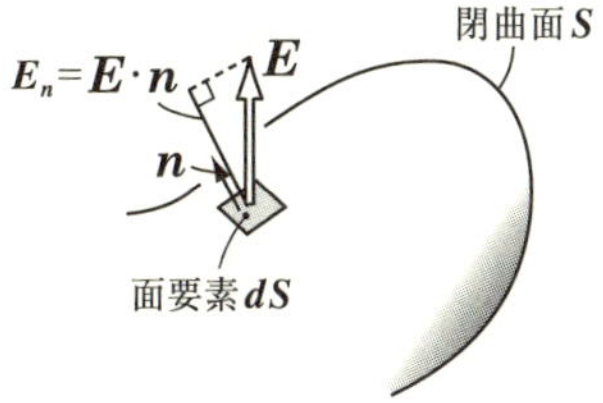

したがって，図7(ii)に示すように，閉曲面 S の中の微小な面要素 dS を考え，これと垂直な単位法線ベクトルを $\boldsymbol{n}$ とおく。すると，$\boldsymbol{E}$ の $\boldsymbol{n}$ 方向の成分 $\boldsymbol{E}\cdot\boldsymbol{n}$ に dS をかけた

dS と垂直な向きの，実質的な水の流出速度と考えればいい。

$\boldsymbol{E}\cdot\boldsymbol{n}dS$ が，面要素 dS を通って内から外に流出する水量となる。

よって，これを全閉曲面 S に渡って面積分したもの，すなわち，

$\iint_S \boldsymbol{E}\cdot\boldsymbol{n}dS$ が，閉曲面 S を通して単位時間に流出する水の総流出量になる。

そして，これは内部の湧き出し量 $\frac{Q}{\varepsilon_0}$ と等しいことになるんだね。

よって，$SE = \frac{Q}{\varepsilon_0}$ ……⑦ は，任意の閉曲面 S に対して一般化された公式：

$$\iint_S \boldsymbol{E}\cdot\boldsymbol{n}dS = \frac{Q}{\varepsilon_0} \quad \cdots\cdots(*r)$$

と表せる。この $(*r)$ を"**ガウスの法則**"という。

ここで，$\boldsymbol{E}$ の $\boldsymbol{n}$ 方向の成分を $E_n(=\boldsymbol{E}\cdot\boldsymbol{n})$ とおき，これを一定であると仮定すると，$(*r)$ は，$\iint_S \boldsymbol{E}\cdot\boldsymbol{n}dS = E_n\iint_S dS = E_n\cdot S$ となる。よって，$(*r)$ は，

$E_n\cdot S = \frac{Q}{\varepsilon_0}$ となるので，⑦と同様の式が導ける。つまり，⑦は $(*r)$ の特別な場合の式ということになるんだね。

ガウスの法則
$$\iint_S \boldsymbol{E}\cdot\boldsymbol{n}dS = \frac{Q}{\varepsilon_0} \cdots\cdots(*r)$$

$(*r)$ のガウスの法則の右辺の Q についてだけれど，これは特に点電荷である必要はない。

図 **8**(i) に示すように，閉曲面の内部に複数の点電荷 $Q_1, Q_2, \cdots, Q_n$ が存在する場合，

$$Q = Q_1 + Q_2 + \cdots + Q_n$$

とおいても，$(*r)$ は成り立つし，また，図 **8**(ii) に示すように，閉曲面の内部の領域 V' に体積密度 $\rho(\mathrm{C/m^3})$ で分布する電荷 Q，すなわち $Q = \iiint_{V'} \rho dV'$ が存在する場合でも，ガウスの法則 $(*r)$ は成り立つんだね。

図 **8**　ガウスの法則 (II)

(i) $Q = Q_1 + Q_2 + \cdots + Q_n$

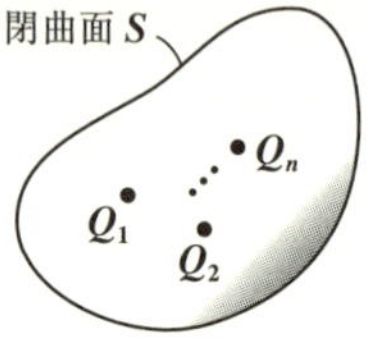

(ii) $Q = \iiint_{V'} \rho dV'$

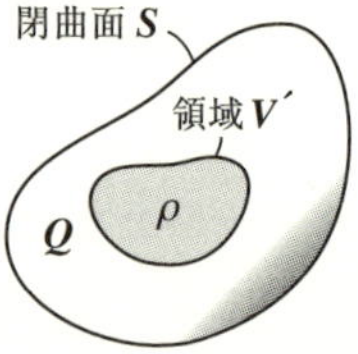

さらに，閉曲面 S の内部に，線密度 $\delta(\mathrm{C/m})$ や面密度 $\sigma(\mathrm{C/m^2})$ の電荷分布が存在する場合でも，Q をそれぞれ $Q = \int_l \delta dl$ や $Q = \iint_{S'} \sigma dS'$ とおくことにより，ガウスの法則 $(*r)$ はそのまま成り立つことも覚えておこう。

● マクスウェルの方程式を導こう！

クーロンの法則から出発して，$(*r)$ のガウスの法則まで導いた。いよいよ，これをさらに変形して，マクスウェルの方程式の **1** つ $\mathrm{div}\boldsymbol{D} = \rho$ $\cdots\cdots(*e)$ を導いてみよう。

$(*r)$ のガウスの法則に，“**ガウスの発散定理**” $\iiint_V \mathrm{div}\boldsymbol{f}dV = \iint_S \boldsymbol{f}\cdot\boldsymbol{n}dS$ $\cdots\cdots(*n)$ (**P60**) を利用すると，

$$\iint_S \boldsymbol{E}\cdot\boldsymbol{n}dS = \frac{Q}{\varepsilon_0} \cdots\cdots(*r) \text{ は，} \iiint_V \mathrm{div}\boldsymbol{E}dV = \frac{Q}{\varepsilon_0} \cdots\cdots⑧ \text{ となる。}$$

$\iint_S \boldsymbol{E}\cdot\boldsymbol{n}dS = \iiint_V \mathrm{div}\boldsymbol{E}dV$ ($(*n)$ より)

ここで，⑧は領域 V 全体についての積分の式だけれど，図 **9** に示すように，この領域内の微小な体積 ΔV について考えてみることにすると，この微小体積 ΔV の内部に含まれる微小な電荷は点電荷，または電荷分布のいずれにせよ，ΔQ と表すことができる。よって，⑧式は次のように書き換えることができる。

図 **9**　マクスウェルの方程式

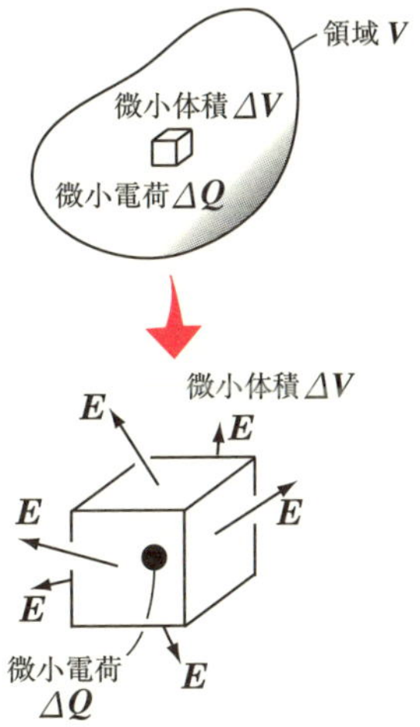

$$\mathrm{div}\,\boldsymbol{E}\cdot\Delta V=\frac{\Delta Q}{\varepsilon_0}$$

この両辺を $\Delta V\ (>0)$ で割ると，

$$\mathrm{div}\,\boldsymbol{E}=\frac{1}{\varepsilon_0}\cdot\frac{\Delta Q}{\Delta V}$$ となる。

これは微小領域における電荷の体積密度 ρ のことだ。

ここで，$\dfrac{\Delta Q}{\Delta V}=\rho$ （電荷の体積密度）とおくと，

$$\mathrm{div}\,\boldsymbol{E}=\frac{\rho}{\varepsilon_0}\quad\cdots\cdots(*e)'$$ が導ける。

これをマクスウェルの方程式と呼んでも構わない。

$(*e)'$ の式をさらにシンプルに表現するために，新たに“**電束密度**（でんそくみつど）” $\boldsymbol{D}$ という量を定義しよう。今は真空中における電荷と電場の関係を考えているので，真空中においては $\boldsymbol{D}$ は，

$$\boldsymbol{D}=\varepsilon_0\boldsymbol{E}\quad\cdots\cdots(*s)$$ で表せる。

$f=qE$ ← スカラーの式
$E=\dfrac{f}{q}\ \left(\dfrac{\mathrm{N}}{\mathrm{C}}\right)$ より，
電場 E の単位は $(\mathrm{N/C})$ だ。
また，$\varepsilon_0\ (\mathrm{C^2/Nm^2})$ と
$D=\varepsilon_0 E$ ← スカラーの式
より，電束密度 D の単位は $(\mathrm{C/m^2})$ となる！

よって，$(*e)'$ の両辺に ε_0 をかけると，

$$\varepsilon_0\,\mathrm{div}\,\boldsymbol{E}=\rho\qquad \mathrm{div}(\varepsilon_0\boldsymbol{E})=\rho$$

（ε_0：定数）

以上より，マクスウェルの方程式の **1** つ

$$\mathrm{div}\,\boldsymbol{D}=\rho\quad\cdots\cdots(*e)$$ が導けた！

かなり長い道のりだったけれど，ようやく導けたね！この変形の流れは重要なので，何回も復習して，自力で導けるようになるといいね。頑張ろう！

ここで，"電気力線(でんきりきせん)" についても解説しておこう。空間に電場 $\boldsymbol{E}$ が存在するとき，空間内の各点の電場 $\boldsymbol{E}$ を接線とする曲線を描くことができる。この曲線のことを"**電気力線**"という。

図 **10** に示すように静電場の場合，こ

(時間的に変動しない電場)

の電気力線は，正電荷から始まり負電荷で終わることになる。つまり，電気力線は，正電荷で湧き出し，負電荷で吸い込まれることになる。そして，電気力線の密度の大小により電場の大きさの大小が分かり，かつ，その向きも分かるので，電気力線は電場の様子を直感的なイメージとしてとらえるのにとても役に立つんだね。ここで，真空中においては，$\boldsymbol{D}=\varepsilon_0\boldsymbol{E}$ ……$(*s)$ から分かるように，電場 $\boldsymbol{E}$ と電束密度 $\boldsymbol{D}$ には比例関係があるので，電気力線の代わりに，電束密度の曲線として正電荷から負電荷に向けて曲線を描いてもいいんだね。

図 **10**　電気力線 (電束密度) のイメージ

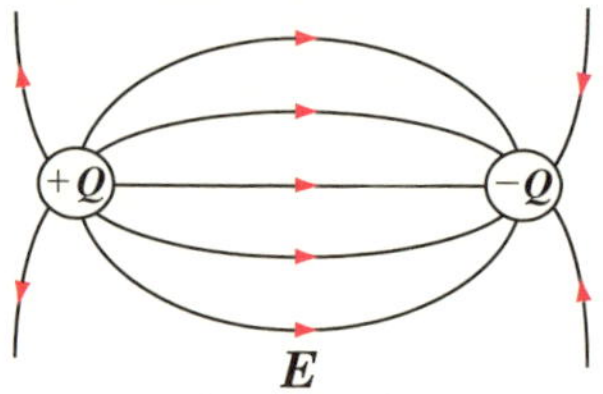

マクスウェルの方程式：

$\mathrm{div}\,\boldsymbol{E}=\dfrac{\rho}{\varepsilon_0}$ ……$(*e)'$，または，

$\mathrm{div}\,\boldsymbol{D}=\rho$ ……$(*e)$ の $\rho=0$ の場合，

すなわち微小領域 ΔV に電荷がないとき，

$\mathrm{div}\,\boldsymbol{E}=0$，または $\mathrm{div}\,\boldsymbol{D}=0$ となる。

図 **11** にこのときの $\boldsymbol{E}$ (電気力線) または $\boldsymbol{D}$ (電束密度) のイメージを示す。

図 **11**　電気力線 (電束密度) $\mathrm{div}\,\boldsymbol{E}=0$ (または $\mathrm{div}\,\boldsymbol{D}=0$) の場合のイメージ

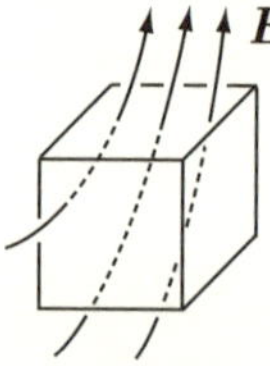

$\rho=0$，すなわち ΔV の内部に電荷 (ΔQ) がないので，$\boldsymbol{E}$ (または $\boldsymbol{D}$) は，入ってきたものと同じ量 (本数) のものが外に流出することになるんだね。

(湧き出し)

● ガウスの法則を利用してみよう！

では，ガウスの法則を利用して，次の例題を解いてみることにしよう。

例題 21　無限に広い平板に一様な面密度 $\sigma = 8.9 \times 10^{-10}\,(\mathrm{C/m^2})$ で電荷が分布しているとき，この平板によってできる電場の大きさを求めてみよう。（ただし，真空誘導率 $\varepsilon_0 = 8.9 \times 10^{-12}\,(\mathrm{C^2/Nm^2})$ とする。）

右図に示すように，面密度 $\sigma\,(\mathrm{C/m^2})$ で帯電した平板から面積 S の円を取り，この左右に伸ばした円柱面について考える。
この円柱面の内部の電荷を Q とおくと，
$Q = \sigma S\,(\mathrm{C})$ となる。
また，この円柱面（閉曲面）から出てくる電場 E は前後の円のみに存在し，一定の大きさで，かつ円に対して垂直な向きをとる。

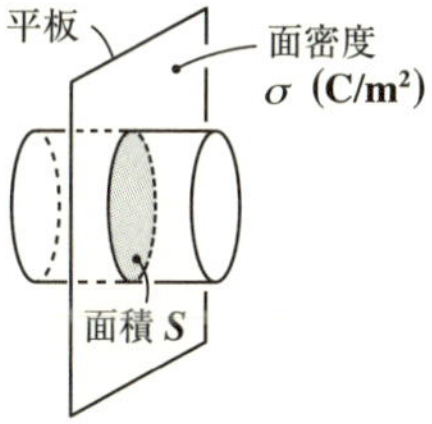

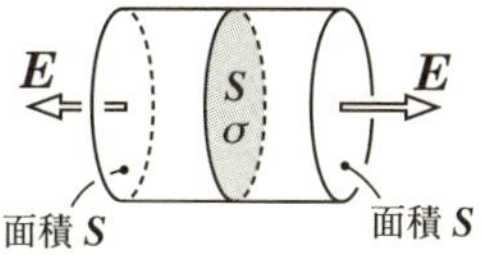

注意

円柱の側面に垂直な電場の成分 E_n については，右図に示すように，今回は無限に広い平板を考えているので，E_n を打ち消す成分 $(-E_n)$ が必ず存在する。よって，円柱の側面から出る電場は存在しないと考えていいんだね。

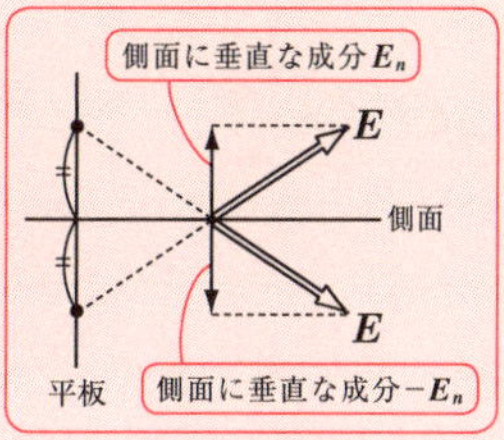

以上より，ガウスの法則を用いると，

$$2S \cdot E = \frac{\sigma S}{\varepsilon_0}$$

（σS：Q）

前後 2 枚の円の面積

閉曲面（円柱の前後の円と側面）から出る電場が面に対して垂直で，かつ一定であるならば，ガウスの法則の左辺の面積分は不要で，（面積）×（電場の大きさ）で十分だ！

両辺を $2S$ で割って，求める電場の大きさ

E は，$E = \dfrac{\sigma}{2\varepsilon_0} = \dfrac{8.9 \times 10^{-10}}{2 \times 8.9 \times 10^{-12}} = \dfrac{10^2}{2} = 50\,(\mathrm{N/C})$ となる。

これは，平行平板コンデンサーの電場を求める際に使うので，覚えておこう。

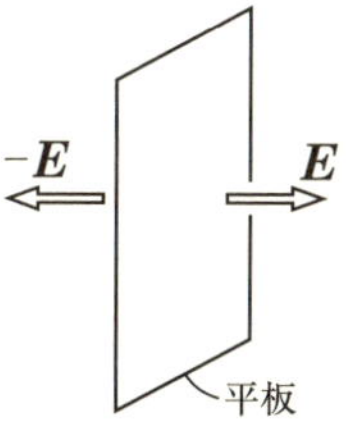

電場 E のイメージ

§2. 電位と電場

前回の講義で，"**電場**" $\boldsymbol{E}$ (ベクトル場) について解説したけれど，この電場 $\boldsymbol{E}$ は，実は "**電位**" ϕ (スカラー場) を使って，$\boldsymbol{E} = -\mathbf{grad}\,\phi$ の形で表すことができる。これは，力学における保存力 $\boldsymbol{f_c}$ がポテンシャル U を用いて，$\boldsymbol{f_c} = -\mathbf{grad}\,U$ と表されることと同様なんだね。

ここではさらに，電位 ϕ の数学的な意味と，物理学的な意味についても教えよう。さらに，"**電気双極子**(でんきそうきょくし)" についても簡単に教えよう。

今回も内容満載だけれど，分かりやすく教えよう。

● 静電場 $\boldsymbol{E}$ は，$-\mathbf{grad}\,\phi$ で表せる！

クーロンの法則：$\boldsymbol{f} = \dfrac{1}{4\pi\varepsilon_0}\dfrac{qQ}{r^2}\boldsymbol{e} = q\cdot\dfrac{Q}{4\pi\varepsilon_0 r^2}\boldsymbol{e} = q\boldsymbol{E}$ から導かれた電場

$\boldsymbol{E} = \dfrac{Q}{4\pi\varepsilon_0 r^2}\boldsymbol{e}$ は，電位 ϕ(ファイ) (V(ボルト)) の勾配ベクトル $\mathbf{grad}\,\phi$ を用いて，

$\boldsymbol{E} = -\mathbf{grad}\,\phi = -\nabla\phi$ ……$(*t)$ と表すことができる。

(これは，力学における保存力 $\boldsymbol{f_c} = -\mathbf{grad}\,U$ (U：ポテンシャル) と同じ形の式だ。)

この $(*t)$ は，電位 ϕ の物理的な定義から導くことができる。これについては後で詳しく解説しよう。まず，ここでは，この $(*t)$ について，$\boldsymbol{E}$ が (Ⅰ) 2 次元の場合と (Ⅱ) 3 次元の場合に分けて，具体的に次のように表されることを示そう。

(Ⅰ) 静電場 $\boldsymbol{E}$ が 2 次元の場合

$\boldsymbol{E} = [E_1, E_2]$ は，

電位 $\phi(x, y)$ により，

(2 変数 x, y のスカラー値関数)

$\boldsymbol{E} = -\nabla\phi = -\mathbf{grad}\,\phi$

$= -\left[\dfrac{\partial\phi}{\partial x}, \dfrac{\partial\phi}{\partial y}\right]$ ……$(*t)'$

と表される。

(Ⅱ) 静電場 $\boldsymbol{E}$ が 3 次元の場合

$\boldsymbol{E} = [E_1, E_2, E_3]$ は，

電位 $\phi(x, y, z)$ により，

(3 変数 x, y, z のスカラー値関数)

$\boldsymbol{E} = -\nabla\phi = -\mathbf{grad}\,\phi$

$= -\left[\dfrac{\partial\phi}{\partial x}, \dfrac{\partial\phi}{\partial y}, \dfrac{\partial\phi}{\partial z}\right]$ ……$(*t)''$

と表される。

ここで，マクスウェルの方程式：$\mathbf{div}\,\boldsymbol{E} = \dfrac{\rho}{\varepsilon_0}$ ……$(*e)'$ (P79) を思い出そう。

そして，この $(*e)'$ に $(*t)'$ や $(*t)''$ を代入してみると，

(Ⅰ) 2 次元の静電場 $\boldsymbol{E} = -\mathbf{grad}\,\phi$ ……$(*t)'$ を $(*e)'$ に代入すると，

$$\mathbf{div}(-\mathbf{grad}\,\phi) = \frac{\rho}{\varepsilon_0} \qquad -\mathbf{div}(\mathbf{grad}\,\phi) = \frac{\rho}{\varepsilon_0}$$

$\mathbf{div}(\mathbf{grad}\,\phi) = -\dfrac{\rho}{\varepsilon_0}$ となる。よって，ポアソンの方程式 (P53)：

$$\nabla\cdot(\nabla\phi) = (\nabla\cdot\nabla)\phi = \Delta\phi = \left(\frac{\partial^2}{\partial x^2} + \frac{\partial^2}{\partial y^2}\right)\phi$$

$$\frac{\partial^2\phi}{\partial x^2} + \frac{\partial^2\phi}{\partial y^2} = -\frac{\rho}{\varepsilon_0}$$ ……$(*u)$ が導ける。同様に，

(Ⅱ) 3 次元の静電場 $\boldsymbol{E} = -\mathbf{grad}\,\phi$ ……$(*t)''$ を $(*e)'$ に代入すると，

$\mathbf{div}(\mathbf{grad}\,\phi) = -\dfrac{\rho}{\varepsilon_0}$ となる。よって，ポアソンの方程式：

$$\nabla\cdot(\nabla\phi) = (\nabla\cdot\nabla)\phi = \Delta\phi = \left(\frac{\partial^2}{\partial x^2} + \frac{\partial^2}{\partial y^2} + \frac{\partial^2}{\partial z^2}\right)\phi$$

$$\frac{\partial^2\phi}{\partial x^2} + \frac{\partial^2\phi}{\partial y^2} + \frac{\partial^2\phi}{\partial z^2} = -\frac{\rho}{\varepsilon_0}$$ ……$(*u)'$ が導けるんだね。大丈夫？

ではここで，例題を解いて練習しておこう。

例題 22　xy 平面の電位場（スカラー場）として，$\phi(x, y) = 4 - 3x^2 - 2y^2$ が与えられているとき，静電場 $\boldsymbol{E}$(N/C) と，xy 平面上の電荷密度 ρ(C/m²) を求めよう。そして，この ϕ がポアソンの方程式：
$\Delta\phi = -\dfrac{\rho}{\varepsilon_0}$ ……$(*u)$ の解であることを確認しよう。
（ただし，$\varepsilon_0 = 8.9 \times 10^{-12}$ (C^2/Nm^2) とする。）

電位場 $\phi(x, y) = 4 - 3x^2 - 2y^2$ より，これが xy 平面に作る静電場 $\boldsymbol{E}$ は，$(*t)'$ より，

$$\boldsymbol{E} = -\nabla\phi = -\mathbf{grad}\,\phi = -\left[\frac{\partial\phi}{\partial x},\ \frac{\partial\phi}{\partial y}\right] = -\Bigg[\underbrace{\frac{\partial}{\partial x}(4 - 3x^2 - 2y^2)}_{-6x},\ \underbrace{\frac{\partial}{\partial y}(4 - 3x^2 - 2y^2)}_{-4y}\Bigg]$$

$= -[-6x,\ -4y] = [6x,\ 4y]$ (N/C) ……① となる。

次に，この $\boldsymbol{E}$ の発散 $\mathbf{div}\boldsymbol{E}$ を計算すると，$(*e)'$ は，

$\text{div}\,\boldsymbol{E} = \dfrac{\rho}{\varepsilon_0}$ ……(∗e)′ より，　　$\boldsymbol{E} = [6x,\ 4y]$ ……①

$\text{div}[6x,\ 4y] = \dfrac{\partial}{\partial x}(6x) + \dfrac{\partial}{\partial y}(4y) = 6 + 4$

$10 = \dfrac{\rho}{\varepsilon_0}$ ……②となる。ここで，$\varepsilon_0 = 8.9 \times 10^{-12}\,(\mathrm{C^2/Nm^2})$ より，

xy 平面上の電荷密度 ρ は，

$\rho = 10 \times \varepsilon_0 = 8.9 \times 10^{-11}\,(\mathrm{C/m^2})$ となる。

次に，電位 ϕ のポアソンの方程式は，

$\Delta\phi = \text{div}(\text{grad}\,\phi) = \dfrac{\partial^2\phi}{\partial x^2} + \dfrac{\partial^2\phi}{\partial y^2} = -\underbrace{\dfrac{\rho}{\varepsilon_0}}_{10}$ より，

$\dfrac{\partial^2\phi}{\partial x^2} + \dfrac{\partial^2\phi}{\partial y^2} = -10$ ……③ となる。

ここで，$\phi = 4 - 3x^2 - 2y^2$ より，

$$\begin{cases} \dfrac{\partial^2\phi}{\partial x^2} = \dfrac{\partial}{\partial x}\left\{\dfrac{\partial}{\partial x}(4 - 3x^2 - 2y^2)\right\} = \dfrac{\partial}{\partial x}(-6x) = -6 \\ \dfrac{\partial^2\phi}{\partial y^2} = \dfrac{\partial}{\partial y}\left\{\dfrac{\partial}{\partial y}(4 - 3x^2 - 2y^2)\right\} = \dfrac{\partial}{\partial y}(-4y) = -4 \end{cases} \quad \cdots\cdots④$$

これら④を③に代入すると，③をみたすことが分かるので，この $\phi(x,\ y)$ は③のポアソンの方程式の解の1つであることが確認できたんだね。

では，この例題で問われてはいなかったけれど，この電位 ϕ の“**等電位線**(とうでんいせん)”についても簡単に解説しておこう。たとえば，

$\phi(x,\ y) = 4 - 3x^2 - 2y^2 = 1$（定数）であるとき，この電位 $\phi = 1$ となる xy 平面上の曲線が求められる。これが等電位線なんだね。実際にこの場合の等電位線を求めると，

$4 - 3x^2 - 2y^2 = 1$ より，

$3x^2 + 2y^2 = 3$　　$x^2 + \dfrac{2y^2}{3} = 1$

だ円：$\dfrac{x^2}{1^2} + \dfrac{y^2}{\left(\sqrt{\dfrac{3}{2}}\right)^2} = 1$ である。

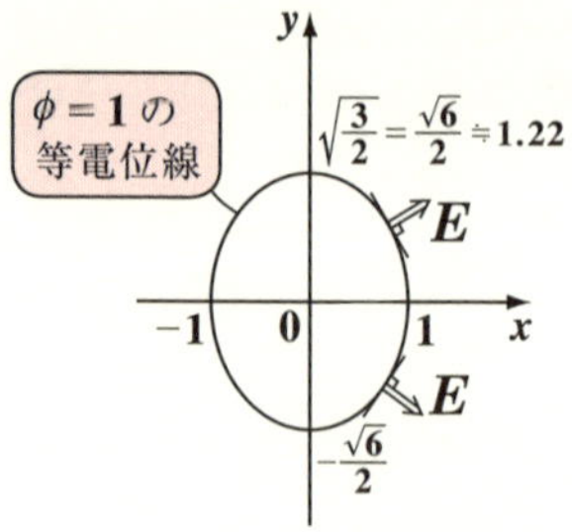

そして，$\boldsymbol{E} = -\mathrm{grad}\phi$ なので，静電場ベクトル $\boldsymbol{E}$ は，この等電位線の接線と直交し，電位 ϕ が最も降下する向きになっているんだね。

gradϕ に⊖が付いているため

● 仕事 W と電位 ϕ の関係を解説しよう！

ではこれから図 1 に示すように，静電場 $\boldsymbol{E}$ の中で q(C) の点電荷を経路 C_0 に沿って，点 P_0 から点 P_1 までゆっくりと移動させるのに必要な仕事 W を求め，これから電位 ϕ の物理的な意味を解説しよう。

図 1　微小仕事 $dW = -q\boldsymbol{E}\cdot d\boldsymbol{r}$

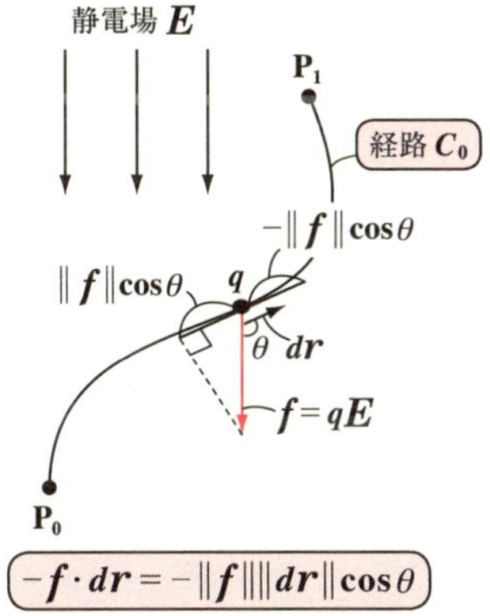

点電荷 q は静電場から $q\boldsymbol{E}$ の力を受ける。この力に逆らって微小な変位 $d\boldsymbol{r}$ だけゆっくりと移動させるのに必要な微小な仕事を dW とおくと，

$dW = -\boldsymbol{f}\cdot d\boldsymbol{r} = -q\boldsymbol{E}\cdot d\boldsymbol{r}$ となるのは大丈夫だね。

本当は，$q\boldsymbol{E}$ の逆向きに，これよりほんのわずかだけ大きい力を加えないと点電荷 q は移動しない。もちろん，逆向きにもっと大きな力を加えると，点電荷 q が加速され，ある程度の速度をもつようになる。でも点電荷がある程度の速度で運動すると，磁場が生じることになり，静電場の問題ではなくなってしまうんだね。したがって，ここでは点電荷もゆっくりジワジワと移動させることがポイントなんだ。

よって，これを経路 C_0 に沿って接線線積分すれば，点電荷 q を P_0 から P_1 まで C_0 に沿って移動させるのに必要な仕事 W が，次のように求まる。

$W = -q\int_{C_0} \boldsymbol{E}\cdot d\boldsymbol{r}$ ……①

図 2　仕事 W の計算

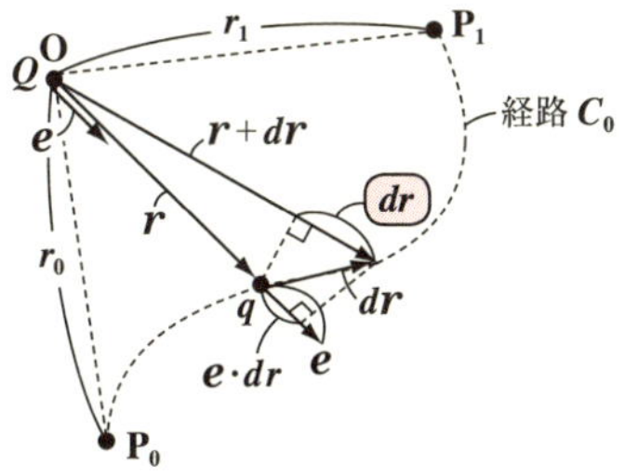

ここで，図 2 に示すように，原点 O に点電荷 Q をおくことによって電場 $\boldsymbol{E}$ ができたものとすると，

$\boldsymbol{E} = \dfrac{1}{4\pi\varepsilon_0}\cdot\dfrac{Q}{r^2}\boldsymbol{e}$ ……② であり，

$\left(\text{ただし，}\boldsymbol{e} = \dfrac{\boldsymbol{r}}{r}\right)$

この②を①に代入すると,

$$W = -q\int_{C_0} \frac{1}{4\pi\varepsilon_0}\cdot\frac{Q}{r^2}\boldsymbol{e}\cdot d\boldsymbol{r} = -\frac{qQ}{4\pi\varepsilon_0}\int_{C_0}\frac{1}{r^2}\boldsymbol{e}\cdot d\boldsymbol{r} \quad \cdots\cdots ③$$

となる。ここで,図 2 より,近似的に $\boldsymbol{e}\cdot d\boldsymbol{r} = dr$ ……④ となる。

よって,④を③に代入し,$OP_0 = r_0$,$OP_1 = r_1$ とおくと,

$$W = \frac{qQ}{4\pi\varepsilon_0}\int_{r_0}^{r_1}\left(-\frac{1}{r^2}\right)dr = \frac{qQ}{4\pi\varepsilon_0}\left[\frac{1}{r}\right]_{r_0}^{r_1}$$

$$\therefore W = \frac{qQ}{4\pi\varepsilon_0}\left(\frac{1}{r_1} - \frac{1}{r_0}\right) \quad \cdots\cdots ⑤$$ が導ける。

経路 C_0 とは無関係な結果となった!

図 3　仕事 W は経路によらない

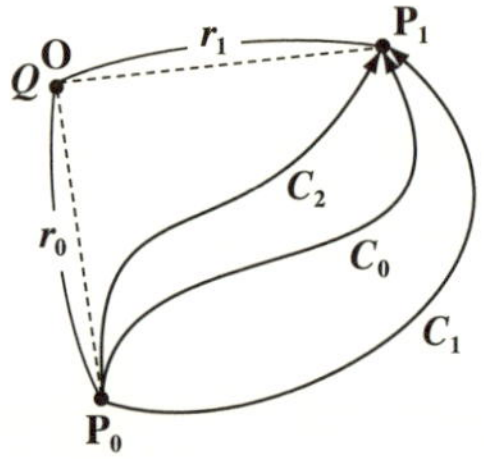

⑤式から言えることは,「点電荷 q を点 P_0 から点 P_1 まで移動させるのに必要な仕事 W は,始点 P_0 と終点 P_1 の位置のみで決まり,図 3 に示すような経路 C_0, C_1, C_2, …などの取り方によらない」ということだ。

これまで,点電荷 Q が作る静電場について調べてきたけれど,様々な電荷分布も点電荷の集合体と考えられるので,一般の電荷分布による静電場も複数の点電荷による電場の重ね合わせで表すことができる。よって,一般の静電場の中で点電荷 q を移動させるのに必要な仕事も,2 点 P_0 と P_1 の位置のみで決まり,途中の経路とは無関係と言えるんだね。

これから,重力場における低い点 P_0 と高い点 P_1 と同様に,静電場においても,各点(位置)にエネルギー,すなわち位置エネルギー(ポテンシャル)が存在するんだね。

低い位置 P_0 にある質点に仕事を行って高い位置 P_1 にもっていけるからね。

そして,単位電荷 $q = 1$ (C) が静電場の中の位置 P にあるときにもつ位置エネルギーのことを "**電位**" と呼び,$\phi(P)$ と表す。

よって,⑤の q に $q = 1$ を代入すると,$\phi(P_1) - \phi(P_0)$ が次のように求まる。

$$\phi(P_1) - \underset{0}{\phi(P_0)} = \frac{Q}{4\pi\varepsilon_0}\left(\frac{1}{r_1} - \frac{1}{\underset{\infty}{r_0}}\right) \quad \cdots\cdots ⑥$$

この右辺の仕事を W' とおくと,$\phi(P_1) = \phi(P_0) + W'$ となり,低いポテンシャル $\phi(P_0)$ に仕事 W' を加えて,高いポテンシャル $\phi(P_1)$ になると考える。

ここで，点 P_0 を基準点として無限遠にとると，$r_0 \to \infty$ より，$\phi(P_0)=0$ となる。
また，P_1 を一般の任意の点 $P(OP=r)$ に置き換えると，⑥は，

$$\text{電位}\ \phi(P)=\frac{1}{4\pi\varepsilon_0}\frac{Q}{r}$$ ……⑦ (r：点電荷 Q から P までの距離) となる。

⑦より，$\phi(P)$ は単位電荷 1(C) を無限遠から P の位置まで，ゆっくりと運んでくる仕事に等しい。

(I) また，複数の点電荷 Q_1，Q_2，…，Q_n がある場合，電位にも重ね合わせの原理が成り立つので，点 P における電位 $\phi(P)$ が，

$$\text{電位}\ \phi(P)=\frac{1}{4\pi\varepsilon_0}\sum_{k=1}^{n}\frac{Q_k}{r_k}$$ となるのも大丈夫だね。

(ただし，r_k：点電荷 Q_k から P までの距離)

(II) さらに，電荷密度 ρ で空間領域 V' に連続的に電荷が分布する場合，点 P での電位 $\phi(P)$ は，

$$\text{電位}\ \phi(P)=\frac{1}{4\pi\varepsilon_0}\iiint_V \frac{\rho}{r}dV'$$ と表すこともできる。

(ただし，r：微小領域 dV' から P までの距離)

● $E=-\text{grad}\,\phi$ を導いてみよう！

それでは次，この電位 ϕ の物理的な定義から，静電場 E と電位 ϕ の数学上の関係式：$E=-\nabla\phi=-\text{grad}\,\phi$ が成り立つことを導いてみよう。

点 P の位置ベクトルを r とおくと，$\phi(P)=\phi(r)$ と表してもいい。

(i) ここで，$\phi(r)$ を全微分可能な関数と考えると，

$$d\phi=\phi(r+dr)-\phi(r)=\frac{\partial\phi}{\partial x}dx+\frac{\partial\phi}{\partial y}dy+\frac{\partial\phi}{\partial z}dz$$ ←全微分の定義式

$$=\underbrace{\left[\frac{\partial\phi}{\partial x},\ \frac{\partial\phi}{\partial y},\ \frac{\partial\phi}{\partial z}\right]}_{\nabla\phi}\cdot\underbrace{[dx,\ dy,\ dz]}_{dr}=\nabla\phi\cdot dr$$ ……(a) となる。

(ii) これに対して，$d\phi$ は，静電場 E の中で単位電荷 1(C) を dr だけ移動させる仕事と考えることもできるので，

$$d\phi=-\underset{\text{単位電荷}}{1}E\cdot dr=-E\cdot dr$$ ……(b) と表せる。

以上 (i), (ii) の (a), (b) より,

$d\phi = \nabla\phi\cdot d\boldsymbol{r}$ ……(a)
$d\phi = -\boldsymbol{E}\cdot d\boldsymbol{r}$ ……(b)

$\nabla\phi\cdot d\boldsymbol{r} = -\boldsymbol{E}\cdot d\boldsymbol{r}$

$(\boldsymbol{E}+\nabla\phi)\cdot d\boldsymbol{r} = 0$ でかつ $d\boldsymbol{r} \neq \boldsymbol{0}$ より, $\boldsymbol{E}+\nabla\phi = \boldsymbol{0}$ となる。よって,

公式: $\boldsymbol{E} = -\mathrm{grad}\,\phi = -\nabla\phi$ ……$(*t)$ が成り立つことが示せたんだね。

面白かったでしょう?

さらに, 静電場において, $(*t)$ が成り立つとき, もう **1** つの重要公式:

$\mathrm{rot}\,\boldsymbol{E} = \boldsymbol{0}$ ……$(*v)$ も成り立つんだね。

この証明はできる? ン? $(*t)$ を $(*v)$ の左辺に代入すればいいって!?

…, その通りだね。そして公式: $\mathrm{rot}(\mathrm{grad}\,f) = \boldsymbol{0}$ ……$(*m)'$ (P57) を利用すればいいんだね。

つまり, $(*t)$ より, $\boldsymbol{E}$ の回転 $\mathrm{rot}\,\boldsymbol{E}$ を求めると,

$\mathrm{rot}\,\boldsymbol{E} = \mathrm{rot}(-\mathrm{grad}\,\phi) = -\mathrm{rot}(\mathrm{grad}\,\phi) = -\boldsymbol{0}$ ($(*m)'$ より)

$\therefore$ $\mathrm{rot}\,\boldsymbol{E} = \boldsymbol{0}$ ……$(*v)$ が導ける。これは, 電場が "**渦なし**" 場であることを示している。

ン? でもマクスウェルの方程式の (IV) は,

(IV) $\mathrm{rot}\,\boldsymbol{E} = -\dfrac{\partial \boldsymbol{B}}{\partial t}$ ……$(*h)$ (P35) であったから, $(*v)$ と矛盾してるって!?

よく復習しているね。確かに, $(*v)$ と $(*h)$ は, 右辺がまったく異なるけれど, これは, 次のように前提条件が違うことから生じる違いであることをシッカリ頭に入れておこう。

(i) 静電場において, 磁場が経時変化しないとき,
$\mathrm{rot}\,\boldsymbol{E} = \boldsymbol{0}$ ……$(*v)$ となり, 渦のない電場となる。

(ii) ファラデーの電磁誘導の法則のように, 磁場 (磁束密度) が経時変化するときは,
$\mathrm{rot}\,\boldsymbol{E} = -\dfrac{\partial \boldsymbol{B}}{\partial t}$ ……$(*h)$ が成り立つんだね。

つまり「$\boldsymbol{B}(=\mu_0\boldsymbol{H})$ が時間的に変化しないとき, $(*h)$ の右辺 $= -\dfrac{\partial \boldsymbol{B}}{\partial t} = \boldsymbol{0}$ となるので, $(*v)$ が導ける。」と覚えておけばいいんだね。

● 球対称な問題にチャレンジしよう！

球対称な静電場は，半径 r の関数となる。よって，$\boldsymbol{E}=-\mathrm{grad}\phi$ ……$(*t)$ の関係式も，模式図的に示すと次のようになるんだね。

$$E=\frac{1}{4\pi\varepsilon_0}\cdot\frac{Q}{r^2}\ \underset{r\text{ で微分して}\ominus\text{を付ける}}{\overset{r\text{ で積分して}\ominus\text{を付ける}}{\rightleftarrows}}\ \phi=\frac{1}{4\pi\varepsilon_0}\cdot\frac{Q}{r}$$

← E, ϕ 共に θ と φ とは無関係だからね。

点電荷だけでなく，一般に球対称な問題で，E から ϕ を求める場合，

$\phi=-\int_\infty^r E\,dr=\int_r^\infty E\,dr$ となるので，積分区間 $[r,\ \infty)$ で E を積分すればいいんだね。

では，球対称の電場と電位の問題を，次の例題で練習しよう。

> 例題 23　原点 O を中心とする半径 $a=1\,(\mathrm{m})$ の球の内部に，密度 $\rho=26.7\times10^{-11}\,(\mathrm{C/m^3})$ の電荷が一様に分布している。球の外部は真空であるとして球の中心 O から $r\,(\geqq 0)$ における電場 $E(r)$ と電位 $\phi(r)$ を求めよう。
> (ただし，真空誘電率 $\varepsilon_0=8.9\times10^{-12}\,(\mathrm{C^2/Nm^2})$ とする。)

球対称の問題だから，電場 $E(r)$ を求めるには，(i) $0\leqq r\leqq 1$，(ii) $1<r$ の 2 つの場合に分けて，ガウスの法則 $4\pi r^2\cdot E=\dfrac{Q}{\varepsilon_0}$ を利用しよう。

(i) $0\leqq r\leqq 1$ のとき，ガウスの法則を用いると，

$$\underbrace{4\pi r^2}_{S}\cdot E(r)=\frac{\frac{4}{3}\pi r^3\cdot\rho}{\varepsilon_0}$$

（$\frac{4}{3}\pi r^3\cdot\rho$ = 半径 r の球内の全電荷 Q）

$$\therefore\ \text{電場}\ E(r)=\frac{\rho}{3\varepsilon_0}r=\frac{26.7\times10^{-11}}{3\times8.9\times10^{-12}}r=10r$$

(i) $0\leqq r\leqq 1$ のとき

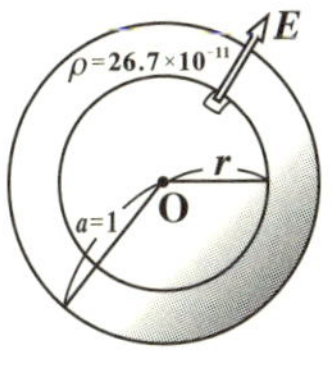

(ii) $1<r$ のとき，ガウスの法則を用いると，

$$\underbrace{4\pi r^2}_{S}\cdot E(r)=\frac{\frac{4}{3}\pi a^3\cdot\rho}{\varepsilon_0}$$

（$\frac{4}{3}\pi a^3\cdot\rho$ = 半径 $a=1$ の球内の全電荷 Q）

$$\therefore\ \text{電場}\ E(r)=\frac{a^3\rho}{3\varepsilon_0 r^2}=\frac{1^3\times26.7\times10^{-11}}{3\times8.9\times10^{-12}r^2}=\frac{10}{r^2}$$

(ii) $1<r$ のとき

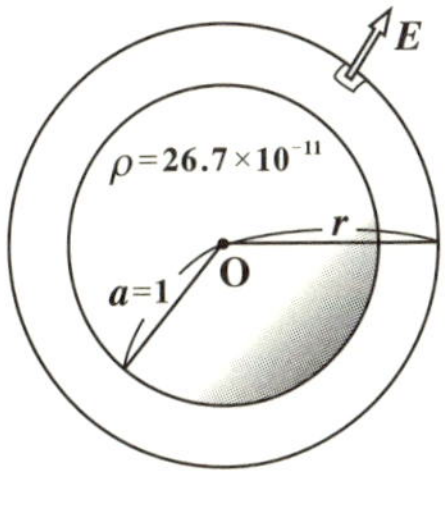

以上(i)(ii)より，r と電場 $E(r)$ の関係を表すグラフを右に示す。

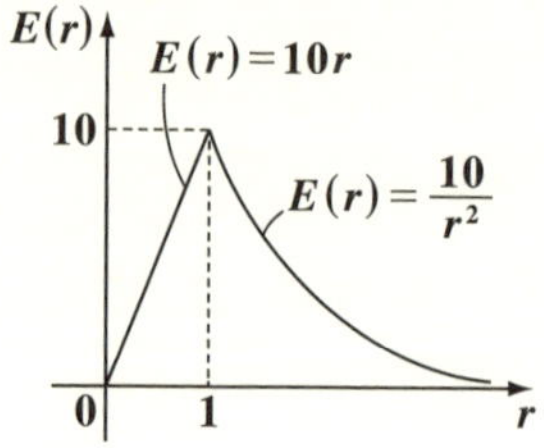

球対称モデルでは，電位 ϕ は，

$\phi=\int_r^\infty E(r)dr$ で計算できるので，これも

(i) $0\leqq r\leqq 1$ と (ii) $1<r$ のときの 2 つの場合に分けて求めよう。

(i) $0\leqq r\leqq 1$ のとき，

$$\phi(r)=\int_r^\infty E(r)dr=\int_r^1 10r\,dr+\int_1^\infty \frac{10}{r^2}dr$$

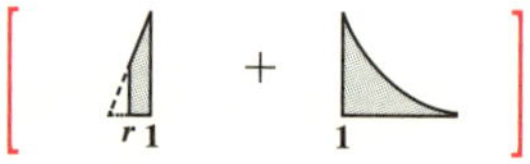

$$=10\int_r^1 r\,dr+10\int_1^\infty r^{-2}dr$$

$$=5\left[r^2\right]_r^1-10\left[\frac{1}{r}\right]_1^\infty=5(1-r^2)-10\left(\frac{1}{\infty}-\frac{1}{1}\right)$$

($\frac{1}{\infty}\to 0$)

$$\therefore\ \phi(r)=-5r^2+15$$

(ii) $1<r$ のとき，

$$\phi(r)=\int_r^\infty E(r)dr=\int_r^\infty \frac{10}{r^2}dr=-10\left[\frac{1}{r}\right]_r^\infty=-10\left(\frac{1}{\infty}-\frac{1}{r}\right)$$

($\frac{1}{\infty}\to 0$)

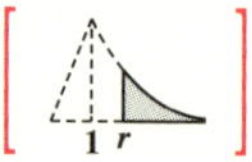

$$\therefore\ \phi(r)=\frac{10}{r}$$

以上(i)(ii)より，r と電位 $\phi(r)$ との関係を表すグラフは右のようになるんだね。納得いった？

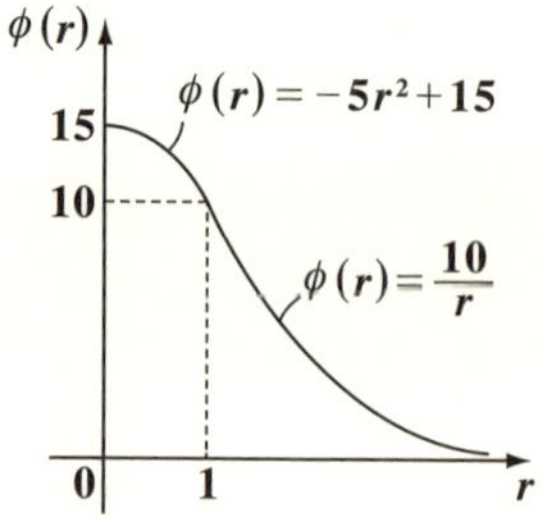

● 電気双極子では ql に着目しよう！

図4に示すように，符号の異なる等しい大きさの電荷 $+q$(C) と $-q$(C) が，微小な固定された距離 l だけ隔てて存在するとき，これを1つの系とみて“**電気双極子**（でんきそうきょくし）”と呼ぶんだね。誘電体の分極した分子など，電気双極子とみなせる例は沢山あるので，ここで概説しておこう。

図4　電気双極子

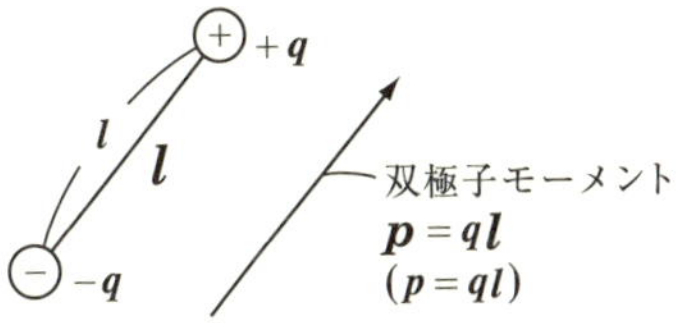

図4の電気双極子に対して“**電気双極子モーメント**”$\boldsymbol{p}$ を次のように定義する。

電気双極子モーメント　$\boldsymbol{p} = q\boldsymbol{l}$ ……(∗w)

（$\boldsymbol{p}$ は，⊖から⊕に向かうベクトルであることに気を付けよう。）

そして，この電気双極子モーメントの大きさを p とおくと，

$p = ql$ ……(∗w)′ となる。

何故，この電気双極子モーメントが必要なのかというと，電気双極子の問題を扱うときに，これがよく出てくるからなんだ。例えば，図5(i)に示すように，大きさ E の一様な静電場に対して，角度 θ の傾きのある状態で，微小距離 l，電荷 $+q$，$-q$ の電気双極子を置いたとき，この電気双極子に働く力のモーメントの大きさ N は，図5(ii)に示すように，

図5(i)　一様な電場の中の電気双極子

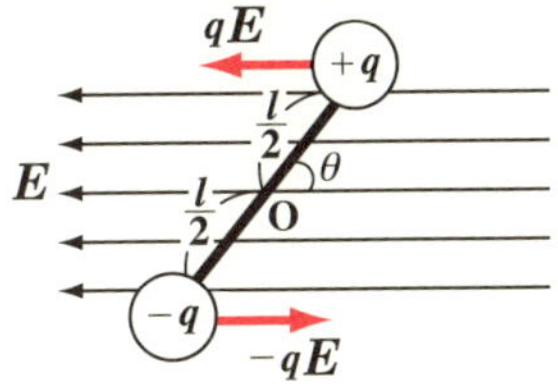

(ii)　電気双極子モーメントの大きさ N

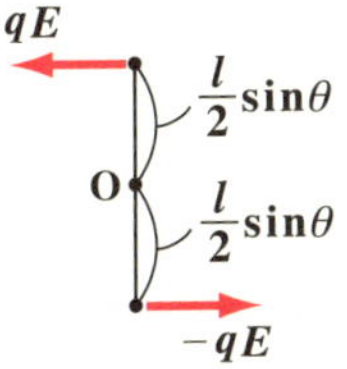

（Oのまわりの力のモーメント）（反時計まわりを⊕とした。）

$$N = qE\cdot\frac{l}{2}\sin\theta + qE\cdot\frac{l}{2}\sin\theta = ql\cdot E\sin\theta = pE\sin\theta$$

（双極子モーメントの大きさ p）

となる。このように，N も電気双極子モーメントの大きさ p で表されるからなんだね。

§3. 導体

これまでの講義では，真空中における静電場を中心に解説してきたんだけれど，より現実的には，ある物質内の電場についても調べる必要があるんだね。この物質には，次のように 2 種類がある。すなわち，

・電気を良く通す“**導体**”と，
・電気を通さない“**誘電体**”(または“**絶縁体**”)の 2 種類があるんだね。

この講義では，導体について解説しよう。まず初めに，静電場の中におかれた導体の電場や電位について調べよう。また，帯電した導体球が外部に作る電場や電位の状態についても解説する。さらに，ここでは，幾何学的な発想が面白い“**鏡像法**”についても教えよう。

● 導体とは自由電子をもった物質のことだ！

一般に，鋼や鉄などの金属が電気を通す“**導体**”であり，ガラスやプラスチックなどの非金属が電気を通さない“**誘電体**”(または“**絶縁体**”)なんだね。そして，電気を通す導体とは，その内部を自由に移動できる“**自由電荷**”(具体的には，自由に動ける“**自由電子**”や“**イオン**”のこと)を十分にもっている物質のことなんだね。金属の場合，それが固体として結晶構造をとると，金属原子の最外殻の電子が，原子核の束縛から解放されて，自由に動ける“**自由電子**”になる。これが，電気の担い手となって，導体としての性質を示すことになる。逆に誘導体とは，その内部に自由電荷をもっていない物質のことなんだね。

実は，導体内の自由電荷といっても，実際にはその移動の際に何らかの抵抗を受けるはずなんだ。しかし，これからは理想化した導体として，次のような導体を考えることにする。すなわち，

「導体は，その内部に十分な量の自由電荷(自由電子またはイオン)をもち，この自由電荷はわずかな力によっても速やかに移動できるものとする。」

このような導体を，静電場 $\boldsymbol{E}$ の中においたとき，導体は，次の 4 つの状態になることをまず頭に入れておこう。

(Ⅰ)「自由電荷が静止している状態では，導体内に電場は存在しない。」
(Ⅱ)「自由電荷が静止している状態では，導体内の電位は一定である。」
(Ⅲ)「導体表面は**1**つの等電位面になるので，導体表面に対して電場の向きは垂直になる。」
(Ⅳ)「電荷分布が存在するのは，導体の表面だけで，内部には存在しない。」

ン？これだけではよく分からないって!?…，当然だね。これから，順に解説しよう。

図**1**(ⅰ)に示すように，左から右へ向かう静電場$\boldsymbol{E}$の中に導体を置いてみよう。置いた瞬間には導体内にも電場が存在するので，導体内の自由電子は電場$\boldsymbol{E}$と逆向きにサッと移動して，その結果，図**1**(ⅱ)に示すように，導体の左端には㊀の，そして右端には㊉の電荷が現われる。このように，外部の電場の影響で，導体表面に電荷分布が生じる現象を“**静電誘導**(せいでんゆうどう)”という。これによって導体内部には$\boldsymbol{E}$とは逆向きの電場が作られ，互いに電場が打ち消し合って，図**1**(ⅲ)に示すように，導体内には電場が存在しなくなるんだね。もし，なんらかの電場が存在すれば，自由電子が移動してすぐにその電場を打ち消してしまうので，導体内に電場は存在し得ないことになるんだね。以上より，

図**1**　静電場の中の導体

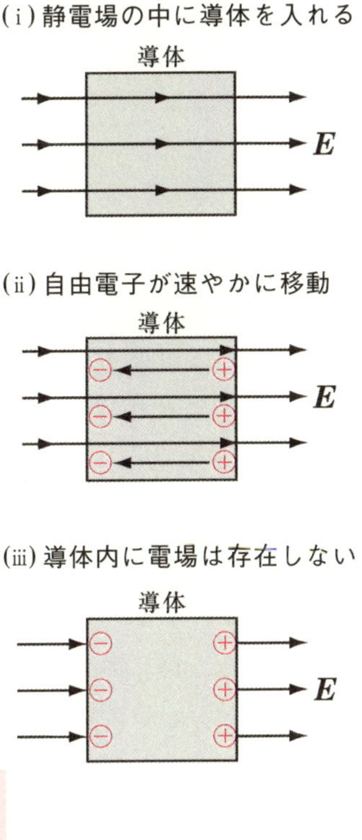

(Ⅰ)「自由電荷が静止している状態では，導体内に電場は存在しない。」となるんだね。大丈夫？

このとき導体内の電位ϕについても調べておこう。電場$\boldsymbol{E}$と電位ϕの関係式：$\boldsymbol{E} = -\mathbf{grad}\,\phi$ ……① で考えればいい。

導体内の電場$\boldsymbol{E} = \mathbf{0}$より，①から，$\left[\dfrac{\partial\phi}{\partial x}, \dfrac{\partial\phi}{\partial y}, \dfrac{\partial\phi}{\partial z}\right] = [0, 0, 0]$だね。

よって，各偏微分は $\frac{\partial \phi}{\partial x}=0$，$\frac{\partial \phi}{\partial y}=0$，$\frac{\partial \phi}{\partial z}=0$ となる。ここで，ϕ は全微分可能な滑らかな関数としているので，$d\phi=0$ より，結局 ϕ＝(定数)，つまり，

(Ⅱ)「自由電荷が静止している状態では，導体内の電位は一定である。」

ことも分かるんだね。これも大丈夫だね。

注意

これ以降もすべて「自由電荷が静止している状態」を前提に解説するので，この言葉はもう省略する。

そして，導体内部の電位が一定ならば，電位の連続性から導体表面も内部と同じ電位をもつはずだね。これから，

(Ⅲ)「導体表面は 1 つの等電位面になる。」

ことも言えるし，さらに等電位面に対して，電場は常に垂直になるので，当然，

「導体表面に対して電場は垂直になる。」

ことも分かるんだね。

図 2 導体表面の電位と電場

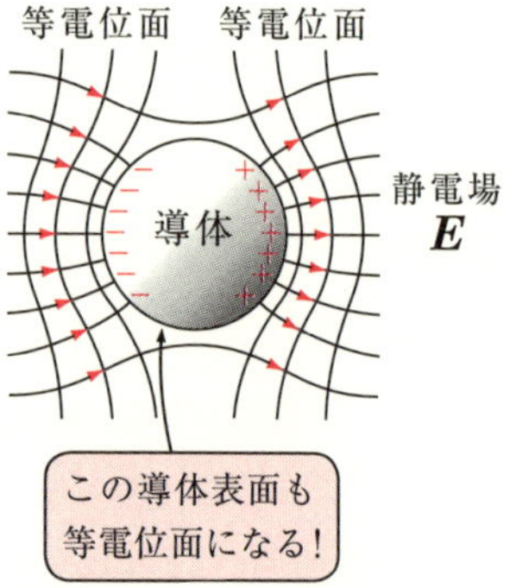

図 2 に，静電場 $\boldsymbol{E}$ の中に置かれた導体球の電場と電位の様子を示す。静電場 $\boldsymbol{E}$ による静電誘導で，導体球表面上にはある電荷分布が生じているけれど，この球面に対して外部の電場 (電気力線) はいずれも垂直になっていること，導体内に電場が存在しないことが分かると思う。

このような静電誘導だけでなく，導体に真電荷を与えて帯電させた場合でも，電荷が分布できるのは導体の表面だけなんだ。何故って!? もし，導体の内部に電荷分布が存在したとすればそこから電場 (電気力線) が生じ，それに沿って自由電荷が移動することになるだろう。これは自由電荷が静止している状態と矛盾する。逆に言えば，たとえ内部に電荷分布が存在したとしても，瞬時に自由電荷が移動して，内部の電荷分布を打ち消してしまうことになるんだね。よって，

(Ⅳ)「電荷分布が存在するのは，導体の表面だけで，内部には存在しない。」

以上で，静電場に置かれた導体の4つの状態すべてについて，ご理解頂けたと思う。

最後に，図3に示すように，導体表面にのみ存在する電荷の面密度をσ(C/m²)とし，導体表面の微小な面積をΔSとおくと，これから外部に垂直に出ている電場の大きさEは，ガウスの法則より，

図3 導体表面の電場E

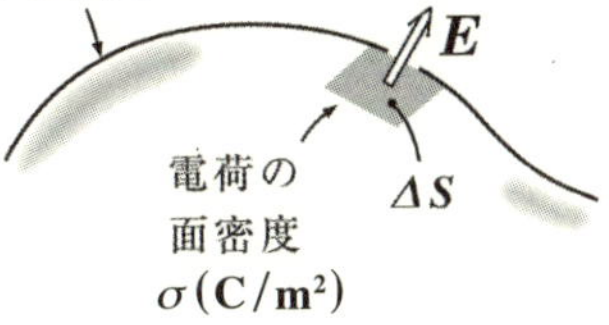

$$\Delta S \cdot E = \frac{\Delta S \cdot \sigma}{\varepsilon_0} \quad (\Delta S \cdot \sigma = Q) \qquad \therefore \ E = \frac{\sigma}{\varepsilon_0} \ \cdots\cdots (*x)$$ となる。

これも重要公式なので覚えておこう。

> **例題 24**　原点0を中心とする半径aの導体球に，正の電荷Q(C)を与える。球の外部は真空である。このとき，球の中心0から$r(\geqq 0)$における電場$E(r)$と電位$\phi(r)$を求めよう。

例題23 (P89) と似た問題ではあるんだけれど，今回は導体球なので，与えられた電荷Q(C)は，球の表面にしか存在しない。従って，導体球の内部には，電荷も電場も存在しないことに気を付けよう。

(ⅰ) $0 \leqq r < a$ のとき，明らかに，

$E(r) = 0$ (N/C) となる。

(ⅱ) $a \leqq r$ のとき，

ガウスの法則より，

$$4\pi r^2 \cdot E(r) = \frac{Q}{\varepsilon_0}$$

$$\therefore E(r) = \frac{Q}{\varepsilon_0} \times \frac{1}{4\pi r^2}$$

$$= \frac{Q}{4\pi\varepsilon_0} \cdot \frac{1}{r^2} \ \text{(N/C)}$$ となる。

(ⅱ) $a \leqq r$ のとき

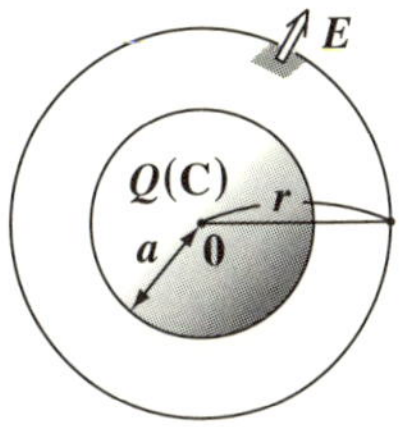

よって，電場$E(r)$のグラフは右図のようになる。

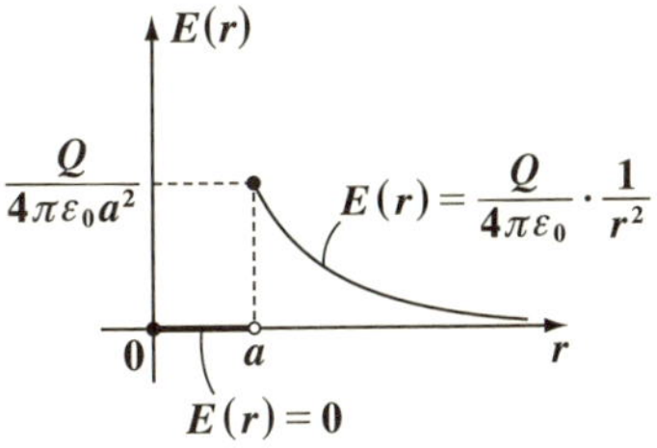

では次に，電位 $\phi(r)$ を求めると，

(i) $0 \leqq r < a$ のとき，

$$\phi(r) = \int_r^\infty E(r)\,dr = \int_a^\infty E(r)\,dr$$

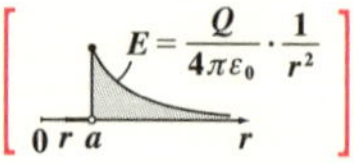

$$= \frac{Q}{4\pi\varepsilon_0}\int_a^\infty r^{-2}dr = -\frac{Q}{4\pi\varepsilon_0}\left[\frac{1}{r}\right]_a^\infty = -\frac{Q}{4\pi\varepsilon_0}\left(\frac{1}{\infty} - \frac{1}{a}\right)$$

($\frac{1}{\infty} \to 0$)

$$= \frac{Q}{4\pi\varepsilon_0 a}$$ (V) (定数) となる。

(ii) $a \leqq r$ のとき，

$$\phi(r) = \int_r^\infty E(r)\,dr = \frac{Q}{4\pi\varepsilon_0}\int_r^\infty r^{-2}dr = -\frac{Q}{4\pi\varepsilon_0}\left[\frac{1}{r}\right]_r^\infty$$

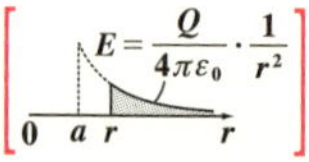

$$= -\frac{Q}{4\pi\varepsilon_0}\left(\frac{1}{\infty} - \frac{1}{r}\right)$$

$$= \frac{Q}{4\pi\varepsilon_0}\cdot\frac{1}{r}$$ (V) となる。

以上 (i)(ii) より，電位 $\phi(r)$ のグラフは右図のようになる。

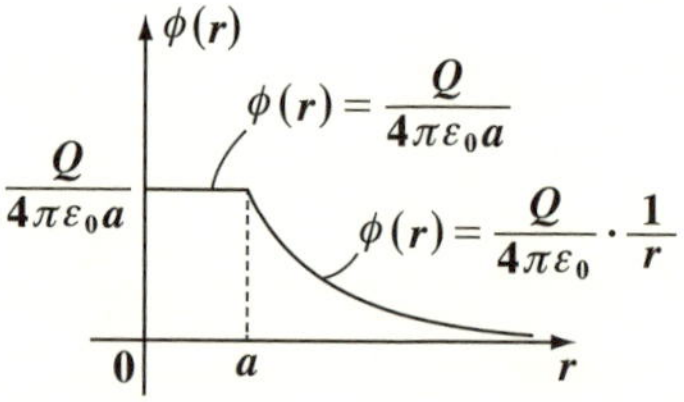

この結果は，次の講義でも利用するので，よく復習して，この結果を頭に入れておこう。

● 静電遮蔽についても解説しよう！

落雷による被害を避けるために，自動車や電車など金属 (導体) で囲まれた空間の中に入れば安全であることを知っている方もいるでしょう。これは，

「導体に囲まれた空間には，導体の外部の電場が影響しない」

からであり，これを "**静電遮蔽**(せいでんしゃへい)" という。つまり，たとえ金属容器に雷が落ちたとしても，容器内にいる人はこの容器が金属 (導体) でできているため，静電遮蔽によって，落雷の影響を免れることができる。

また，このことは，次のように表現しても構わない。

「内部に空洞をもつ導体をどのような外部電場の中に置いても，空洞内に電荷がない限り空洞内の電場は $\mathbf{0}$ であり，空洞と導体は等電位である。」

何故このようなことが言えるのか？

これから教えよう。

(Ⅰ) 図 **4**(ⅰ) に示すように，空洞内の電場が $\mathbf{0}$ でないと仮定すると，空洞内に電気力線が存在し，その始点の壁面には正電荷，その終点の壁面には負電荷が現れることになる。しかし，このとき，始点の電位が終点の電位より高くなることになるので，"導体内のすべての点が等電位である" ことに矛盾する。よって，空洞内壁に電荷が現れるような形の電場が存在するはずはないんだね。

図4　静電遮蔽

(ⅰ) 空洞の壁面に電荷が現れることはない

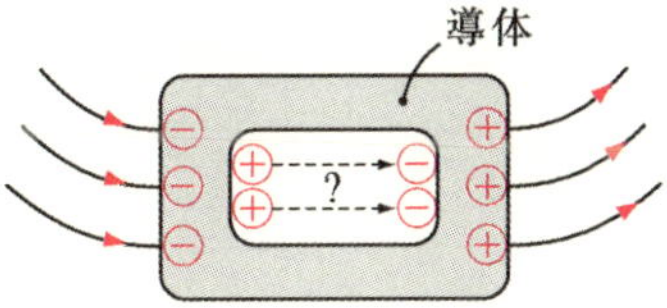

(ⅱ) 回転する電場 $\boldsymbol{E}$ は存在しない

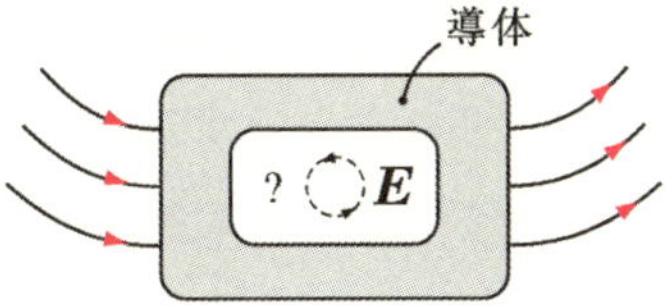

(Ⅱ) それでは，図 **4**(ⅱ) に示すように，空洞の内壁面に電荷を生じさせないような回転する形の電場 $\boldsymbol{E}$ は存在し得るのだろうか？ 答えはノーだね。理由は，**P88** で解説したように，静電場では $\mathbf{rot}\,\boldsymbol{E}=\mathbf{0}$，すなわち，渦なしの電場しか存在しないので，回転する電場が空洞内に生じることもないからなんだね。大丈夫？

では次，"**接地**" **(アース)** についても解説しておこう。接地とは文字通り導体を地面 (地球) に接続するという意味だ。日常，この接地を行うのはテレビや冷蔵庫などの電化製品 (導体) の静電気による帯電を防いで製品を保護することを目的としているからなんだね。また，これを電磁気学の立場から見ると，地球は巨大な等電位の導体球とみなすことができる。よって，⊕または⊖に帯電したある導体を接地 (アース) することにより，電気的に中和されるので，その接地された導体の電位は基準電位 $\mathbf{0(V)}$ であると考えていいんだね。

● 導体平板の鏡像法について解説しよう！

真空中に導体が存在するとき，その近くに点電荷を置くと，導体の表面には静電誘導が生じるので，このときの電場や電位の分布を調べるのは一般には難しいんだね。でも，導体が無限平板や球の場合，"**鏡像法**(きょうぞうほう)"を使えば，幾何学的に電場や電位の分布を容易に調べることができるんだね。ここでは，無限平板の鏡像法について教えよう。

それでは，具体例で解説しよう。帯電していない表面が平らな無限に広い導体平板(裏面の形状は平らでなくてもかまわない)から距離Lの位置にある点**P**に，正の点電荷Q(C)を置いたものとする。

すると，図**5**(ⅰ)に示すように，静電誘導により導体平板の表面上に⊖の，また裏面上には⊕の電荷分布が現われるはずだ。ここで，図**5**(ⅱ)に示すように，導体平板を接地すると，地面から⊖の電子が流れ込んで裏面の⊕を打ち消すけれど，$+Q$(C)の点電荷により引き付けられた導体平板表面上の⊖の電荷分布は残ることになる。この⊖の電荷分布により点電荷$+Q$(C)は導体平板に引きつけられることになるんだね。

また，図**5**(ⅲ)に示すように，接地した導体平板の表面の電位ϕは当然$\phi=0$となるんだね。

表面に⊖の電荷分布があるにも関わらず電位$\phi=0$となるのは大丈夫？これは，元々あった，導体の⊕の電荷は地面(地球)に流れ込んでいったと考えられるけど，平板と地球とを併せた**1**つの系で見ると，⊕，⊖は打ち消し合って，電位$\phi=0$が成り立つと考えられるからなんだね。

図5　導体平板と点電荷

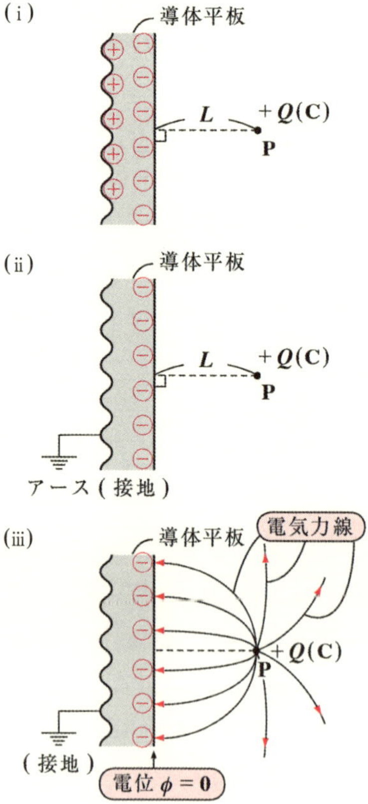

そして，点電荷$+Q$(C)のまわりには電位の分布が生じ，これによって，点電荷$+Q$(C)から導体平板の表面の負電荷(⊖)に向けて，図**5**(iii)に示すような電気力線が描けるはずだ。そして，数学的にこの電位ϕの分布を求めるには，**2**階の偏微分方程式を解かないといけないんだけれど，これをシンプルに解決するのが鏡像法なんだね。

図**6**(i)に示すように，導体平板を取り去って，元の導体平板に対して，点電荷$+Q$(C)と反対側の距離Lの位置の点P′に$-Q$(C)の点電荷があるものとする。これは，導体平板の表面を鏡と見たてたとき，符号(⊕, ⊖)は逆になるけれど，$+Q$(C)の像として，$-Q$(C)の点電荷があると考えればいいんだね。

図6 導体平板と鏡像法

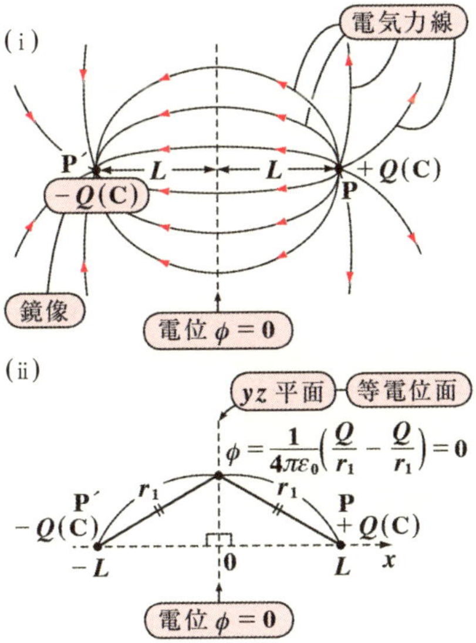

つまり，無限導体平板の問題を距離$2L$だけ離れた$+Q$(C)と$-Q$(C)の**2**つの点電荷が作る電位と電場の問題に置き換えることができるということなんだね。

何故なら，図**6**(ii)に示すように，元の導体平板の表面上の点はすべて，**2**つの符号の異なる点電荷$+Q$(C)と$-Q$(C)から等距離r_1にあるため，

電位$\phi=\frac{1}{4\pi\varepsilon_0}\left(\frac{Q}{r_1}-\frac{Q}{r_1}\right)=0$をみたすからなんだね。

これだと，導体平板の表面での電位$\phi=0$をみたすように設定しただけなんだけれど，それ以外の空間での電位や電場の分布も，この鏡像法による考え方で導けることが数学的に確認できるんだね。

この鏡像法の具体的な計算については，次の演習問題で練習しよう。

演習問題 5　●鏡像法●

接地された表面が平らな無限に広い導体平板から，距離 $L = 1$ (m) の位置の点 P に正の点電荷 $Q = 10^{-4}$ (C) を置いたとき，次の各問いに答えよ。(ただし，真空誘電率 $\varepsilon_0 = 8.854 \times 10^{-12}$ (C^2/Nm^2) とし，また，答えはすべて，有効数字 3 桁で答えよ。)

(1) この点電荷が導体から受けるクーロン力の大きさ f を求めよ。

(2) 点 P から導体平板に下した垂線とこの平板との交点を O とおく。平板上の点で，O から R (m) だけ離れた点 T における電場の大きさを $E(R)$ とする。このとき，$E(0)$，$E(1)$，$E(2)$，$E(3)$ の値を求め，R と $E(R)$ の関係を表すグラフを描け。

ヒント！ 導体平板の表面を電位 $\phi = 0$ の面として，鏡像法を用いて解いていこう。(1)では，クーロン力の公式：$f = \frac{1}{4\pi\varepsilon_0} \cdot \frac{Q^2}{(2L)^2}$ を用いればいい。(2)では，図を描きながら，電場の大きさ $E(R)$ を求めよう。

解答＆解説

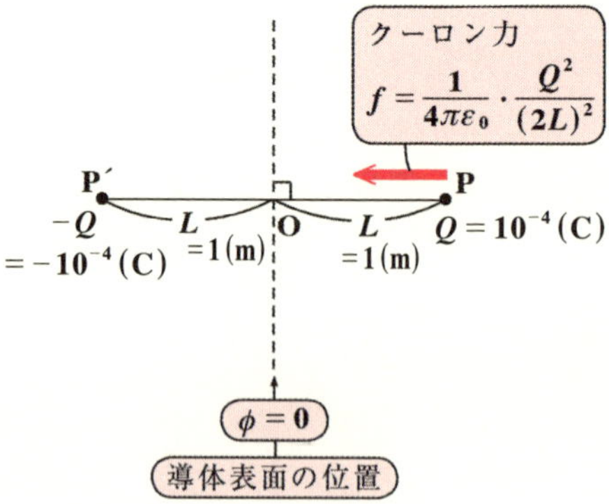

導体平板の表面の電位 ϕ が $\phi = 0$ となることから“鏡像法”を用いると，これは，導体を取り去って右図のように鏡像 $-Q$ (C) を導体表面に対して，P と反対側の点 P′ においたモデルと等価となる。

(1) よって，点電荷 $Q = 10^{-4}$ (C) が導体から受けるクーロン力は，当然，$2L$ だけ離れた鏡像の点電荷 $-Q = -10^{-4}$ (C) から受ける引力に等しい。この力の大きさを f とおくと，

$$f = \frac{1}{4\pi\varepsilon_0} \cdot \frac{Q \cdot Q}{(2L)^2} = \frac{Q^2}{16\pi\varepsilon_0 L^2}$$

$$= \frac{(10^{-4})^2}{16 \times \pi \times 8.854 \times 10^{-12} \times 1^2} = 22.46 \cdots \fallingdotseq 2.25 \times 10 \text{ (N)}$$ である。……(答)

(2) 次，右図に示すように，点Pから導体平板の表面に下ろした垂線の足をOとおき，この表面上の点でOから$R(\geqq 0)$だけ離れた点Tにおける電場を$\boldsymbol{E}$とおくと，これはQ(C)による電場$\boldsymbol{E}_Q$と鏡像$-Q$(C)による電場$\boldsymbol{E}_{-Q}$の重ね合わせ（和）により，

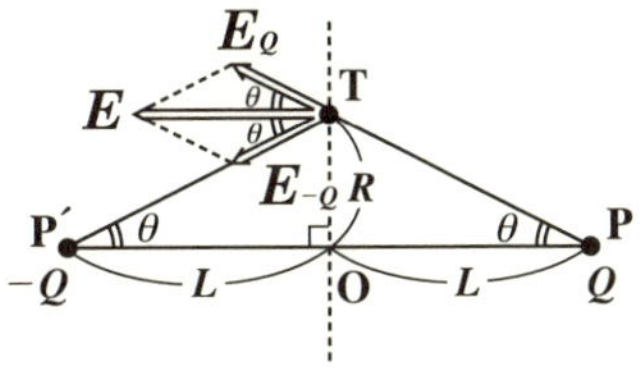

$\boldsymbol{E}=\boldsymbol{E}_Q+\boldsymbol{E}_{-Q}$ となる。

ここで，$\angle \mathrm{OPT}=\theta$ とおき，電場$\boldsymbol{E}$の大きさを$E(R)$とおくと，右図より，

$E(R)=2E_Q\cos\theta$ ……① となる。

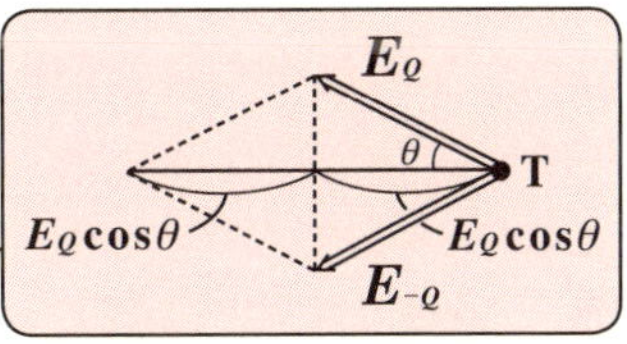

ここで，$E_Q=\|\boldsymbol{E}_Q\|=\dfrac{1}{4\pi\varepsilon_0}\cdot\dfrac{Q}{R^2+L^2}$，$\cos\theta=\dfrac{L}{\sqrt{R^2+L^2}}$ を①に代入し，

さらに，ε_0，L，Qの値を代入すると，

$$E(R)=2\cdot\frac{1}{4\pi\varepsilon_0}\cdot\frac{Q}{R^2+L^2}\cdot\frac{L}{\sqrt{R^2+L^2}}=\frac{QL}{2\pi\varepsilon_0(R^2+L^2)^{\frac{3}{2}}}$$

$$=\frac{10^{-4}\times 1}{2\pi\times 8.854\times 10^{-12}(R^2+1^2)^{\frac{3}{2}}}=\frac{10^8}{17.708\pi\cdot(R^2+1)^{\frac{3}{2}}} \quad\text{……②}$$

となる。

②に，$R=0$，1，2，3を代入したものの値を求めると，

$E(0)=1797548.4\cdots \fallingdotseq 1.80\times 10^6$ (N/C)

$E(1)=635529.3\cdots \fallingdotseq 6.36\times 10^5$ (N/C)

$E(2)=160777.6\cdots \fallingdotseq 1.61\times 10^5$ (N/C)

$E(3)=56843.4\cdots \fallingdotseq 5.68\times 10^4$ (N/C) となる。 ……………………(答)

以上より，Rと$E(R)$の関係を表すグラフは右図のようになる。 ………………(答)

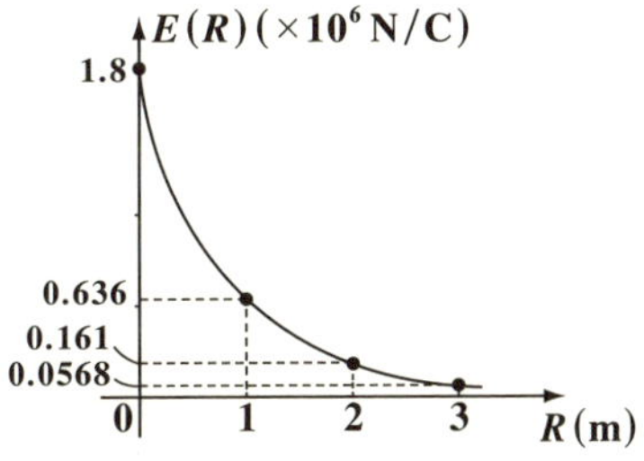

§4. コンデンサー

前回の講義で，導体はその表面に電荷を蓄えることができることを学んだんだね。そして，今回の講義では，まず，1つの導体が電気を蓄えることができる容量，すなわち“**電気容量**(でんきようりょう)”について解説しよう。さらに，2つの導体により電荷を蓄える“**コンデンサー**”についても教えよう。

コンデンサーについては，ここでは，主に“**平行平板コンデンサー**(へいこうへいばん)”について解説しよう。また，コンデンサーを基にして，“**静電場のエネルギー密度**” u_e についても教えるつもりだ。

今回も盛り沢山の内容だけれど，また分かりやすく解説しよう。

● 球体の電気容量について解説しよう！

ある1つの導体に電荷 Q(C)を与えると，導体表面に電荷 Q は蓄えられ，導体内部の電場 $\boldsymbol{E}$ は $\boldsymbol{0}$ になり，導体は一定の電位 ϕ(V) になるんだね。このとき，電荷を $2Q$ にすると，電位は 2ϕ となり，電荷 Q と電位 ϕ の間には比例関係が成り立つ。したがってこの比例定数を C とおくと，次の公式：

$Q = C \cdot \phi$ ……(*y) が成り立つんだね。

この比例定数 C のことを“**電気容量**”と呼び，その単位は[F]で表す。（“ファラッド”と読む。）

$C(\mathrm{F}) = Q\phi^{-1}(\mathrm{C/V})$

(*y) より当然，[F] = [C/V] であることも大丈夫だね。

ただし，この[F]という単位は後で実例で示すけれど，大き過ぎるので，実際には，$1(\mu\mathrm{F}) = 10^{-6}(\mathrm{F})$ や $1(\mathrm{pF}) = 10^{-12}(\mathrm{F})$ の単位が用いられる。

（μF：“マイクロ・ファラッド”，pF：“ピコ・ファラッド”と読む。）

$Q = C\phi$ ……(*y) のイメージは図1に示すように，電荷 Q を容器に貯めた水量，電気容量 C を水の断面積，そして電位 ϕ を水位だと思えばいい。これから，

図1 $Q = C\phi$ のイメージ

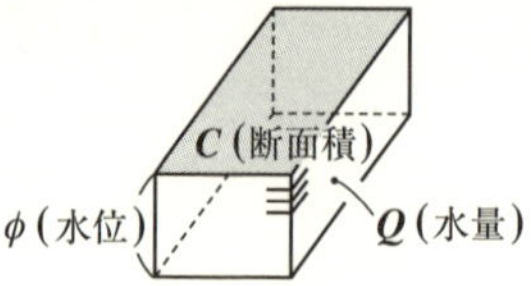

- ・ϕ が一定のとき，C が大きくなれば Q も大きくなるし，
- ・Q が一定のとき，C が大きくなれば ϕ は小さくなる。…などが分かる。

ではここで，半径 a (m) の導体球の電気容量 C を求めてみよう。これについては，実は，例題 24 (P95) で，半径 a の導体球に電荷 Q を与えたときの導体（内部および表面）の電位 ϕ が，

$$\phi = \frac{Q}{4\pi\varepsilon_0 a} \quad \cdots\cdots①$$

となることは，

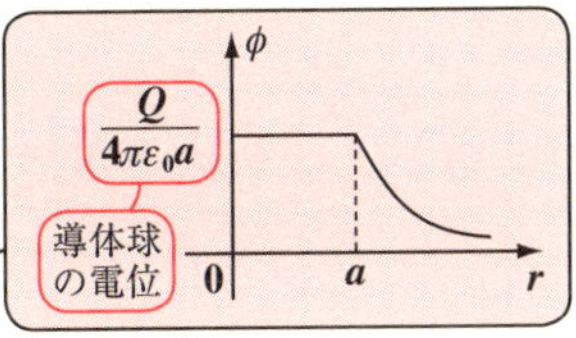

既に教えているんだね。よって，①を変形すると，

$Q = 4\pi\varepsilon_0 a\,\phi$ ……①′ となるので，①′と $(*y)$ との比較から，半径 a の導体球の電気容量 C は，（$4\pi\varepsilon_0 a$ が C）

$C = 4\pi\varepsilon_0 a$ ……$(*z)$ であることが分かるんだね。

導体球の電気容量 C は，半径 a の値だけで決まる！

次の例題で，導体球の電気容量 C を具体的に求めてみよう。

> **例題 25**　次の半径 a の導体球の電気容量 C を有効数字 3 桁で求めよう。
> （ただし，$\varepsilon_0 = 8.854 \times 10^{-12}\,(\mathrm{C^2/Nm^2})$ とする。）
> (i) $a = 0.899$ (m)　　　(ii) $a = 6400$ (km) $= 6.4 \times 10^6$ (m)

公式 $(*z)$ を用いて導体球の電気容量を求めると，

(i) $a = 0.899$ (m) のとき，

$C = 4 \cdot \pi \cdot 8.854 \times 10^{-12} \times 0.899 \fallingdotseq 1.00 \times 10^{-10}$ (F) $= 100$ (pF) となる。

(ii) $a = 6400$ (km) $= 6.4 \times 10^6$ (m) ということは，これは地球の半径のことなので，この問題は地球を 1 つの導体球とみなして，地球の電気容量 C を求める問題なんだね。

$C = 4 \cdot \pi \cdot 8.854 \times 10^{-12} \times 6.4 \times 10^6 \fallingdotseq 7.12 \times 10^{-4}$ (F) $= 712$ (μF) となる。

ボク達から見たら巨大な母なる地球でさえ，その電気容量は約 7.12×10^{-4} (F) に過ぎないわけだから，これで単位の [F] がいかに大きなものであるのかが，ご理解頂けたと思う。

● 平行平板コンデンサーの 4 つの公式を示そう！

1 つの導体に帯電させても，同種の電荷は互いに反発し合うので，大きな電気量を蓄えることは難しい。これに対して 2 つの導体を近づけて置き，それぞれに正と負の等量の電荷を与えると電荷が互いに引き合うため

大量の電気量を蓄えることができる。このように，2つの導体を使って電荷を蓄えるための装置を"**コンデンサー**"と呼ぶんだね。

典型的なコンデンサーとしては，高校物理で学習した2枚の平面導体板を向かい合わせた"**平行平板**（へいこうへいばん）**コンデンサー**"がある。図2に極板の面積S，間隔dで，$+Q$(C)(電位ϕ_1)，$-Q$(C)(電位ϕ_2)をそれぞれの極板に与えた平行平板コンデンサーの様子を示す。

図2　平行平板コンデンサー

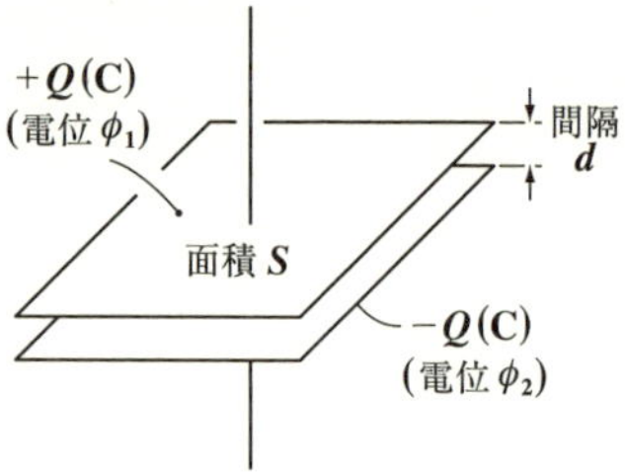

ここで，電位差$V=\phi_1-\phi_2$(V)とおき，この平行平板コンデンサーの電気容量をC(F)とおくと，$Q=CV$ ……$(*a_0)$が成り立つことは，既にご存知だと思う。この$(*a_0)$は，ここでは証明は省略するけれど，任意の形をした2つの導体からなるコンデンサーについても成り立つんだね。これも頭に入れておこう。

それでは，基本的な平行平板コンデンサーに話を戻そう。

一方の極板に$+Q$(C)を，他方の極板に$-Q$(C)の電荷が与えられているとき，実際のコンデンサーの電気力線の様子は，図3(i)に示すように，極板の端の方では極板に対して垂直ではなく湾曲してしまう。でも，ここでは，極板の面積Sが，極板の間隔dより十分に大きいものとして電気力線(電場の向き)が極板に対して常に垂直となるような，つまり，図3(ii)に示すような理想化した平行平板コンデンサーについて，考えていくことにしよう。もちろん，極板以外の空間はすべて真空であるものとしよう。

図3　平行平板コンデンサー

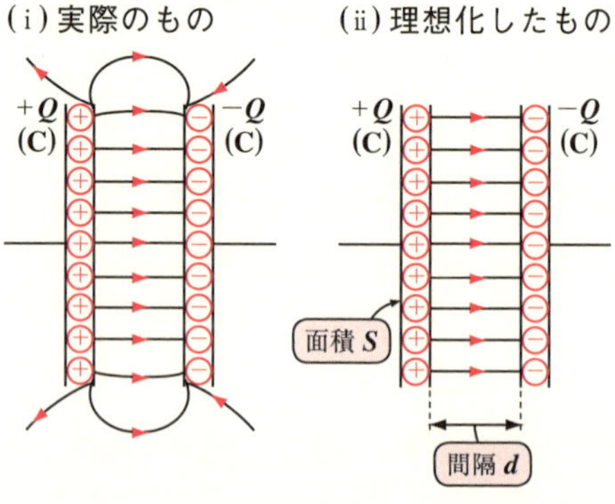

この理想化した平行平板コンデンサーについて，高校の物理では，次に示

す (1) 電荷 Q，(2) 電場の大きさ E，(3) 電気容量 C，(4) 静電エネルギー U についての **4** つの公式を習ったと思う。

(1) $Q = CV$ ………$(*a_0)$

蓄えられる電気量 Q は電圧 (電位差) V に比例する。

(2) $E = \dfrac{V}{d}$ …………$(*b_0)$

電場 (電界) E は電圧 V の傾きに等しい。

(3) $C = \dfrac{\varepsilon_0 S}{d}$ ……$(*c_0)$

電気容量 C は，面積 S に比例し，間隔 d に反比例する。

(4) $U = \dfrac{1}{2}CV^2$ ……$(*d_0)$

静電エネルギー U は $\dfrac{1}{2}QEd$ で与えられる。

これらの公式を利用する例題を解いておこう。

例題 **26**　$C = 4.427 \times 10^{-8}$ (F) の平行平板コンデンサーの電位差が $V = 200$ (V) となるように $\pm Q$ (C) を荷電した。平行平板コンデンサーの間隔は $d = 10^{-4}$ (m) で，その面積は S (m^2) である。このとき，(i) 電荷 Q (C)，(ii) 電場の大きさ E (N/C)，(iii) 面積 S (m^2)，そして，(iv) 静電エネルギー U (J) を求めよう。
(ただし，$\varepsilon_0 = 8.854 \times 10^{-12}$ (C^2/Nm^2) とする。)

(i) $(*a_0)$ より，$Q = C \times V = 4.427 \times 10^{-8} \times 200 = 8.854 \times 10^{-6}$ (C) である。

(ii) $(*b_0)$ より，$E = \dfrac{V}{d} = \dfrac{200}{10^{-4}} = 2 \times 10^6$ (N/C) である。

(iii) $C = \dfrac{\varepsilon_0 S}{d}$ ……$(*c_0)$ より，$S = \dfrac{C \cdot d}{\varepsilon_0}$　よって，

$$S = \frac{4.427 \times 10^{-8} \times 10^{-4}}{8.854 \times 10^{-12}} = \frac{4.427}{8.854} = \frac{1}{2} = 0.5\ (m^2)$$ である。

(iv) $(*d_0)$ より，$U = \dfrac{1}{2}CV^2 = \dfrac{1}{2} \times 4.427 \times 10^{-8} \times 200^2 = 8.854 \times 10^{-4}$ (J) である。

どう？これで高校物理の良い復習になったでしょう？でも，これらの **4** つの公式は電磁気学の大事な基本なので，これからこれらがすべて成り立つことを示してみよう。

● 平行平板コンデンサーの4つの公式を証明しよう！

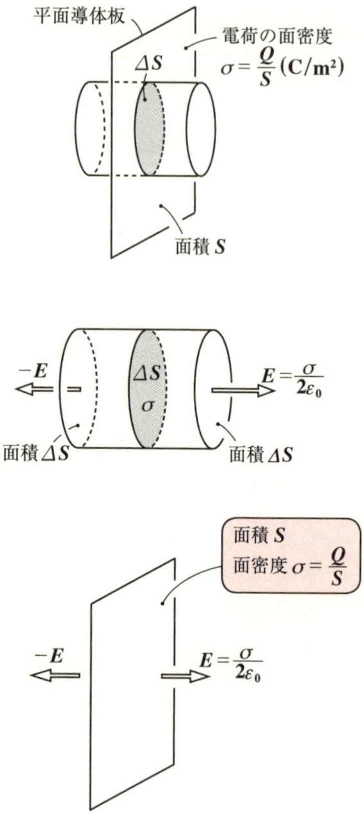

図4 Q(C)を与えた面積 S の平面導体板

まず，図4に示すように，面積 S の1枚の平面導体板に $+Q$(C)の電荷を与えると，面密度 $\sigma=\frac{Q}{S}$ (C/m²)で電荷が一様に分布する。この導体板から面積 ΔS の円を取り，この左右に伸ばした円柱面について考えると，円柱内の電荷 ΔQ は，

$\Delta Q=\sigma\cdot\Delta S$ となるのは大丈夫だね。

また，この電場 E はこの平板に対して垂直に左右に出ているので，円柱の側面を通して，電場が出ることはない。

よって，ガウスの法則より，

$$\underbrace{2\Delta S}_{\text{左右2枚の円の面積}}\cdot E=\frac{\overset{\Delta Q}{\boxed{\sigma\Delta S}}}{\varepsilon_0}$$ が成り立つ。

これから，図4に示すように，この導体平板に対して垂直に左右に

$E=\frac{\sigma}{2\varepsilon_0}$ と $-E=-\frac{\sigma}{2\varepsilon_0}$ の電場が存在することが分かるね。これについては例題21(P81)で既に解説しているからね。

これから，図5(i)(ii)に示すように，面積 S の薄い導体平板にそれぞれ $+Q$(C)と $-Q$(C)の電荷を与えると，この導体平板には，それぞれ面密度 $\pm\sigma\left(=\pm\frac{Q}{S}\right)$ の電荷分布が生じ，これにより，$\pm E\left(=\pm\frac{\sigma}{2\varepsilon_0}\right)$ の電場が平板に垂直に生じるんだね。

そして，図5(iii)に示すようにこれら2枚の導体平板(極板)を間隔dを取って対置させると，2つの導体平板の左右外側の電場は互いに打ち消し合って$E=0$となり，極板間のみ一定の電場$E=2E_1=2\cdot\frac{\sigma}{2\varepsilon_0}$，すなわち，$E=\frac{\sigma}{\varepsilon_0}=\frac{Q}{\varepsilon_0 S}$ ……① が残ることになる。その様子を図5(iv)に示した。

ここで，$+Q$(C)，$-Q$(C)を与えられたそれぞれの極板の電位をϕ_1(V)とϕ_2(V)とおき，ϕ_2を基準電位$\phi_2=0$(V)とおくことにすると，$V=\phi_1-\underbrace{\phi_2}_{0}$となるため，$\phi_1$がこの平行平板コンデンサーの電圧(電位差)$V$そのものを表すことになるんだね。

ここで，図5(iv)に示すように，Eの向きにx軸をとり，$+Q$(C)に帯電した極板の位置を$x=0$，$-Q$(C)に帯電した極板の位置を$x=d$とおくと，電場の大きさEは，

$$E=\begin{cases}\frac{\sigma}{\varepsilon_0} & (0\leqq x\leqq d\text{のとき})\\ 0 & (d<x\text{のとき})\end{cases}$$

となる。これから電位$\phi_1(=V)$を

$\phi_1=V=-\int_{\infty}^{0}E\,dx$により求めると，

図5 平行平板コンデンサー

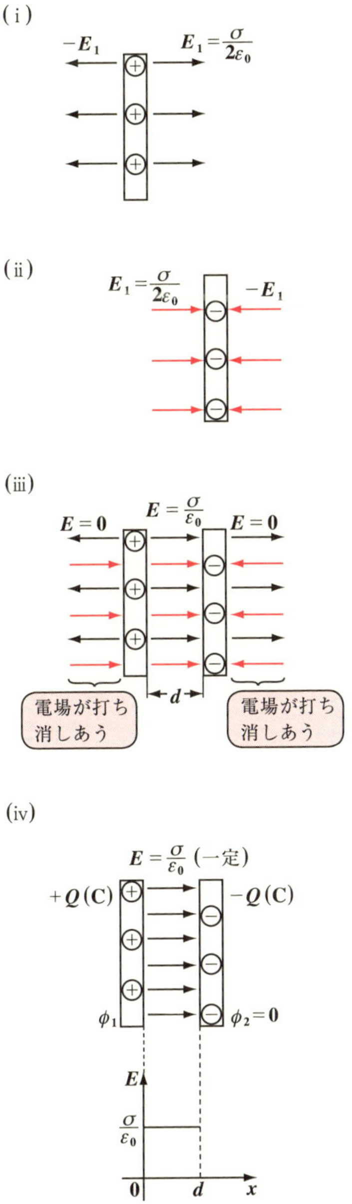

$\phi_1 = V = -\int_\infty^0 E\,dx = \int_0^\infty E\,dx = \int_0^d \underset{定数}{E}\,dx = [Ex]_0^d = Ed$ となる。

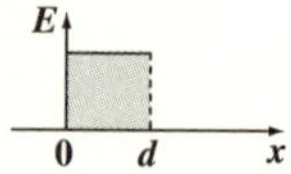

よって，$V = Ed$ より，公式(2) $E = \frac{V}{d}$ ……$(*b_0)$ が導けた。

この公式(2)に，$E = \frac{Q}{\varepsilon_0 S}$ ……① を代入すると，

$\frac{Q}{\varepsilon_0 S} = \frac{V}{d}$ より，$Q = \frac{\varepsilon_0 S}{d} V$ となる。

$\frac{\varepsilon_0 S}{d}$ = C（定数）

よって，$C = \frac{\varepsilon_0 S}{d}$ とおくと，公式(1) $Q = CV$ ……$(*a_0)$ と，公式(3) $C = \frac{\varepsilon_0 S}{d}$ ……$(*c_0)$ も同時に導けるんだね。

最後に，コンデンサーの**静電エネルギー** U を求める公式

(4) $U = \frac{1}{2}CV^2$ ……$(*d_0)$ を導いてみよう。

この公式$(*d_0)$を導くために，予め$+Q$(C)と$-Q$(C)に帯電した2枚の極板を，ほとんど間隔 $x \fallingdotseq 0$ の状態を基準点として，この間隔 x を所定の d にまで

本当に $x = 0$ とすると，$\pm Q(C)$ の電荷が接触し，打ち消し合ってなくなってしまうので，接触しない $x \fallingdotseq 0$ のときを $U = 0$ の基準点とするんだね。

ゆっくりと広げていくのに要する仕事から，静電エネルギー U を求めていくことにしよう。

図6(i)に示すように，まず，$+Q$(C)と$-Q$(C)に帯電した2枚の極板の間隔 x を $x \fallingdotseq 0$ の状態から始めよう。

そして，図6(ii)に示すように，$+Q$(C)の極板は固定したままで，$-Q$(C)に帯電した極板をゆっくりジワジワと右に移動させる。このとき，$-Q$(C)の

極板は，$+Q$(C)の極板が作る

電場 $\frac{1}{2}E$ により，

$-f=-\frac{1}{2}EQ$ の力に逆らって，

$f=\frac{1}{2}EQ$ (一定)の力で d だけ

本当は，これよりほんのちょっとだけ大きい力なんだね。

移動させるので，これに要する

仕事 W は，$W=\frac{1}{2}EQ\times d$ となる。

そして，これが，求める平行平板

コンデンサーの静電エネルギー U

になるんだね。よって，

$U=W=\frac{1}{2}\underbrace{Q}_{CV}\cdot\underbrace{E\cdot d}_{V}=\frac{1}{2}CV^2$ より，

静電エネルギー U の公式：

(4) $U=\frac{1}{2}CV^2$ ……($*d_0$) も導けた。

どう？ 面白かったでしょう？

図6 平行平板コンデンサーの静電エネルギー U

(i) 初めの状態

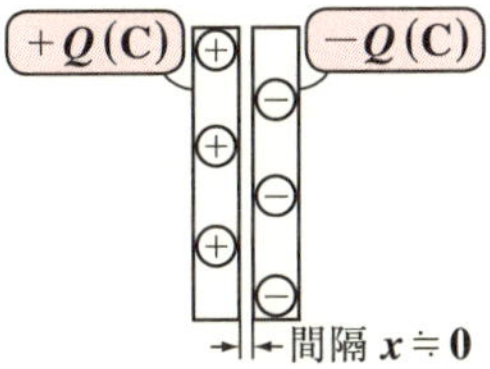

(ii) 力 $f=\frac{1}{2}EQ$ で d だけ移動

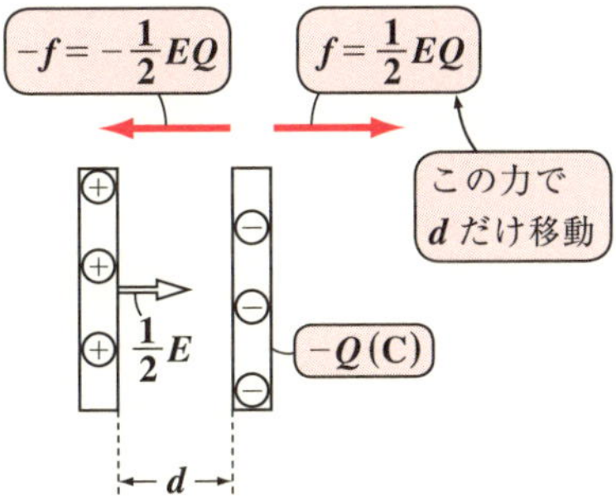

● 静電場のエネルギー密度について解説しよう！

平行平板コンデンサーの静電エネルギー U が，

$U=\frac{1}{2}CV^2$ ……(a) $\left(C=\frac{\varepsilon_0 S}{d},\ V=Ed\right)$ と表されることが分かったわけだけど，果してこの U はどこに存在するのか？…というと，当然，電場 E が存在する 2 つの極板に挟まれた体積 $S\cdot d$ の領域と考えるのが自然なんだね。よって，(a)の静電エネルギー U を，一様な電場の存在する領域の体積 Sd で割って，単位体積当りの静電エネルギー u_e を求めてみることにすると，

$$u_e = \frac{U}{Sd} = \frac{\overset{\frac{\varepsilon_0 S}{d}}{C}\,\overset{(Ed)^2}{V^2}}{2Sd} = \frac{\varepsilon_0 \cancel{S} E^2 \cancel{d^2}}{2\cancel{S}\cancel{d^2}} = \frac{1}{2}\varepsilon_0 E^2$$ となって，

非常に面白い結果が導けた。何が面白いか分かる？ …，そうだね，u_eの中に平行平板コンデンサーの寸法を表すSやdがキレイに消去されているからだ。よって，これから，平行平板コンデンサーの作る電場に限らず，一般論として，電場Eが存在するところであれば，いずれの点においても単位体積当たりの静電エネルギーu_eが存在すると言えるんだね。よって，このu_e，

すなわち， $u_e = \frac{1}{2}\varepsilon_0 E^2$ ……$(*e_0)$ のことを，

“静電場のエネルギー密度” と呼ぶことにする。

そして，このu_eを基に，静電場Eの存在する領域をVとおくと，この領域全体に渡ってu_eを体積分することにより，逆に静電場の全静電エネルギーUを求めることができる。つまり，

$$U = \iiint_V u_e dV = \frac{\varepsilon_0}{2}\iiint_V E^2 dV$$ ……$(*f_0)$ により，Uが算出できる。

それでは，次の例題でu_eを体積分して，Uを実際に求めてみよう。

> **例題 27**　半径 $a = 1\,(\mathrm{m})$ の導体球に電荷 $Q = 10^{-5}\,(\mathrm{C})$ を与えたとき，この導体球が外部に作る静電場のエネルギー密度u_eを求め，さらに全静電場のエネルギーUを求めよう。
> （ただし，$\varepsilon_0 = 8.9\times10^{-12}\,(\mathrm{C^2/Nm^2})$とする。）

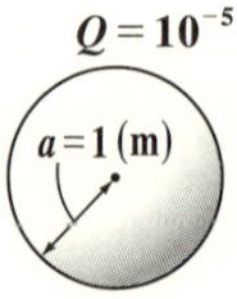

半径$a(\mathrm{m})$の導体球に電荷$Q(\mathrm{C})$を与えたとき，電場の大きさ$E(r)$は，既に例題24（P95）で解説した通り，右図のグラフに示すように，

$$E(r) = \begin{cases} 0 & (0 \leqq r < 1 \text{ のとき}) \\ \dfrac{Q}{4\pi\varepsilon_0}\cdot\dfrac{1}{r^2} & (1 \leqq r < \infty \text{ のとき}) \end{cases}$$ ……①

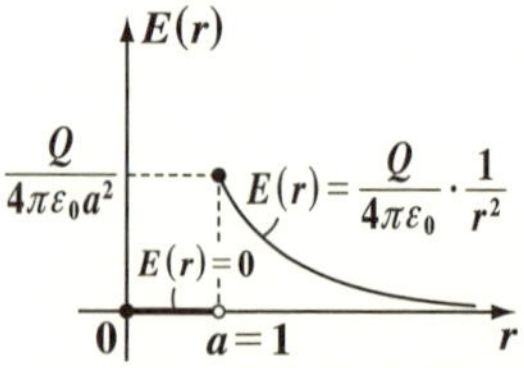

となるんだね。

①に $Q=10^{-5}$ (C) を代入し，また $a=1$ (m) より，この静電場が作るエネルギー密度 u_e は，

$$u_e=\begin{cases}0 & (0\leqq r<1)\\ \dfrac{1}{2}\varepsilon_0E^2=\dfrac{10^{-10}}{32\pi^2\varepsilon_0}\cdot\dfrac{1}{r^4} & (1\leqq r<\infty)\end{cases}\quad\cdots\cdots②$$

$$\frac{1}{2}\varepsilon_0\left(\frac{10^{-5}}{4\pi\varepsilon_0}\cdot\frac{1}{r^2}\right)^2=\frac{\varepsilon_0\cdot10^{-10}}{32\pi^2{\varepsilon_0}^2}\cdot\frac{1}{r^4}$$

となるんだね。

よって，②より，この静電場による全静電エネルギー U は，$(*f_0)$ を用いて，

$$U=\iiint_V u_e dV=\frac{10^{-10}}{32\pi^2\varepsilon_0}\iiint_V\frac{1}{r^4}dV\quad\cdots\cdots③$$ となるんだね。

ン？この体積分が難しそうだって？

そうでもないよ！今回は，球対称な問題なので，③の微小体積 dV を，小玉スイカの薄い皮のように

$dV=4\pi r^2\cdot dr$ ……④ とすると，

（$4\pi r^2$：半径 r の球面の面積，dr：うす皮の微小な厚さ）

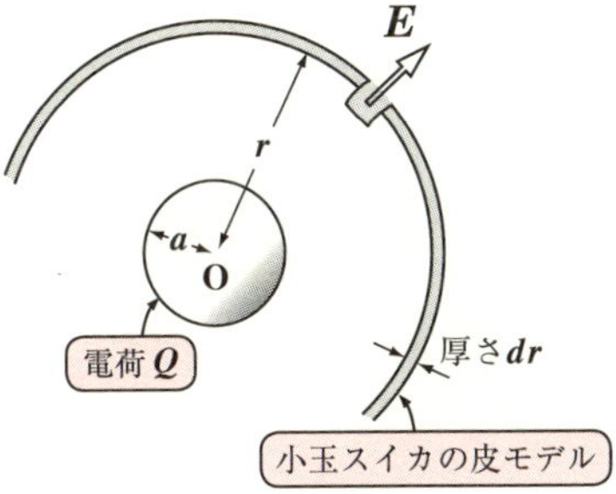

③の体積分は，r：$a=1\to\infty$ に定積分（無限積分）すればいいだけなんだね。

よって，③，④より，求める U は，

$$U=\frac{10^{-10}}{32\pi^2\varepsilon_0}\int_1^{\infty}\frac{1}{r^4}\cdot\underbrace{4\pi r^2\cdot dr}_{dV}=\frac{10^{-10}}{8\pi\varepsilon_0}\int_1^{\infty}r^{-2}dr$$

$$=\frac{10^{-10}}{8\pi\varepsilon_0}\left[-\frac{1}{r}\right]_1^{\infty}=\frac{10^{-10}}{8\pi\varepsilon_0}\Big(-\underbrace{\frac{1}{\infty}}_{0}+\frac{1}{1}\Big)=\frac{10^{-10}}{8\pi\varepsilon_0}$$

（これに，ε_0 と π の値を代入する。）

$$=\frac{10^{-10}}{8\pi\times8.9\times10^{-12}}\fallingdotseq0.447\ \text{(J)}$$ となって，答えが求まるんだね。思ったより積分が簡単で，面白かったでしょう？

§5. 誘電体

今回は静電場の中に“**誘電体**”(または，“**絶縁体**”)がある場合について解説しよう。誘電体は導体とは違って，自由電子を持たないけれど，これを静電場に置くと“**誘電分極**”により，誘電体の表面に“**分極電荷**”が生じることになるんだね。

しかし，誘電体の場合，導体と違って，静電場 $\boldsymbol{E}_0$ により分極電荷が生じても，それが中途半端であるため，誘電体内にも電場 $\boldsymbol{E}_1$ が残ることになる。従って，真空中と誘電体内の両方を統一的に表すために“**電束密度**” $\boldsymbol{D}$ を利用することになるんだね。この $\boldsymbol{D}$ についてもまた分かりやすく解説しよう。

● コンデンサーに誘導体を挟んでみよう！

銅や鉄など，自由電子を持って，電気を通す物質を“**導体**”といい，ガラスやアクリルなど，自由電子をもたず，電気を通さない物質を“**誘電体**”(または“**絶縁体**”)というんだね。

そして，この誘電体を平行平板コンデンサーの極板間に挿入すると，その電気容量が大きくなることが分かっている。

図1 コンデンサーと誘電体

(i) 極板間が真空のとき　　　(ii) 極板間に誘電体を挟んだとき

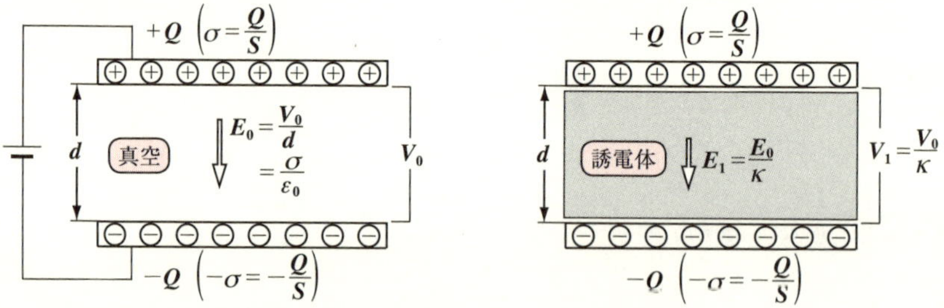

図1(i)に示すように極板間が真空で，極板の面積 S，間隔 d の平行平板コンデンサーに起電力 V_0 の電源をつなぐと，極板間の電位差は V_0 となる。ここで，それぞれの極板に $+Q$(C)と $-Q$(C)の電荷が蓄えられたものとすると，各極板には一様な面密度 $\sigma=\frac{Q}{S}$ と $-\sigma=-\frac{Q}{S}$ で電荷が分布することになる。このとき，極板間の一様な電場 $\boldsymbol{E}_0$ の大きさ E_0 は，

$E_0 = \frac{V_0}{d}$ ……①，または　$E_0 = \frac{\sigma}{\varepsilon_0}$ ……①′ の 2 通りに表現できる。

（高校物理の公式 (P105)）　（P107 参照）

また，このときのコンデンサーの電気容量を C_0 とおくと，

$C_0 = \frac{Q}{V_0}$ ……② となるのも大丈夫だね。

では次，図 1(ii) に示すように，このコンデンサーを電源からはずして，極板間にガラス板などの誘電体を挿入すると，2 つの極板の電荷は $+Q$(C) と $-Q$(C) のままで，電位差が V_0 から V_1 に減少することが確認できる。ここで，κ を 1 より大きい定数とすると，

（κ：ギリシャ文字"カッパ"）

$V_1 = \frac{V_0}{\kappa}$ ……③ と表せる。(この κ は，"**比誘電率**(ひゆうでんりつ)" という。)

Q が一定で，電位差が V_0 から V_1 に減少するということは，電気容量が元の

（Q：容器の水量）（V_0，V_1：水位）

C_0 から C_1 に増加したと考えられる。実際に C_1 を C_0 で表してみると，

（C_0，C_1：断面積 (P102)）

$C_1 = \frac{Q}{V_1} = \frac{Q}{\frac{V_0}{\kappa}} = \kappa \frac{Q}{V_0} = \kappa C_0$ ……④ $(\kappa > 1)$ となって，確かに電気容量が

（$\frac{V_0}{\kappa}$：③より）（$\frac{Q}{V_0}$：C_0 (②より)）

κ 倍だけ増えている。

この比誘電率 κ は物質特有の無次元の定数で，常温 (20℃) 付近の主な誘電体の κ の値を表 1 に示す。

表 1　比誘電率 κ

誘電体	比誘電率 κ
ソーダガラス	7.5
ダイヤモンド	5.7
天然ゴム	2.4
パラフィン	2.2

次に，極板間が真空のときの電場の大きさは $E_0 = \frac{V_0}{d}$ だけれど，極板の間隔 d いっぱいに誘電体を入れたときの電場の大きさ E_1 を求めると，d は変化しないので，

$E_1 = \frac{V_1}{d} = V_1 \cdot \frac{1}{d} = \frac{V_0}{\kappa} \cdot \frac{1}{d} = \frac{1}{\kappa} \cdot \frac{V_0}{d} = \frac{1}{\kappa} E_0$ ……⑤ (③より) となって，

電場の大きさは$\frac{1}{\kappa}$倍に減少することが分かる。 $E_1 = \frac{1}{\kappa}E_0$ ……⑤

ここで，比誘電率κは，誘電体の誘電率ε_1と真空の誘電率ε_0 $(=8.854\times10^{-12}\,(\mathrm{C^2/Nm^2}))$との比のことなので，

$\kappa = \frac{\varepsilon_1}{\varepsilon_0}$ ……⑥ と表される。

たとえば，ソーダガラスの比誘電率は**P113**の表**1**より$\kappa = 7.5$なので，このソーダガラスの誘電率ε_1は$\varepsilon_1 = \kappa\varepsilon_0 = 7.5\varepsilon_0\,(\mathrm{C^2/Nm^2})$となる。

⑤より，$E_0 = \kappa E_1$ ……⑤′ となるので，⑥をこれに代入すると，

$E_0 = \frac{\varepsilon_1}{\varepsilon_0}E_1 \qquad \therefore \varepsilon_0 E_0 = \varepsilon_1 E_1$ ……⑦ ← これをベクトルの形で表せば，$\varepsilon_0 \boldsymbol{E}_0 = \varepsilon_1 \boldsymbol{E}_1$

が導ける。つまり，電場の大きさはE_0からE_1に減少しても，$\varepsilon_0 E_0$と$\varepsilon_1 E_1$の物理量は変化しない。よって，これから，真空と誘電体とを併せた静電場の問題を統一的に考えるのに，"**電束密度**" $\boldsymbol{D} = \varepsilon_0 \boldsymbol{E}_0\,(=\varepsilon_1 \boldsymbol{E}_1)$を利用すると都合がいいことが分かるんだね。

● 誘電体による電場の減少の理由を解説しよう！

では何故，誘電体を挿入すると，電場の大きさが減少するのか？その理由を図を使って解説しよう。

極板の面積S，間隔dの平行平板コンデンサーに電圧V_0をかけて，それぞれの極板に$+Q$(C)と$-Q$(C)の電荷を帯電させたときの極板間の電場E_0のイメージを，図**2**(i)に電気力線で示す。

これに対して，図**2**(ii)には，この平行平板コンデンサーに，今度は上下に少し隙間をあけて，誘電率ε_1の誘電体を挿入したときの様子を示す。

図**2**(ii)に示すように，誘電体を電

図**2** コンデンサーと誘電体

(i) 極板間が真空のとき

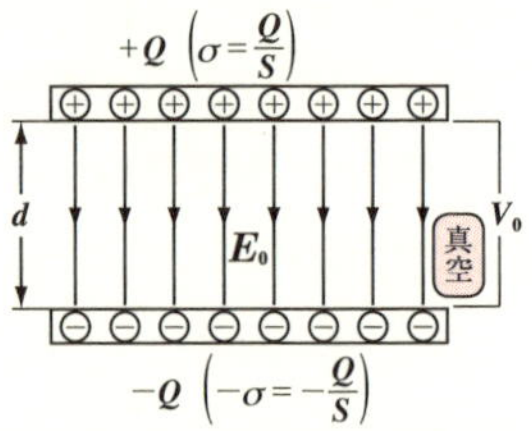

(ii) 極板間に誘電体を挟んだとき

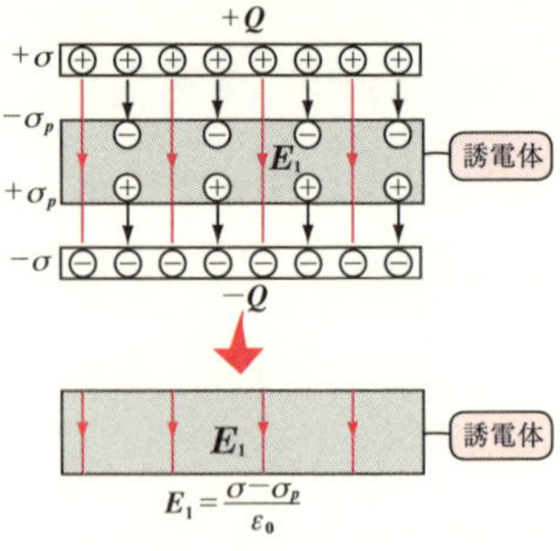

場の中におくと，その電場を打ち消すように，誘電体の表面に電荷が生じる。これを“**誘電分極**(ゆうでんぶんきょく)”といい，誘電体の表面に生じる電荷のことを“**分極電荷**(ぶんきょくでんか)”という。何故，誘電分極が生じるのか？その理由は後で解説することにして，今は，この分極電荷により，図**2**(ii)に示すように，誘電体内の電気力線の本数が減少していることに着目しよう。つまり，電場の大きさは，真空中のE_0から，誘電体中のE_1に減少するんだね。

では次，面密度$+\sigma$(C/m²)の極板と対面する誘電体表面には面密度$-\sigma_p$(C/m²)の分極電荷が，また，面密度$-\sigma$(C/m²)の極板と対面する誘電体の表面には面密度$+\sigma_p$(C/m²)の分極電荷が分布しているものとすると，誘電体内の電場の大きさE_1は，$E_1=\dfrac{\sigma-\sigma_p}{\varepsilon_0}$ ……⑧ となるんだね。

ここで，誘電体の誘電分極と，導体の静電誘導は“似て非なるもの”であることに要注意だ。導体にせよ誘電体にせよ，静電場の中に置くと，その静電場を打ち消すように表面に電荷が生じるんだけれど，導体の場合，その内部に無数の自由電荷(自由電子)をもっているため，これがサッと移動して導体内部にまったく電場が残らなくしてしまう。これに対して誘電体は自由電荷をもっていないため，その表面にジワリと分極電荷が現われることになる。しかも，これが十分ではないため，その内部の電場を完全に打ち消すことが出来ず，大きさE_1の電場が残ってしまうんだね。

● 誘電分極のメカニズムを解説しよう！

何の電場もない状態であれば，誘電体を構成する原子の原子核と電子がもつ電荷をそれぞれ$+q$(C)と$-q$(C)とおくと，これらの重心は一致しているため電気的に中性であると考えられる。

図**3** 電場の中の原子

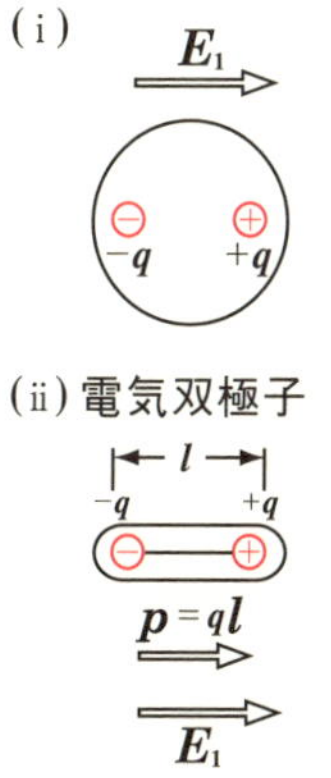

でも，この原子を電場E_1の中におくと状況は変わる。誘電体だから自由電子はもっていないけれど，この電場の影響によりわずかではあるが，$+q$(C)をもった原子核の重心は電場の向きに，そし

て $-q$(C)をもった電子の重心は電場とは逆向きに動いて，ズレが生まれ，誘電体の原子は分極する。図3(ⅱ)に示すように2つの点電荷 $-q$(C)から

(これは物質によっては，分子や結晶の単位格子の場合もあり得る。)

$+q$(C)に向かう微小なベクトルを $\boldsymbol{l}$（大きさ l）とおくと，これは電気双極子モーメント $\boldsymbol{p}=q\boldsymbol{l}$（大きさ $p=ql$）をもつ電気双極子だと考えていいんだね。

(P91参照)

図4　電場の中の誘電体

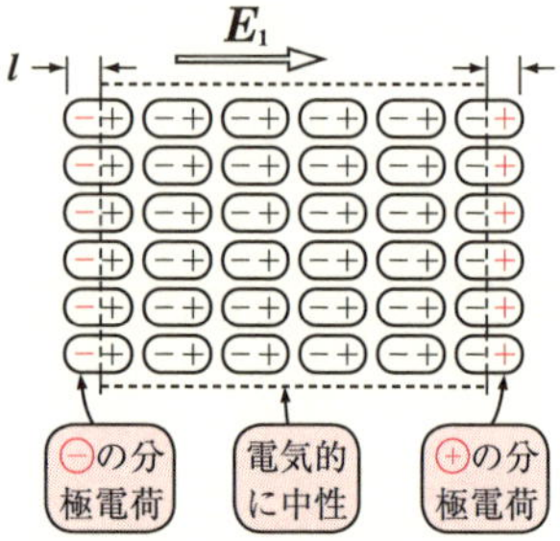

それでは，これらの原子の集合体である誘電体を電場の中においた場合を考えてみよう。図4に平面的ではあるけれど，そのイメージを示す。図4から分かるように，各原子が電場によって分極してもその内部は正電荷と負電荷で相殺されて，電気的に中性になるが，誘電体の左右の表面にはそれぞれ負の分極電荷と正の分極電荷が生じることが，分かると思う。

図5　分極電荷の立体イメージ

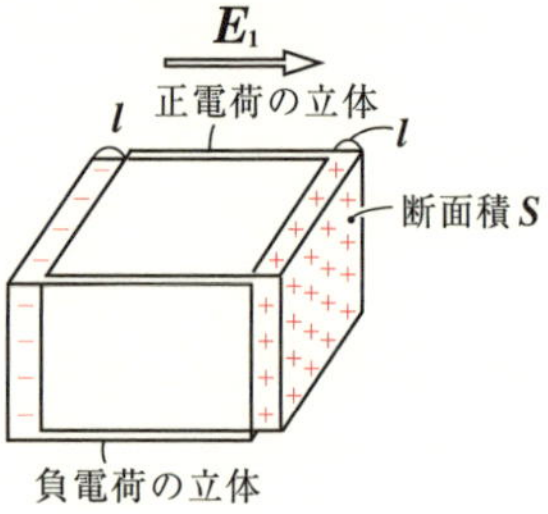

これを立体的に表して，より現実的なマクロモデルとして表したものが図5なんだね。この図5を基に分極電荷の面密度 σ_p(C/m^2)を求めよう。まず，単位体積1(m^3)当りの原子数（または分子数）を η（イエータ）とおくと，この物質間の電荷の体積密度 ρ(C/m^3)は，$\rho=\pm q\eta$ となる。

$E_1=0$ のとき，正・負の電荷はキレイに打ち消し合って電気的に中性なんだけれど，$E_1\neq 0$ のときは，l のズレが生じるので，立体の断面積を S とおくと，立体（誘電体）の表面には，次のような分極電荷が左右表面に現われることになるんだね。

分極電荷：$\rho Sl=\pm q\eta Sl=\pm ql\eta S=\pm p\eta S$

(1つの原子による電気双極子モーメントの大きさ p)

この分極電荷を断面積（表面積）S で割ったものが，分極電荷の面密度 $\pm\sigma_p$

となるので，

$\sigma_p = p\eta$ ……⑨ となる。

ここで，大きさ p の代わりに，ベクトルの電気双極子モーメント $\boldsymbol{p}$ を用いて，次に示すような新たなベクトル $\boldsymbol{P}$ を定義しよう。

$\boldsymbol{P} = \boldsymbol{p}\eta$ ……⑩

さらに，この $\boldsymbol{P}$ の大きさを $\widetilde{P}$ とおくと，⑨, ⑩より，

$\widetilde{P} = \|\boldsymbol{P}\| = \|\boldsymbol{p}\eta\| = \|\boldsymbol{p}\|\eta = p\eta = \sigma_p$，すなわち

$\widetilde{P} = \sigma_p$ ……⑪ となるんだね。

この $\boldsymbol{P}$ のことを，"**分極ベクトル**" と呼ぶことにしよう。そして，この分極ベクトル $\boldsymbol{P}$ の大きさ $\widetilde{P}$ は，分極電荷の面密度 σ_p と等しく，またその向きは，電気双極子モーメント $\boldsymbol{p}$ の向き（すなわち誘電体内の電場 $\boldsymbol{E}_1$ の向き）と等しいことを頭に入れておこう。

さらに，誘電体に生じる "**分極電荷**" と区別するために，たとえばコンデンサーの極板などに自由電荷（自由電子）により生じる電荷のことを "**真電荷**" と呼ぶことにしよう。

● 公式 $\boldsymbol{D} = \varepsilon_0 \boldsymbol{E} + \boldsymbol{P}$ の意味を解説しよう！

ここで，これまでに出てきた公式を整理すると，

$E_0 = \dfrac{\sigma}{\varepsilon_0}$ ………①′　　$\varepsilon_0 E_0 = \varepsilon_1 E_1$ ……⑦

$E_1 = \dfrac{\sigma - \sigma_p}{\varepsilon_0}$ ……⑧（$\sigma_p = \widetilde{P}$）　　$\widetilde{P} = \sigma_p$ ………⑪ となるんだね。

E_0：真空中の電場の大きさ	E_1：誘電体中の電場の大きさ
ε_0：真空誘電率	ε_1：誘電体の誘電率
σ：真電荷の面密度	σ_p：分極電荷の面密度
$\widetilde{P}$：分極ベクトルの大きさ	

まず，①′と⑦より，

$\sigma = \varepsilon_0 E_0 = \varepsilon_1 E_1$ ……⑫ （$\varepsilon_0 < \varepsilon_1$ より，$E_0 > E_1$）となる。

次，⑪を⑧に代入して整理すると，

$\sigma = \varepsilon_0 \boldsymbol{E}_1 + \widetilde{P}$ ……⑬ となる。

ここで，真空中の電束密度 $\boldsymbol{D}$ の定義は，

$\boldsymbol{D} = \varepsilon_0 \boldsymbol{E}_0$ ……⑭ (P79) だったので，

⑫と⑭から，$\boldsymbol{D}$ の大きさを D とおくと，

$D = \|\boldsymbol{D}\| = \sigma$ だね。以上より，

> $E_0 = \dfrac{\sigma}{\varepsilon_0}$ ……①′
> $\varepsilon_0 E_0 = \varepsilon_1 E_1$ ……⑦
> $E_1 = \dfrac{\sigma - \sigma_p}{\varepsilon_0}$ ……⑧
> $\widetilde{P} = \sigma_p$ ……⑪
> $\sigma = \varepsilon_0 E_0 = \varepsilon_1 E_1$ ……⑫

(i) 真空中では，　$D = \varepsilon_0 E_0\ (=\sigma)$ ……⑮
(ii) 誘電体中では，$D = \varepsilon_0 E_1 + \widetilde{P}\ (=\sigma)$ ……⑯ が成り立つ。

さらに，これらをベクトルで表現すると，

(i) 真空中では，　$\boldsymbol{D} = \varepsilon_0 \boldsymbol{E}_0$ ……⑮′
(ii) 誘電体中では，$\boldsymbol{D} = \varepsilon_0 \boldsymbol{E}_1 + \boldsymbol{P}$ ……⑯′ となる。

一般に，この 2 つをまとめて電束密度 $\boldsymbol{D}$ を

$\boldsymbol{D} = \varepsilon_0 \boldsymbol{E} + \boldsymbol{P}$ ……(*g_0) と表すけれど，上述したように，これは次のように場合分けして理解しておく必要があるんだね。

(i) 真空中では，$\boldsymbol{E} = \boldsymbol{E}_0$ かつ $\boldsymbol{P} = \boldsymbol{0}$ より，
　$\boldsymbol{D} = \varepsilon_0 \boldsymbol{E}_0$ ……⑮′ となり，
(ii) 誘電体中では，$\boldsymbol{E} = \boldsymbol{E}_1$ かつ $\boldsymbol{P} \neq \boldsymbol{0}$ より，
　$\boldsymbol{D} = \varepsilon_0 \boldsymbol{E}_1 + \boldsymbol{P}$ ……⑯′ となる。大丈夫？

分極電荷により，真空中の電場 $\boldsymbol{E}_0$ と誘電体中の電場 $\boldsymbol{E}_1$ は異なるんだけれど，電束密度 $\boldsymbol{D}$ は $\boldsymbol{D} = \varepsilon_0 \boldsymbol{E}_0 = \varepsilon_1 \boldsymbol{E}_1$ より，真空中でも誘電体中でも変化しない。

（$\varepsilon_0 E_0 = \varepsilon_1 E_1$ ……⑦をベクトルで表現したもの。）

よって，⑯′を変形すると，

$\boldsymbol{P} = \boldsymbol{D} - \varepsilon_0 \boldsymbol{E}_1 = \kappa \varepsilon_0 \boldsymbol{E}_1 - \varepsilon_0 \boldsymbol{E}_1 = (\kappa - 1)\varepsilon_0 \boldsymbol{E}_1$ となる。ここで，

（$\varepsilon_1 \boldsymbol{E}_1 = \kappa \varepsilon_0 \boldsymbol{E}_1$ $\left(\because \kappa = \dfrac{\varepsilon_1}{\varepsilon_0}\right)$）

$\kappa - 1 = \chi$（カイ）とおくと，χ は"**電気感受率**"と呼ばれる定数なので，

$\boldsymbol{P} = \chi \varepsilon_0 \boldsymbol{E}_1$ ……⑰ となって，$\boldsymbol{P} /\!/ \boldsymbol{E}_1$ (平行) であり，かつ

（$\chi\varepsilon_0$：定数）

$\widetilde{P} = \chi \varepsilon_0 E_1$ より，分極ベクトル $\boldsymbol{P}$ の大きさ $\widetilde{P}$ は，誘電体中の電場の大きさ E_1 に比例することが分かるんだね。

> 例題 28　平行平板コンデンサーの間に上下の真空部分を残して，平行に誘電率 ε_1 の誘電体を挿入した。真空部分と誘電体部分のそれぞれの電場の大きさは $E_0 = 2\times10^4$ (N/C) と $E_1 = 10^4$ (N/C) である。真空誘電率 $\varepsilon_0 = 8.9\times10^{-12}$ (C^2/Nm^2) として，(ⅰ) 電束密度の大きさ D (C/m^2)，(ⅱ) 分極ベクトルの大きさ $\widetilde{P}$ (C/m^2)，(ⅲ) 比誘電率 κ を求めよう。

(ⅰ) $D = \varepsilon_0 E_0$ より，$D = 8.9\times10^{-12}\times2\times10^4 = 17.8\times10^{-8} = 1.78\times10^{-7}$ (C/m^2)

(ⅱ) $D = \boxed{\varepsilon_0 E_0 = \varepsilon_0 E_1 + \widetilde{P}}$ (⑮, ⑯より) から，$\widetilde{P}$ を求めると，

$$\widetilde{P} = \varepsilon_0(E_0 - E_1) = 8.9\times10^{-12}(2\times10^4 - 10^4) = 8.9\times10^{-12}\times10^4$$
$$= 8.9\times10^{-8}\ (C/m^2)$$ となる。

(ⅲ) $D = \boxed{\varepsilon_0 E_0 = \varepsilon_1 E_1}$ (⑦より) から，

$$\kappa = \frac{\varepsilon_1}{\varepsilon_0} = \frac{E_0}{E_1} = \frac{2\times10^4}{10^4} = 2$$ となるんだね。大丈夫だった？

● div $D = \rho$ を拡張しよう！

真空中において，マクスウェルの方程式の1つ：div $D = \rho$ ……(＊e) が成り立つことを示した(P79) んだけれど，これは，真空と誘電体を含む系においても成り立つんだね。これから示そう。

公式：$\sigma_p = \widetilde{P}$ ……⑪

（σ_p：分極電荷の面密度，$\widetilde{P}$：分極ベクトルの大きさ）

が成り立つのは，分極ベクトル P と誘電体の表面が垂直な特別な場合だけなんだね。

図6　$\sigma_p = P\cdot n$

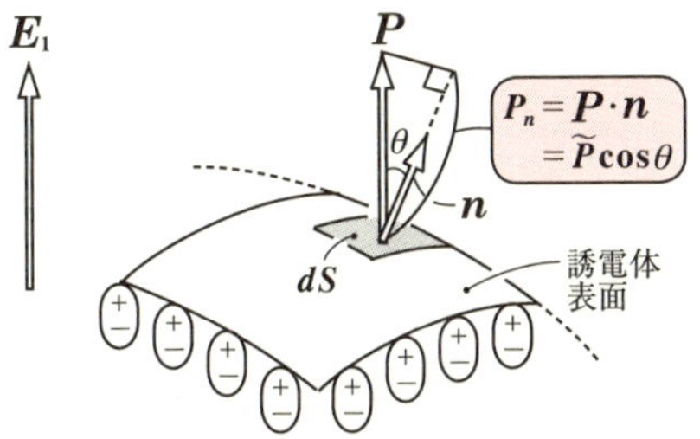

図6に示すように，一般に P と誘電体表面とが垂直でない場合，誘電体表面上の微小な面積 dS に垂直で内側から外側に向かう単位法線ベクトルを n ($\|n\| = 1$) とおくと，この微小面積における分極電荷の面密度 σ_p は次のように表せる。

$$\sigma_p = P\cdot n = \widetilde{P}\cos\theta \quad \cdots\cdots ⑱$$ (ただし，θ は P と n のなす角)

（$\|P\|\cdot\|n\|\cdot\cos\theta = \widetilde{P}\cos\theta$）

ここで，この⑱を誘電体の表面全体で積分した

$$\iint_S \boldsymbol{P}\cdot\boldsymbol{n}dS$$

は，図7に示すように，誘電体にかかる電場 $\boldsymbol{E}_1$ が

(i) $\boldsymbol{E}_1=\boldsymbol{0}$ のときは，

$\boldsymbol{P}=\boldsymbol{0}$ より，当然 0 となるんだけれど，

図7 $Q_p=-\iint_S \boldsymbol{P}\cdot\boldsymbol{n}dS$

(i) $\boldsymbol{E}_1=\boldsymbol{0}$ のとき　(ii) $\boldsymbol{E}_1\neq\boldsymbol{0}$ のとき

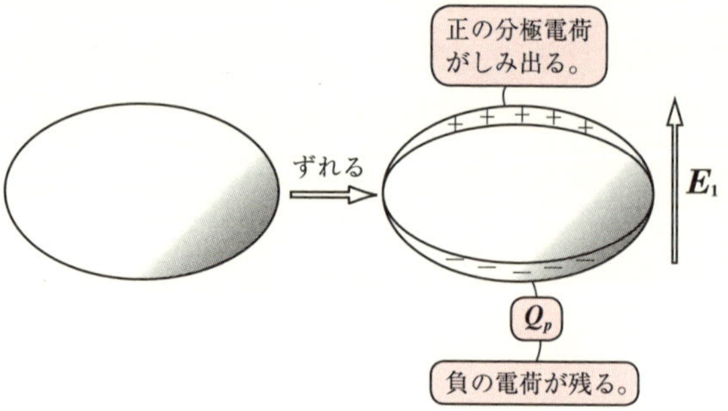

(ii) $\boldsymbol{E}_1\neq\boldsymbol{0}$ のとき，誘電分極が起こり，表面 S を通して，電荷 $\iint_S \boldsymbol{P}\cdot\boldsymbol{n}dS$ が出ていくことになる。図7(ii)に示すように，その分この

これは，物質そのものが最大で大きさ l だけ表面から出て行く。つまり，この分極電荷がしみ出ると考えるんだね。

誘電体内には，その -1 倍の分極電荷が残ることになる。

これを Q_p とおくと，

$$Q_p=-\iint_S \boldsymbol{P}\cdot\boldsymbol{n}dS \quad \cdots\cdots⑲$$ と表せる。

ガウスの発散定理 (P60)
$$\iint_S \boldsymbol{f}\cdot\boldsymbol{n}dS=\iiint_V \mathrm{div}\boldsymbol{f}\,dV$$

ここで，⑲の右辺にガウスの発散定理を用いると，

$$Q_p=-\iiint_V \mathrm{div}\boldsymbol{P}\,dV \quad \cdots\cdots⑲'$$ となる。

次に，誘電体の全体の体積 V の中の微小な領域 ΔV について考えよう。

この ΔV の中の分極電荷を ΔQ_p とおくと，⑲′は，

$\Delta Q_p=-\mathrm{div}\boldsymbol{P}\Delta V$ となる。よって，分極電荷の体積密度を ρ_p とおくと，

$\rho_p=\dfrac{\Delta Q_p}{\Delta V}$ より，

$$\rho_p=-\mathrm{div}\boldsymbol{P} \quad \cdots\cdots⑳$$ が導かれるんだね。

それでは次，真空中においては，P79で示したように，

$\mathrm{div}\boldsymbol{E}=\dfrac{\rho}{\varepsilon_0}$ ……$(*e)'$ （ρ：真電荷の体積密度）が成り立つわけだけれど，

“真空と誘電体とを併せた系”で考える場合，$(*e)'$ の右辺の分子に当然分極電荷の体積密度 ρ_p も加えないといけない。よって，

$(*e)'$ は

$\mathrm{div}\boldsymbol{E}=\dfrac{\rho+\rho_p}{\varepsilon_0}$ ……$(*e)''$ となる。これを変形して，

$\underbrace{\varepsilon_0\mathrm{div}\boldsymbol{E}}_{\mathrm{div}(\varepsilon_0\boldsymbol{E})}=\rho+\underbrace{\rho_p}_{-\mathrm{div}\boldsymbol{P}\ (⑳より)}$　　$\underbrace{\mathrm{div}(\varepsilon_0\boldsymbol{E})+\mathrm{div}\boldsymbol{P}}_{\mathrm{div}(\varepsilon_0\boldsymbol{E}+\boldsymbol{P})}=\rho$ （⑳より）

$\mathrm{div}(\underbrace{\varepsilon_0\boldsymbol{E}+\boldsymbol{P}}_{\boldsymbol{D}})=\rho$　よって，真空と誘電体を併せた系においてもマクスウェル

（$\boldsymbol{D}$ ←“真空と誘電体の系”での電束密度）

の方程式(Ⅰ) $\mathrm{div}\boldsymbol{D}=\rho$ ……$(*e)$ が成り立つんだね。

ン？でも，⑲の分極電荷 Q_p を求めるのに，何故，⊕ではなくて⊖の電荷の計算をしたのか？よく分からないって!?当然の疑問かも知れないね。答えておこう。真空中の電場の大きさ $\boldsymbol{E}_0$ に対して，誘電体内では誘電分極により電場が弱められて $\boldsymbol{E}_1$ となるので，真空と誘電体を併せた系においては，誘電体は常に電場 $\boldsymbol{E}$（または，電束密度 $\boldsymbol{D}$）を減少させる方向に働く。よって，Q_p を求める際に，⊖の分極電荷を計算したんだね。納得いった？

このマクスウェルの方程式：$\mathrm{div}\boldsymbol{D}=\rho$ ……$(*e)$ の興味深いことは，電束密度

（ρ ←真電荷の体積密度）

$\boldsymbol{D}$ で表せば，たとえ“真空と誘電体を併せた系”であっても，分極電荷の密度 ρ_p の影響は消えてしまうので，真電荷の体積密度 ρ のみを考えればいいということなんだね。

以上で，静電場についての講義はすべて終了です。かなり長い章になったので，結構疲れたかも知れないね。そんなときは，休憩をとってもいいから，ゆっくり休んで，そして，元気が出てきたら，シッカリ復習して，次の講義に備えるといいと思う。次回の講義では，“**定常電流と磁場**”について，また分かりやすく解説しよう。楽しみにしてくれ！

講義3 ● 静電場　公式エッセンス

1. 点電荷 Q(C) が r だけ離れた点電荷 q(C) に及ぼすクーロン力 f

$$f = q\boldsymbol{E}(r) \quad \left(\text{電場 } \boldsymbol{E}(r) = \frac{1}{4\pi\varepsilon_0}\cdot\frac{Q}{r^2}\boldsymbol{e} \quad \left(= \frac{1}{4\pi\varepsilon_0}\cdot\frac{Q}{r^3}\boldsymbol{r}\right)\right)$$

2. ガウスの法則 ($\boldsymbol{E}$：電場，$\boldsymbol{D}$：電束密度)

$$\iint_S \boldsymbol{E}\cdot\boldsymbol{n}dS = \frac{Q}{\varepsilon_0}, \qquad \iint_S \boldsymbol{D}\cdot\boldsymbol{n}dS = Q \text{ (真電荷)}$$

3. 静電場 $\boldsymbol{E}$ と電位 ϕ の関係

$$\boldsymbol{E} = -\nabla\phi = -\mathbf{grad}\,\phi = -\left[\frac{\partial\phi}{\partial x}, \frac{\partial\phi}{\partial y}, \frac{\partial\phi}{\partial z}\right]$$

4. 電位の重ね合わせの原理

$$\text{電位 } \phi(\mathrm{P}) = \frac{1}{4\pi\varepsilon_0}\cdot\sum_{k=1}^{n}\frac{Q_k}{r_k} \quad (r_k\text{：点電荷 } Q_k \text{ から点 P までの距離})$$

5. 導体平板の鏡像法

鏡像 $-Q$(C) を，導体平面に関して点 P と反対側の点 P′ に置く。

6. 平行平板コンデンサーの4つの公式

(1) $Q = CV$　(2) $E = \frac{V}{d}$　(3) $C = \frac{\varepsilon_0 S}{d}$　(4) $U = \frac{1}{2}CV^2$

(1) ← これは任意の形状のコンデンサーでも成り立つ。

(4) ← 静電エネルギー

7. 静電場のエネルギー密度 u_e と全静電場のエネルギー U

$$u_e = \frac{1}{2}\varepsilon_0 E^2$$

$$U = \iiint_V u_e dV = \frac{1}{2}\varepsilon_0\iiint_V E^2 dV$$

8. 真空と誘電体の系での電束密度 $\boldsymbol{D}$ とマクスウェルの方程式

$$\boldsymbol{D} = \varepsilon_0\boldsymbol{E} + \boldsymbol{P}, \qquad \mathrm{div}\,\boldsymbol{D} = \rho \quad (\text{分極ベクトル } \boldsymbol{P} = \boldsymbol{p}\eta)$$

$\boldsymbol{p}$：電気双極子モーメント

η：単位体積当りの原子(分子)数

講 義
Lecture
4

定常電流と磁場

テーマ

▶ アンペールの法則
$\left(\oint_C \boldsymbol{H}\cdot d\boldsymbol{r} = I\right)$

▶ ビオ - サバールの法則
$\left(d\boldsymbol{H} = \frac{1}{4\pi}\cdot\frac{I\,d\boldsymbol{l}\times\boldsymbol{r}}{r^3}\right)$

▶ アンペールの力とローレンツ力
$(\boldsymbol{f} = l\boldsymbol{I}\times\boldsymbol{B},\ \boldsymbol{f} = q(\boldsymbol{E}+\boldsymbol{v}\times\boldsymbol{B}))$

§1. 定常電流が作る磁場

前回までの "**静電場**" の講義では，電荷が静止しているので，磁場が生じることはなかった。しかし，今回の講義では "**定常電流**(ていじょうでんりゅう)" により電荷が一定の速度で移動することから，磁場が発生するんだね。

この磁場の性質により，**4** つの "**マクスウェルの方程式**" の内の **2** つを導くことができる。また，定常電流により生まれる磁場は "**アンペールの法則**" と "**ビオ - サバールの法則**" により求めることができる。この節では，"アンペールの法則" について詳しく解説しよう。さらに，"**真空の誘電率**" ε_0 と "**真空の透磁率**" μ_0 と光速 c との間に成り立つ関係式についても説明するつもりだ。

今回も盛り沢山の内容になるけれど，また分かりやすく解説しよう。

● 電流は 3 通りに表せる！

まず，電流の解説から始めよう。電流とは，自由電荷など，荷電粒子の移動によって生まれる電荷の流れのことで，具体的には「導体の断面を **1** 秒間に通過する電気量」で定義する。そして，これが時間的に一定で変化しないとき，特に "**定常電流**(ていじょうでんりゅう)" というんだね。従って，この電流を I(A)(アンペア) とおくと，定義より単位 [A] = [C/s] となる。

そして，この電流 I には，(Ⅰ) $I = \dfrac{dQ}{dt}$，(Ⅱ) $I = vS\eta e$，(Ⅲ) $I = \iint_S \boldsymbol{i}\cdot\boldsymbol{n}\,dS$ の **3** 通りの表し方がある。これらについて，順に解説していこう。

(Ⅰ) 導体の断面を Δt(s) 間に ΔQ(C) の電荷が通過するとき，

電流 $I = \dfrac{\Delta Q}{\Delta t}$ となる。ここで，$\Delta t \to 0$ の極限をとると，

電流 $I = \dfrac{dQ}{dt}$ ……① と表せる。 ← これは，I が定常電流でないときでも，I を表現する方法の **1** つだ。

(Ⅱ) 断面積 S の一様な導線内を，電荷が一定の速さ v(m/s) で流れる定常電流 I については，高校でも既に学んだように，次式で表すことができる。

$I = vS\eta e$ ……②
ρ(電荷の体積密度)

$\begin{cases} v：自由電子の平均速度\ (\mathrm{m/s}) \\ S：導線の断面積\ (\mathrm{m^2}) \\ \eta：単位体積当りの自由電子の個数\ (\mathrm{m^{-3}}) \\ e：電気素量\ (1.602\times10^{-19}\ (\mathrm{C})) \end{cases}$

図1　電流 I

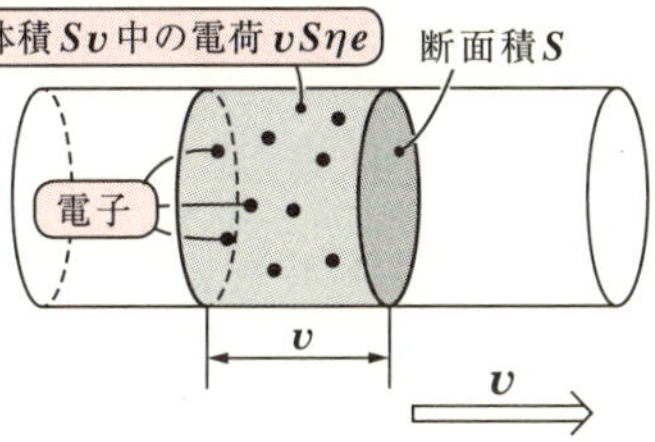

②の意味は，単位体積 ($1\mathrm{m^3}$) 中に η 個の自由電子があるとすると，これに電気素量 e をかけた ηe が導体中の電荷の体積密度 ρ になる。
よって，$vS\eta e$ は図1に示すように体積 vS 中に含まれる電荷の総量であり，これが1秒後には断面積 S の断面をドッと通過すると考えるわけだから，定義よりこれが電流 I となるんだね。もちろん，自由電子の電荷は⊖だから，実際の自由電子はこの電流の流れの向き (v の向き) とは逆向きに移動していることになるんだね。

(Ⅲ) 単位面積当りのベクトル表示の電流を"**電流密度**(でんりゅうみつど)"と呼び，これを $\boldsymbol{i}$ で表す。電流 I をこの電流密度 $\boldsymbol{i}$ で表すこともできる。図2に示すように，断面積 S の断面と電流密度 $\boldsymbol{i}$ とが垂直でなくてもかまわない。また，$\boldsymbol{i}$ は断面積 S 上の各点毎に異なるものであってもかまわない。ここで，S に対する単位法線ベクトルを $\boldsymbol{n}$ で表すと，S 上の微小面積 dS を通過する正味の微小電流 dI は，$dI = \boldsymbol{i}\cdot\boldsymbol{n}dS$ となる。

図2　$\boldsymbol{i}$ による I の表し方

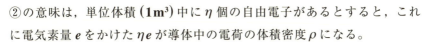

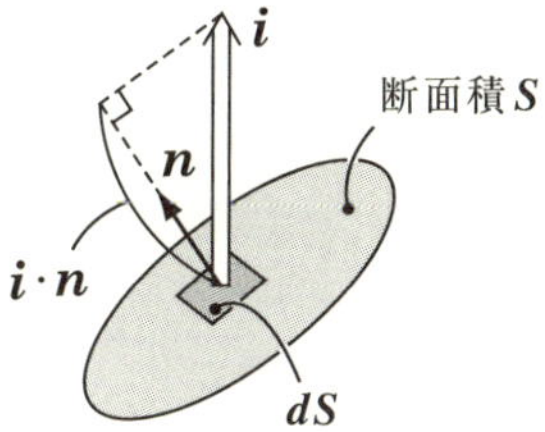

よって，この右辺を断面積 S 全体に渡って面積分したものが，S を通過する電流 I となるんだね。よって，I は，

$$I = \iint_S \boldsymbol{i}\cdot\boldsymbol{n}dS \quad ……③$$ と表せる。

以上が，電流の3つの表現方法だ。シッカリ頭に入れておこう。

では次に，電流密度 $\boldsymbol{i}$ を用いて，次に示す"**電荷の保存則**(でんかのほぞんそく)"

$$\mathrm{div}\,\boldsymbol{i} = -\frac{\partial\rho}{\partial t} \quad ……(*h_0)$$ が成り立つことを示そう。

図3に示すように，閉曲面 S で囲まれる領域 D 内のある時刻 t における電荷(電気量)を Q とおくと，

$Q=\iiint_V \rho dV$ ……④ と表せるのはいいね。

(ρ：電荷の体積密度)

この閉曲面の微小面積 dS を通って，内側から外側に電流密度 $\boldsymbol{i}$ で電荷が流出していくものとすると，明らかに

$\iint_S \boldsymbol{i}\cdot\boldsymbol{n}dS=-\frac{dQ}{dt}$ ……⑤ が成り立つ。

($\boldsymbol{n}$：dS の単位法線ベクトル)

⑤の右辺に⊖が付くのは，閉曲面から電荷が流出していくからだね。

$I=\frac{dQ}{dt}$ ……①

$I=\iint_S \boldsymbol{i}\cdot\boldsymbol{n}dS$ ……③

$\mathrm{div}\,\boldsymbol{i}=-\frac{\partial\rho}{\partial t}$ ……$(*h_0)$

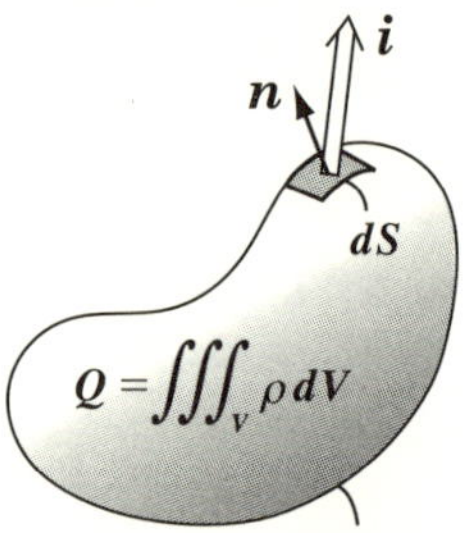

図3　電荷の保存則

$I=\frac{dQ}{dt}$ ……①は，導体の断面 S を通過する電気量のことなので，右辺の符号は当然，⊕になる。よって，①と⑤は矛盾しているわけではないんだね。

⑤に④を代入し，⑤の左辺にガウスの発散定理を用いると，

$\underbrace{\iint_S \boldsymbol{i}\cdot\boldsymbol{n}dS}_{\iiint_V \mathrm{div}\,\boldsymbol{i}\,dV}=\underbrace{-\frac{d}{dt}\iiint_V \rho dV}_{-\iiint_V \frac{\partial\rho}{\partial t}dV}$ となる。よって，

ガウスの発散定理
$\iint_S \boldsymbol{f}\cdot\boldsymbol{n}dS=\iiint_V \mathrm{div}\,\boldsymbol{f}\,dV$

$\iiint_V \mathrm{div}\,\boldsymbol{i}\,dV=-\iiint_V \frac{\partial\rho}{\partial t}dV$ より，$\iiint_V \mathrm{div}\,\boldsymbol{i}\,dV+\iiint_V \frac{\partial\rho}{\partial t}dV=0$

$\therefore \iiint_V \underbrace{\left(\mathrm{div}\,\boldsymbol{i}+\frac{\partial\rho}{\partial t}\right)}_{0}dV=0$ ……⑥　⑥が恒等的に成り立つためには，

$\mathrm{div}\,\boldsymbol{i}+\frac{\partial\rho}{\partial t}=0$　∴電荷の保存則：$\mathrm{div}\,\boldsymbol{i}=-\frac{\partial\rho}{\partial t}$ ……$(*h_0)$ は成り立つんだね。

● 高校物理を再考しよう！

プロローグ(P32)でも示したけれどは，高校物理で学んだ定常電流と磁場の関係を表す3つの公式を図4(i)(ii)(iii)と供に示しておこう。

(i) 無限に伸びた直線状の導線に定常電流 I(A)が流れているとき，導線から a(m)だけ離れたところに磁場：

$$H = \frac{I}{2\pi a} \quad \cdots\cdots①$$

が生じる。(アンペールの公式)

(ii) 次，半径 a(m)の円形状の導線に定常電流 I(A)が流れているとき，円の中心に磁場：

$$H = \frac{I}{2a} \quad \cdots\cdots②$$

が生じる。

(iii) 単位長さ当りの巻き数 n(1/m)(または，長さ L(m)当り N 巻き)の無限に長いソレノイド・コイル(円筒状のコイル)に定常電流 I(A)が流れているとき，その内部には磁場：

$$H = nI = \frac{N}{L}I \quad \cdots\cdots③$$

が生じる。← $nL = N$ より，$n = \frac{N}{L}$ だね。

図4 定常電流が作る磁場(高校物理)

(i) 直線電流が作る磁場

$H = \frac{I}{2\pi a}$ (アンペールの法則)

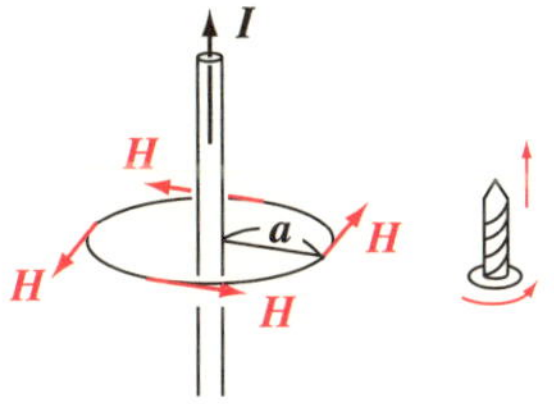

(ii) 円形電流が作る磁場

$H = \frac{I}{2a}$

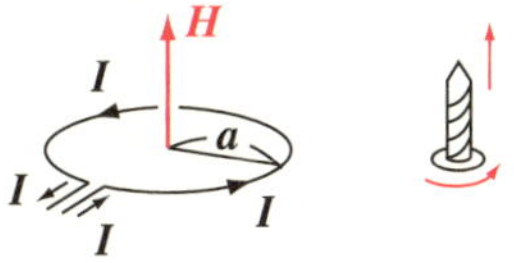

(iii) ソレノイド・コイルが作る磁場

$H = nI = \frac{N}{L}I$

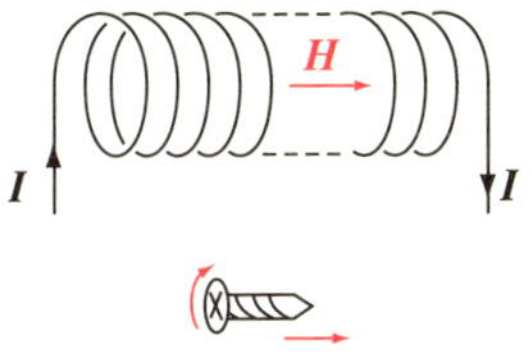

①，②，③より，磁場 H の単位は[A/m]であることが分かると思う。また，磁場 H は電場 $\boldsymbol{E}$ と同様，本来はベクトル量なので，$\boldsymbol{H}$(A/m)と表す。従って，正確には $H(=\|\boldsymbol{H}\|)$ は磁場 $\boldsymbol{H}$ の大きさ(または強さ)と表すべきだけ

れど，ここでは，Hも$\boldsymbol{H}$も共に磁場と呼ぶことにする。

図4(i)(ii)(iii)では，ベクトルとしての電流$\boldsymbol{I}$と磁場$\boldsymbol{H}$の向きを示している。ここで，図4(i)のアンペールの法則から，次の2つの重要な性質が読み取れるんだね。すなわち

(I) N極だけやS極だけといった単磁荷は存在しないので，磁場$\boldsymbol{H}$は湧き出しも吸い込みもなく，閉曲線(ループ)を描くことと，

各点の磁場$\boldsymbol{H}$が接線となるように描かれた曲線のことを"**磁力線**(じりょくせん)"といい，ループを描くのは，この磁力線だ。この磁力線の密度の大・小が磁場の強さの大・小を表す。静電場における電気力線と同様のものだね。

(II) 磁場$\boldsymbol{H}$が描く閉曲線(ループ)の内部を，その磁場を生み出す定常電流

正確には，これを"**伝導電流**"(自由電荷の流れによる電流のこと)という。

が貫いていること，の2つだね。

そして，この2つの$\boldsymbol{H}$の性質から，2つのマクスウェルの方程式：

$\mathrm{div}\boldsymbol{B}=0$ と $\mathrm{rot}\boldsymbol{H}=\boldsymbol{i}$ が導かれるんだね。後で詳しく解説しよう。

本当は，$\mathrm{rot}\boldsymbol{H}=\boldsymbol{i}+\frac{\partial \boldsymbol{D}}{\partial t}$だけれど，変位電流$\frac{\partial \boldsymbol{D}}{\partial t}$については，次の章で解説する。

では次，図4(iii)のソレノイド・コイルに電流Iを流すと，電磁石になること，さらに，このコイルの中に鉄の棒などを入れると磁力がすごく強くなることは既に知っているでしょう？すると，磁場の大きさ(強さ)Hに混乱が生まれることになる。同じ電流Iを流しても，鉄の棒などの有無によって，磁場の強さが大きく変化するからだ。従って，ここでは，静電場のときの電場$\boldsymbol{E}$と電束密度$\boldsymbol{D}$と同様に，静磁場においても磁場$\boldsymbol{H}$以外に"**磁束密度**(じそくみつど)"$\boldsymbol{B}$という(ベクトル)量を導入することにする。そして，真空中では$\boldsymbol{B}$と$\boldsymbol{H}$の間に

$\boldsymbol{B}=\mu_0\boldsymbol{H}$ ……④ (大きさで表すと，$B=\mu_0 H$ ……④′)

の関係式を定義する。この係数μ_0は真空の"**透磁率**(とうじりつ)"という定数で，単位も含めて，$\mu_0=4\pi\times10^{-7}(\mathrm{N/A^2})$ で表されるんだね。

これは，"酔っぱ(4π)らってん(10)なー(−7)"と覚えよう！

そして，鉄の棒などの物質をコイルに入れる場合には，新たにその物質の

“透磁率(とうじりつ)”μを使って，$\boldsymbol{B}=\mu\boldsymbol{H}$ ……⑤ （大きさで表すと，$B=\mu H$ ……⑤′）と表すことにすればいいんだね。ちなみに鉄の透磁率μは真空の透磁率μ_0に比べて**5000～10000**倍も大きな値になることを覚えておこう。

次に，“**磁束**(じそく)”(または“**磁極**(じきょく)”または“**磁荷**(じか)”)の単位は[Wb](ウェーバー)なので，磁束密度$\boldsymbol{B}$の単位は[$\mathrm{Wb/m^2}$]または[T](テスラ)となる。そして，さらに単位[G](ガウス)を，$10^{-4}(\mathrm{Wb/m^2})=10^{-4}(\mathrm{T})=1(\mathrm{G})$ で定義する。

では，単位について，次の例題で練習しよう。

例題 29　単位[Wb]=[J/A]，および公式：$\boldsymbol{B}=\mu_0\boldsymbol{H}$から，真空の透磁率$\mu_0$の単位を求めよう。

磁束密度$\boldsymbol{B}(\mathrm{Wb/m^2})$より，この単位は$\left[\dfrac{\mathrm{Wb}}{\mathrm{m^2}}\right]=\left[\dfrac{\mathrm{J}}{\mathrm{A\cdot m^2}}\right]=\left[\dfrac{\mathrm{N\cdot m}}{\mathrm{A\cdot m^2}}\right]=\left[\dfrac{\mathrm{N}}{\mathrm{Am}}\right]$

となる。また，磁場$\boldsymbol{H}(\mathrm{A/m})$である。← $H=\dfrac{I}{2\pi a}$より

よって，公式：$\boldsymbol{B}=\mu_0\boldsymbol{H}$より，$\mu_0$の単位を[X]とおくと，

$\left[\dfrac{\mathrm{N}}{\mathrm{Am}}\right]=\left[\mathrm{X}\times\dfrac{\mathrm{A}}{\mathrm{m}}\right]$から，$[\mathrm{X}]=\left[\dfrac{\mathrm{N}}{\mathrm{A\cdot m}}\cdot\dfrac{\mathrm{m}}{\mathrm{A}}\right]=\left[\dfrac{\mathrm{N}}{\mathrm{A^2}}\right]$　$\therefore \mu_0(\mathrm{N/A^2})$となる。

● 2つのマクスウェルの方程式を導こう！

マクスウェルの方程式(P35)
(Ⅰ) $\mathrm{div}\boldsymbol{D}=\rho$ ……………(*e)
(Ⅱ) $\mathrm{div}\boldsymbol{B}=0$ ……………(*f)
(Ⅲ) $\mathrm{rot}\boldsymbol{H}=\boldsymbol{i}+\dfrac{\partial\boldsymbol{D}}{\partial t}$ ……(*g)
(Ⅳ) $\mathrm{rot}\boldsymbol{E}=-\dfrac{\partial\boldsymbol{B}}{\partial t}$ ………(*h)

(*e)のマクスウェルの方程式については，P79で導いた。ここでは，磁場$\boldsymbol{H}$(または$\boldsymbol{B}$)の2つの性質を基に(*f)と(*g)の2つのマクスウェルの方程式を導いてみよう。

（ただし，変位電流$\dfrac{\partial\boldsymbol{D}}{\partial t}$は除く。）

$\boldsymbol{B}=\mu_0\boldsymbol{H}$，または$\boldsymbol{B}=\mu\boldsymbol{H}$の関係があるので，磁場$\boldsymbol{H}$の代わりに磁束密度$\boldsymbol{B}$の式を導いても同様なんだね。ではまず，$\mathrm{div}\boldsymbol{B}=0$ ……(*f)を導こう。

図5(i)に示すように，磁石に単磁荷は存在しない。よって，そのまわりの任意の場所に閉曲面Sをとると，磁束密度$\boldsymbol{B}$(または磁場$\boldsymbol{H}$)には湧き出しも吸い込みもなく，閉曲線を描くだけなので，この閉曲面Sを通って流入および流出する正味の磁束密度$\boldsymbol{B}$の総計は当然0になる。

図5　$\mathrm{div}\boldsymbol{B}=0$ ……(*f)

(i) 磁束線

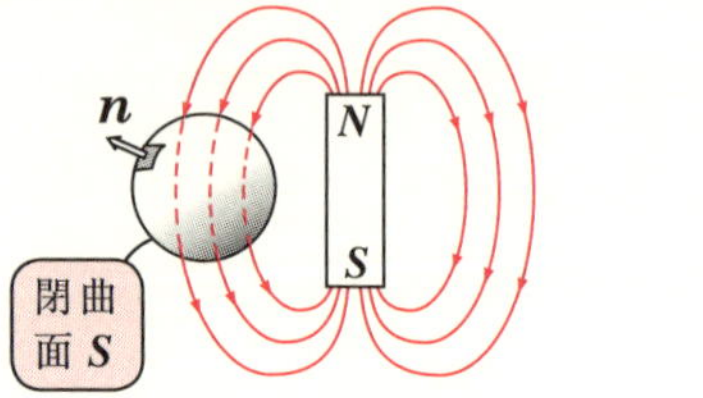

(ii) 磁石の中の磁束線も含めた図

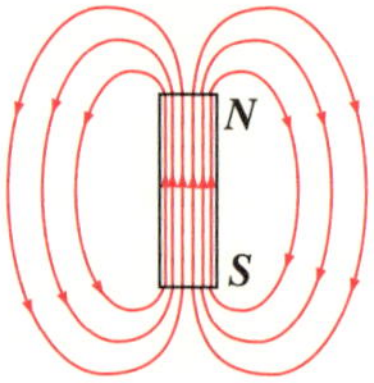

$$\therefore \iint_S \boldsymbol{B}\cdot\boldsymbol{n}\,dS=0 \quad \cdots\cdots ①$$

$\left(\iint_S \boldsymbol{B}\cdot\boldsymbol{n}\,dS = \iiint_V \mathrm{div}\boldsymbol{B}\,dV \right)$ ← ガウスの発散定理(P60)

ここで，ガウスの発散定理を用いると①は，

$\iiint_V \underbrace{\mathrm{div}\boldsymbol{B}}_{0}\,dV=0$ ……② となる。ここで，②が恒等的に成り立つためには，

$\mathrm{div}\boldsymbol{B}=0$ ……(*f) となって，マクスウェルの方程式の1つが導けたんだね。
真空中では，$\boldsymbol{B}=\mu_0\boldsymbol{H}$より，(*f)は$\mu_0\mathrm{div}\boldsymbol{H}=0$となる。両辺を$\mu_0$で割って，
$\therefore\ \mathrm{div}\boldsymbol{H}=0$ ……(*f)′ と変形することもできる。

ン？ 図5(i)では，磁束線(磁力線)がN極から湧き出して，S極で吸い込まれているように見えるって!? 図5(ii)を見てくれ。磁石内の磁束線(磁力線)まで描くと，$\boldsymbol{B}$(または$\boldsymbol{H}$)はすべてループを描いていることが分かるはずだ。大丈夫？

では次，アンペールの法則：$H=\dfrac{I}{2\pi a}$ ……③ を基に，一般的なアンペールの法則を導き，さらに，"**変位電流**" $\dfrac{\partial \boldsymbol{D}}{\partial t}$は除くけれど，マクスウェルの方

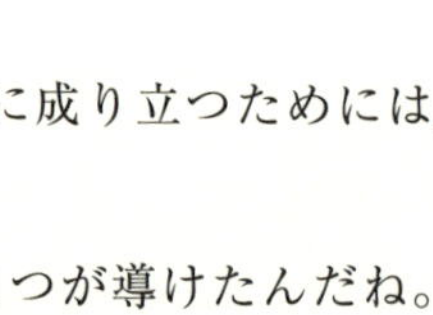

程式の1つ：$\mathrm{rot}\,\boldsymbol{H}=\boldsymbol{i}$ ……$(*g)'$ を導いてみよう。

まず，③を変形して，

$2\pi a\cdot H=I$ ……③$'$ と

（$2\pi a$：閉曲線の周長）（H：Hの閉曲線に対する接線方向成分 H_t）

すると，③$'$の左辺は，円周 $2\pi a$ と磁場の大きさ H との積になっているんだね。

図6　アンペールの法則

$$\oint_C \boldsymbol{H}\cdot d\boldsymbol{r}=\iint_S \boldsymbol{i}\cdot\boldsymbol{n}dS$$

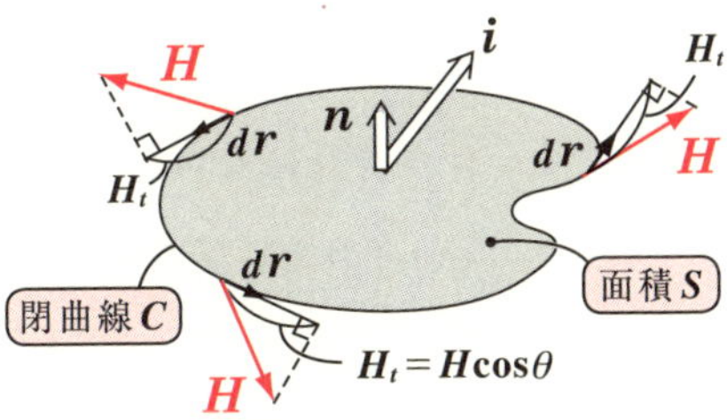

図6に示すように，一般のアンペールの法則では，閉曲線は円である必要はない。そして，閉曲線上の点の磁場 $\boldsymbol{H}$ も任意の向きを向いていてもかまわない。ここで，$\boldsymbol{H}$ と閉曲線の微小変位ベクトル $d\boldsymbol{r}$ とのなす角を θ とおくと，$\boldsymbol{H}$ の $d\boldsymbol{r}$ 方向の成分 H_t は $H_t=H\cos\theta$ となる。この H_t を閉曲線 C に沿って1周接線線積分したものを③$'$の左辺に代入することができる。よって，

$\oint_C H_t dr=I$ となり，一般的な形の

（$H_t dr = H\cdot dr\cdot\cos\theta=\boldsymbol{H}\cdot d\boldsymbol{r}$）

アンペールの法則： $\oint_C \boldsymbol{H}\cdot d\boldsymbol{r}=I$ ……$(*i_0)$ が導ける。

このアンペールの法則は「閉曲線 C に沿って磁場 $\boldsymbol{H}$ を1周接線線積分したものは，この閉曲線 C で囲まれる面積 S の断面を通過する総(定常)電流 I に等しい」と言っているんだね。

ここで，$(*i_0)$ の右辺の I を電流密度 $\boldsymbol{i}$ で表して，

$\oint_C \boldsymbol{H}\cdot d\boldsymbol{r}=\iint_S \boldsymbol{i}\cdot\boldsymbol{n}dS$ ……$(*i_0)'$ と変形することもできる。

（$\oint_C \boldsymbol{H}\cdot d\boldsymbol{r}=\iint_S \mathrm{rot}\,\boldsymbol{H}\cdot\boldsymbol{n}dS$ ← ストークスの定理 (P66)）

それでは，$(*i_0)'$ をさらに変形して，この左辺にストークスの定理を用いると，

$\iint_S \mathrm{rot}\,\boldsymbol{H}\cdot\boldsymbol{n}dS = \iint_S \boldsymbol{i}\cdot\boldsymbol{n}dS$ となる。よって，

$\iint_S (\underbrace{\mathrm{rot}\,\boldsymbol{H}-\boldsymbol{i}}_{0})\cdot\boldsymbol{n}dS = 0$ が恒等的に成り立つためには，

$\mathrm{rot}\,\boldsymbol{H}-\boldsymbol{i}=\boldsymbol{0}$ なければならない。これから，変位電流 $\frac{\partial \boldsymbol{D}}{\partial t}$ の項はまだ考慮に入れてはいないけれど，定常電流による磁場について，
マクスウェルの方程式の**1**つ：$\mathrm{rot}\,\boldsymbol{H}=\boldsymbol{i}$ ……$(*g)'$ が導かれるんだね。
大丈夫だった？

● ε_0 と μ_0 の関係も押さえよう！

磁場において単磁荷というものは存在しないことは既に解説した。棒磁石をどんなに切断しても，より小さな N 極と S 極をもった棒磁石ができるだけだからだ。その理由は，磁場の本質が運動する電荷，つまり電流の作用によるものだからなんだ。したがって，棒磁石を小さく小さく切断しても最期に残るものは，**磁気双極子**という，**1** 種の回転電流と考えていいんだね。

しかしここで，N 極のみ，S 極のみの“**単磁荷**”または“**単磁極**”というものを想定してみよう。すると，異種の単磁極同士は引き合い，同種の単磁極同士は反発し合うことが，**2** つの棒磁石を使って確認することができる。ここで，N 極や S 極の単磁極の単位として **[Wb]** を用いると，上述した引力や斥力 f は，これらの単磁極の積に比例し，距離の **2** 乗に反比例して，静磁場 (時間的に変化しない磁場) においても，静電場におけるクーロンの法則とまったく同様の法則が成り立つことが分かる。真空中におけるこれら **2** つのクーロンの法則を対比して，次に示そう。

●静磁場におけるクーロンの法則

$$f = k_m \frac{m_1 m_2}{r^2} \quad \cdots\cdots (*j_0)$$

$\left(\begin{array}{l} f：クーロン力\ (\mathrm{N}) \\ m_1,\ m_2：単磁極\ (\mathrm{Wb}) \\ r：距離\ (\mathrm{m}) \end{array}\right)$

ここで，比例定数 k_m は，

$$k_m = \frac{1}{4\pi\mu_0} \quad (\mathrm{A^2/N})$$

$\left(\begin{array}{l} \mu_0：真空の透磁率 \\ \mu_0 = 4\pi \times 10^{-7}\ (\mathrm{N/A^2}) \end{array}\right)$

●静電場におけるクーロンの法則

$$f = k \frac{q_1 q_2}{r^2} \quad \cdots\cdots (*a) \leftarrow \text{P27}$$

$\left(\begin{array}{l} f：クーロン力\ (\mathrm{N}) \\ q_1,\ q_2：電荷\ (\mathrm{C}) \\ r：距離\ (\mathrm{m}) \end{array}\right)$

ここで，比例定数 k は，

$$k = \frac{1}{4\pi\varepsilon_0} \quad (\mathrm{Nm^2/C^2})$$

$\left(\begin{array}{l} \varepsilon_0：真空の誘電率 \\ \varepsilon_0 = \dfrac{1}{4\pi \times 10^{-7} \times c^2}\ (\mathrm{C^2/Nm^2}) \end{array}\right)$

ここで，真空の誘電率 $\varepsilon_0 = \dfrac{1}{4\pi \times 10^{-7} \times c^2}\ (\mathrm{C^2/Nm^2})$ と真空の透磁率 $\mu_0 = 4\pi \times 10^{-7}\ (\mathrm{N/A^2})$ の積を求めてみると，

$$\varepsilon_0\mu_0 = \frac{4\pi \times 10^{-7}}{4\pi \times 10^{-7} \times c^2} = \frac{1}{c^2}\ (\mathrm{s^2/m^2})$$

速度の単位の2乗の逆数

$$\left[\frac{\mathrm{C^2}}{\mathrm{Nm^2}} \cdot \frac{\mathrm{N}}{\mathrm{A^2}}\right] = \left[\frac{\mathrm{A^2 s^2}}{\mathrm{m^2 A^2}}\right] = \left[\frac{\mathrm{s^2}}{\mathrm{m^2}}\right]$$

となる。ここで，c は光の速度で，$c = 2.998 \times 10^8\ (\mathrm{m/s})$ のことだ。

約30万km/秒だ。

$$\varepsilon_0\mu_0 = \frac{1}{c^2} \quad \cdots\cdots (*k_0)$$

の関係式は，実は19世紀に既に実験的に確認されていたんだよ。そして，マクスウェルが後に，これを理論的にも確認することになるんだね。

しかし，電磁気学の公式の中に光速度 c が現れるということは光速 c が慣性系や加速度系など，様々な座標系においても変化しない定数として扱えること，すなわち，アインシュタインの“**相対性理論**”における“**光速度不変の原理**”を，この時点で既に予言していたと言えるのかも知れないね。

演習問題 6 ● 一般化されたアンペールの法則 ●

右図に示すように，xy 平面の原点 $\mathbf{O}$ からこの平面に垂直上方に $I(\mathbf{A})$ の電流が流れるとき，xy 平面上の原点 $\mathbf{O}$ を中心とする半径 a の円周上の点 $\mathbf{P}(x,\ y)=(a\cos\theta,\ a\sin\theta)\ (0\leqq\theta\leqq 2\pi)$ における I による磁場を $\boldsymbol{H}=[-H\sin\theta,\ H\cos\theta]$ とおく。

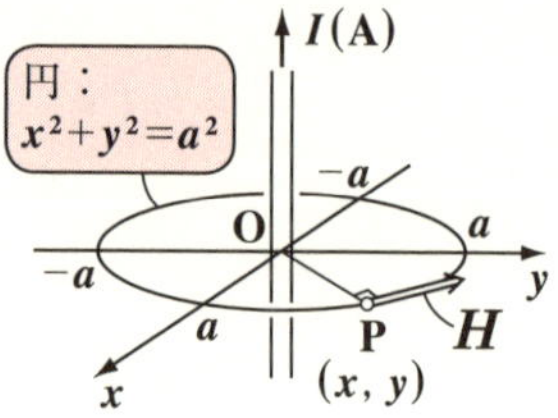

このとき，一般化されたアンペールの法則：

$\oint_C \boldsymbol{H}\cdot d\boldsymbol{r}=I$ ……$(*i_0)$ を変形して，

高校物理におけるアンペールの法則：$H=\dfrac{I}{2\pi a}$ ……$(*b)$ を導け。

ヒント！ $\overrightarrow{\mathbf{OP}}=[a\cos\theta,\ a\sin\theta]$ と $\boldsymbol{H}=[-H\sin\theta,\ H\cos\theta]$ の内積は，$\overrightarrow{\mathbf{OP}}\cdot\boldsymbol{H}=0$ となるので，$\overrightarrow{\mathbf{OP}}\perp\boldsymbol{H}$（垂直）であり，かつ $\boldsymbol{H}$ のノルム（大きさ）は $\|\boldsymbol{H}\|=H$ となる。このとき，$d\boldsymbol{r}=[dx,\ dy]=[-a\sin\theta d\theta,\ a\cos\theta d\theta]$ となるので，$(*i_0)$ の左辺の積分を媒介変数 $\theta(0\leqq\theta\leqq 2\pi)$ で置換積分すれば，$(*b)$ の公式を導くことができるんだね。頑張ろう！

解答＆解説

一般化されたアンペールの公式：$\oint_C \boldsymbol{H}\cdot d\boldsymbol{r}=I$ ……$(*i_0)$ から，

高校物理のアンペールの公式：$H=\dfrac{I}{2\pi a}$ ……$(*b)$ を導く。

まず，点 $\mathbf{P}(x,\ y)$ は，xy 平面上の原点 $\mathbf{O}$ を中心とする半径 a の円周上の点より，媒介変数 $\theta\ (0\leqq\theta\leqq 2\pi)$ を用いて，

$$\begin{cases} x=a\cos\theta & \cdots\cdots① \\ y=a\sin\theta & \cdots\cdots② \end{cases}\quad (0\leqq\theta\leqq\pi)$$

とおける。よって，

$\overrightarrow{\mathbf{OP}}=[x,\ y]=[a\cos\theta,\ a\sin\theta]$ ……③ となる。

ここで，点 $\mathbf{P}$ における I による磁場 $\boldsymbol{H}$ は，

$\boldsymbol{H}=[-H\sin\theta,\ H\cos\theta]$ ……④ と与えられているので，

$\overrightarrow{\mathbf{OP}}$ と $\boldsymbol{H}$ の内積 $\overrightarrow{\mathbf{OP}}\cdot\boldsymbol{H}$ を求めると，③，④より，

$\overrightarrow{\mathrm{OP}}\cdot\boldsymbol{H}=[a\cos\theta,\ a\sin\theta]\cdot[-H\sin\theta,\ H\cos\theta]=-aH\sin\theta\cos\theta+aH\sin\theta\cos\theta=0$

となり，$\overrightarrow{\mathrm{OP}}\perp\boldsymbol{H}$（垂直）であることが分かる。

また，$\boldsymbol{H}$ のノルムを求めると，

$\|\boldsymbol{H}\|=\sqrt{(-H\sin\theta)^2+(H\cos\theta)^2}=\sqrt{H^2(\underbrace{\sin^2\theta+\cos^2\theta}_{1})}=H$ となるので，

磁場ベクトル $\boldsymbol{H}$ は，$\overrightarrow{\mathrm{OP}}$ と直交する大きさが H のベクトルである。

ここで，$d\boldsymbol{r}=[dx,\ dy]$ ……⑤ とおき，dx と $d\theta$，および dy と $d\theta$ の関係式を求めると，

$1\cdot dx=-a\sin\theta d\theta$　　　$1\cdot dy=a\cos\theta d\theta$　より，

（①の x を x で微分して dx をかけたもの）（①の $a\cos\theta$ を θ で微分して $d\theta$ をかけたもの）（②の y を y で微分して dy をかけたもの）（②の $a\sin\theta$ を θ で微分して $d\theta$ をかけたもの）

$\begin{cases} dx=-a\sin\theta d\theta & \cdots\cdots①' \\ dy=a\cos\theta d\theta & \cdots\cdots②' \end{cases}$ となる。よって，①′，②′を⑤に代入すると，

$d\boldsymbol{r}=[-a\sin\theta d\theta,\ a\cos\theta d\theta]$ ……⑤′ となる。

以上より，$(*i_0)$ の左辺に④と⑤′を代入して，θ により積分区間 $[0,\ 2\pi]$ で置換積分すると，

$((*i_0)\text{の左辺})=\oint_C \boldsymbol{H}\cdot d\boldsymbol{r}=\int_0^{2\pi}[-H\sin\theta,\ H\cos\theta]\cdot[-a\sin\theta d\theta,\ a\cos\theta d\theta]$

（$aH\sin^2\theta d\theta+aH\cos^2\theta d\theta=aH(\underbrace{\sin^2\theta+\cos^2\theta}_{1})d\theta=\underbrace{aH}_{定数}d\theta$）

$=aH\int_0^{2\pi}d\theta=aH[\theta]_0^{2\pi}=aH\times 2\pi=2\pi aH$ ……⑥ となる。

⑥を $(*i_0)$ の左辺に代入すると，

$2\pi aH=I$ となる。これから，高校物理のアンペールの法則：

$H=\dfrac{I}{2\pi a}$ ……$(*b)$ が導かれる。……………………………………（終）

§2. ビオ-サバールの法則

定常電流が作る磁場は“**アンペールの法則**”と“**ビオ-サバールの法則**”により求められるんだね。前回は，アンペールの法則について解説したので，今回はビオ-サバールの法則について，具体的な例題を解きながら分かりやすく解説しよう。これで，ビオ-サバールの法則も使いこなせるようになるはずだ。

● ビオ-サバールの法則について解説しよう！

定常電流により磁場が作られることは既に学んだんだけれど，さらに，ビオとサバールは緻密な実験を繰り返し，電流素片 $Id\boldsymbol{l}$ が空間内の任意の点に作る微小な磁場 $d\boldsymbol{H}$ が，次の公式で求められることを示した。

$$d\boldsymbol{H} = \frac{1}{4\pi} \cdot \frac{Id\boldsymbol{l} \times \boldsymbol{r}}{r^3} \quad \cdots\cdots (*l_0)$$

$d\boldsymbol{B} = \frac{\mu_0}{4\pi} \cdot \frac{Id\boldsymbol{l} \times \boldsymbol{r}}{r^3}$ より，

$\frac{\mu_0}{4\pi} = 10^{-7}$ $(\because \mu_0 = 4\pi \times 10^{-7})$

微小な磁束密度 $d\boldsymbol{B}$ は，

$d\boldsymbol{B} = 10^{-7} \cdot \frac{Id\boldsymbol{l} \times \boldsymbol{r}}{r^3}$

と表せる。

これを“**ビオ-サバールの法則**”というんだね。ン？微小ベクトルの外積計算まで入っていて，とても難しそうだって!?

そうだね。初めてこの“ビオ-サバールの公式”を見た方は，みんな，ヒェ～！って感じになると思う。でも，これは“アンペールの法則”よりもさらに融通性のある優れた公式だから，是非ともマスターしておく必要があるんだね。これから詳しく説明しよう。

図1に示すように，電流 I が流れる導線の長さ dl の微小な部分を考えて，これをベクトル表示した $Id\boldsymbol{l}$ を“**電流素片**（でんりゅうそへん）”と呼ぶことにしよう。

これは微小だけれど，向きをもったベクトルだ。

$(dl = \|d\boldsymbol{l}\|)$

図1　ビオ-サバールの法則

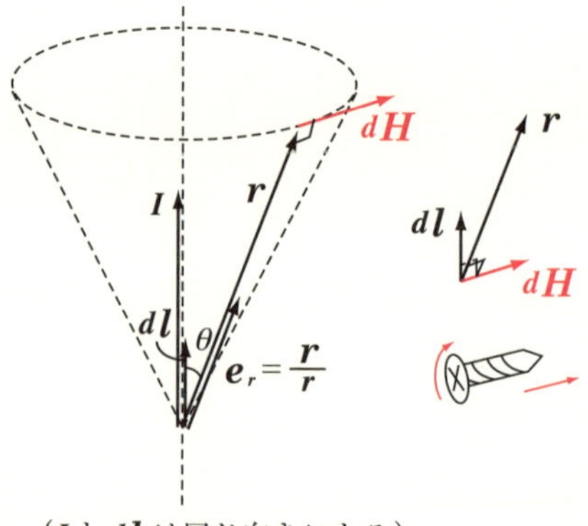

(I と $d\boldsymbol{l}$ は同じ向きにとる)

ここで，この Idl を始点として，位置ベクトル r (大きさ $r=\|r\|$) の終点にお

(本当は点ではないんだけれど，微小だから点とみなせる！)

いて，この電流素片 Idl により作られる微小な磁場ベクトル dH が，その向きも含めて，$(*l_0)$ のビオ-サバールの法則で求められるんだね。$(*l_0)$ において，$\frac{I}{4\pi r^3}$ は正のスカラー量なので，図1に示すように，dH の向きは，外積 $dl\times r$，すなわち dl から r に右ネジをまわしたときに進む向きになるんだね。

ここで，r と同じ向きの単位ベクトルを $e_r\left(=\frac{r}{r}\right)$ とおくと，$(*l_0)$ は，

$$dH=\frac{1}{4\pi}\cdot\frac{I}{r^2}\cdot dl\times\underbrace{\frac{r}{r}}_{e_r}$$ より，

$$dH=\frac{1}{4\pi}\cdot\frac{Idl\times e_r}{r^2}\quad\cdots\cdots(*l_0)'$$ と表せる。

さらに，dl と e_r (または r) のなす角を θ とおき，この $(*l_0)'$ の両辺の大きさをとると，

$$dH=\left\|\underbrace{\frac{1}{4\pi}\cdot\frac{I}{r^2}}_{\oplus\text{のスカラー(実数定数)}}\cdot dl\times e_r\right\|=\frac{I}{4\pi r^2}\underbrace{\|dl\times e_r\|}_{\|dl\|\cdot\|e_r\|\cdot\sin\theta=\sin\theta\cdot dl}$$ となり，よって，

($\|dl\|=dl$，$\|e_r\|=1$)

$$dH=\frac{I\sin\theta}{4\pi r^2}dl\quad\cdots\cdots(*l_0)''$$ となる。

したがって，$dl\perp r$，すなわち $\theta=\frac{\pi}{2}$ の場合，$\sin\frac{\pi}{2}=1$ より，$(*l_0)''$ は

$$dH=\frac{I}{4\pi r^2}dl\quad\cdots\cdots(*l_0)'''$$ と，さらに簡単になるんだね。

したがって，$(*l_0)''$ や $(*l_0)'''$ は微分形の式なので，この両辺を導線の経路に従って積分すれば，磁場の大きさ(強さ) H を求めることができるんだね。ベクトル H の向きは，dH が dl と r の両方に直交して右ネジの進む向きから割り出せばいい。

以上で"ビオ-サバールの法則"についての解説は終了です。それでは，例題を解いて，この公式を実際に使っていくことにしよう。

例題 30　ビオ-サバールの法則：$dH=\frac{I\sin\theta}{4\pi r^2}dl$ ……$(*l_0)''$ を差分形式で表した公式：$\Delta H=\frac{I\sin\theta}{4\pi r^2}\Delta l$ ……$(*)$ を用いて，次の問いに答えよう。

(1) $I=0.5(\mathrm{A})$，$\theta=\frac{\pi}{2}$，$r=2(\mathrm{m})$，$\Delta l=10^{-2}(\mathrm{m})$ のとき，$\Delta H(\mathrm{A/m})$ を有効数字 3 桁で求めよう。

(2) $I=2(\mathrm{A})$，$\theta=\frac{3}{4}\pi$，$r=1.5(\mathrm{m})$，$\Delta l=2\times10^{-3}(\mathrm{m})$ のとき，$\Delta H(\mathrm{A/m})$ を有効数字 3 桁で求めよう。

ビオ-サバールの差分形式の公式 $(*)$ を利用して，微小な磁場 ΔH を計算する。

(1) $I=0.5(\mathrm{A})$，$\theta=\frac{\pi}{2}$，$r=2(\mathrm{m})$，$\Delta l=10^{-2}(\mathrm{m})$

を $(*)$ に代入すると，ΔH は，

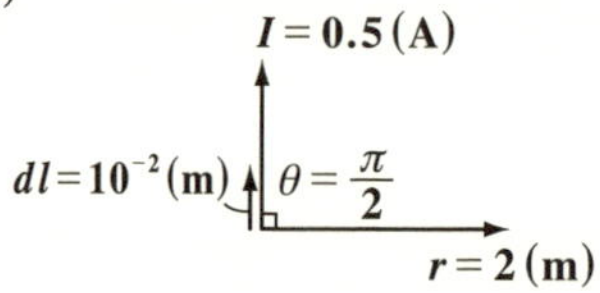

$$\Delta H=\frac{0.5\times\sin\frac{\pi}{2}}{4\pi\cdot2^2}\times10^{-2}=\frac{1}{32\pi\times10^2}$$

（$\sin\frac{\pi}{2}=1$）

$$=9.947\cdots\times10^{-5}\fallingdotseq9.95\times10^{-5}(\mathrm{A/m})$$

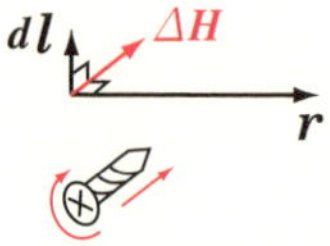

となる。

(dl と r と ΔH の向きは右図に示す。)

(2) $I=2(\mathrm{A})$，$\theta=\frac{3}{4}\pi$，$r=1.5(\mathrm{m})$，$\Delta l=2\times10^{-3}(\mathrm{m})$

を $(*)$ に代入すると，ΔH は，

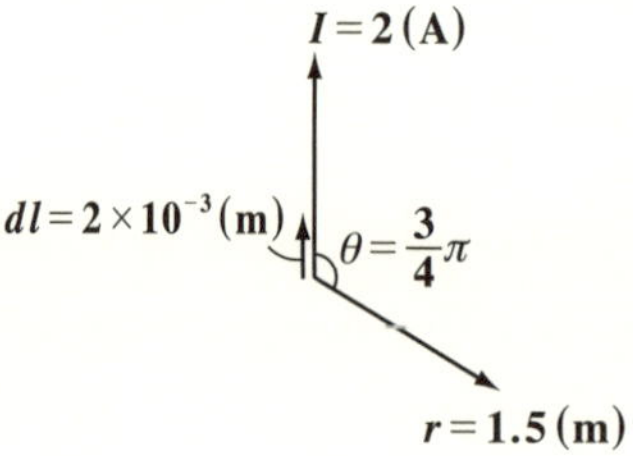

$$\Delta H=\frac{2\times\sin\frac{3\pi}{4}}{4\pi\cdot1.5^2}\times2\times10^{-3}$$

（$\sin\frac{3\pi}{4}=\frac{1}{\sqrt{2}}$）

$$=\frac{\sqrt{2}}{9\pi}\times\frac{2}{10^3}=\frac{2\sqrt{2}}{9\pi\times10^3}$$

$$=1.000\cdots\times10^{-4}\fallingdotseq1.00\times10^{-4}(\mathrm{A/m})$$ となる。

(dl と r と ΔH の向きは右図に示す。)

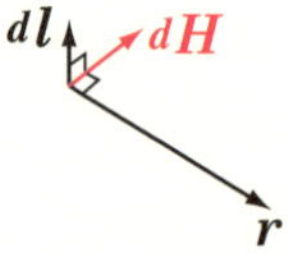

例題 31　右図に示すように，半径 $a = 0.5\,(\mathrm{m})$ の円形状の導線に定常電流 $I = 2\,(\mathrm{A})$ が流れているとき，円の中心 O にできる磁場の大きさ $H\,(\mathrm{A/m})$ を求めてみよう。

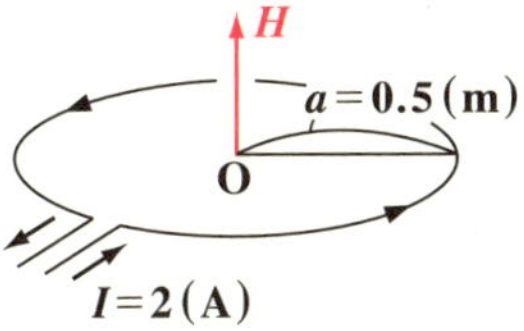

右図に示すように，長さ dl の電流素片 $d\boldsymbol{l}$ が，円の中心に作る微小な磁場の大きさ dH は，ビオ-サバールの法則より，

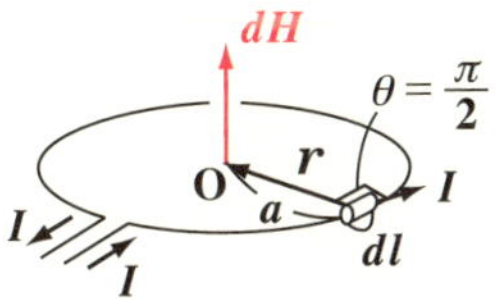

$$dH = \frac{I\sin\theta}{4\pi a^2}dl \quad \cdots\cdots ①$$ となる。

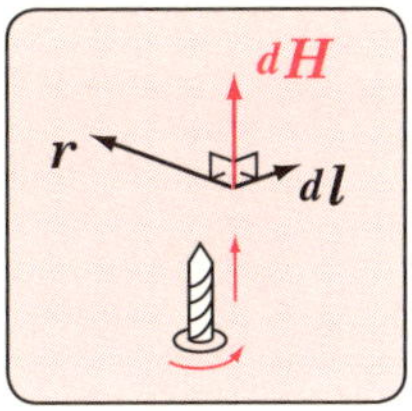

ここで，$a = \frac{1}{2}\,(\mathrm{m})$，$I = 2\,(\mathrm{A})$，$\theta = \frac{\pi}{2}$

より，これらを①に代入すると，

$$dH = \frac{2\cdot \sin\frac{\pi}{2}}{4\pi\cdot\left(\frac{1}{2}\right)^2}dl = \frac{2}{\pi}dl \quad \cdots\cdots ②$$

（$\sin\frac{\pi}{2} = 1$）

となる。

よって，②の右辺を半径 $a = \frac{1}{2}$ の円周に沿って積分すると，円形電流がその中心 O に作る磁場の大きさ H を求めることができる。よって，

$$H = \oint_C dH = \frac{2}{\pi}\oint_C dl = \frac{2}{\pi}\times\pi = 2\,(\mathrm{A/m})$$ となる。

（$\oint_C dl = 2\pi a = 2\pi\times\frac{1}{2}$（円周の長さ））

この結果は，P127 で示した公式 (ii) $H = \frac{I}{2a}$ に，$I = 2\,(\mathrm{A})$，$a = \frac{1}{2}\,(\mathrm{m})$ を代入したものと一致する。

● ビオ-サバールの法則とガウスの法則を対比しよう！

では次，ビオ-サバールの法則：

$d\boldsymbol{H} = \frac{1}{4\pi} \cdot \frac{I d\boldsymbol{l} \times \boldsymbol{r}}{r^3}$ ……$(*l_0)$ の右辺の $I d\boldsymbol{l}$ を変形してみると，

$$I d\boldsymbol{l} = \boldsymbol{I} dl = \boldsymbol{i} S dl = \rho \boldsymbol{v} dV = \rho dV \boldsymbol{v} = dQ \cdot \boldsymbol{v} \quad \cdots\cdots ①$$ となる。

（$\boldsymbol{I} = \boldsymbol{i}S$ （$\boldsymbol{i}$：電流密度，S：断面積））

（$\boldsymbol{i} = \rho \boldsymbol{v}$，$S dl = dV$：微小体積，$\rho dV = dQ$：微小電荷）

$d\boldsymbol{l}$ の代わりに $\boldsymbol{I}$ をベクトルにした

dQ は導線の微小体積 dV に含まれる微小電荷を表す

この①を $(*l_0)$ に代入してみよう。すると，

$$d\boldsymbol{H} = \frac{1}{4\pi} \cdot \frac{dQ \cdot \boldsymbol{v} \times \boldsymbol{r}}{r^3} = \frac{dQ}{4\pi r^3} \cdot \boldsymbol{v} \times \boldsymbol{r} \quad \cdots\cdots ②$$ となるんだね。

ここで，$d\boldsymbol{l} \perp \boldsymbol{r}$，すなわち，$\boldsymbol{v} \perp \boldsymbol{r}$ として，②の両辺の大きさをとると，

$$dH = \left\| \frac{dQ}{4\pi r^3} \cdot \boldsymbol{v} \times \boldsymbol{r} \right\| = \frac{dQ}{4\pi r^3} \|\boldsymbol{v} \times \boldsymbol{r}\|$$

（$\frac{dQ}{4\pi r^3}$：定数）

$\boldsymbol{v} \perp \boldsymbol{r}$ より，これは，$\boldsymbol{v}$ と $\boldsymbol{r}$ を2辺とする長方形の面積 $S = \|\boldsymbol{v}\| \cdot \|\boldsymbol{r}\| = v \cdot r$

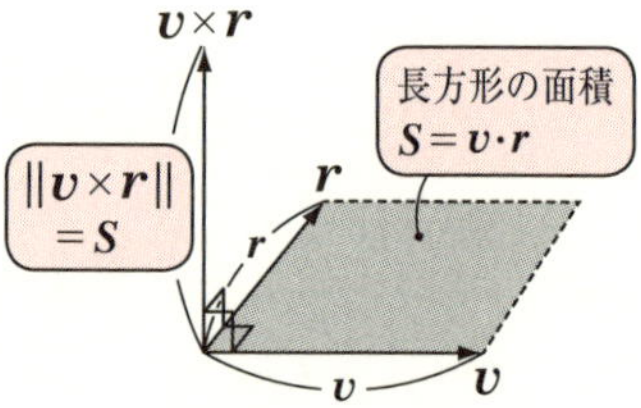

$$= \frac{dQ}{4\pi r^3} \cdot vr$$

$$\therefore dH = \frac{dQ \cdot v}{4\pi r^2} \quad \cdots\cdots ③$$ となるんだね。

この③を見て何か思い出さない？…そうだね。真空中の静電場におけるガウスの法則：$E = \frac{1}{4\pi r^2} \cdot \frac{Q}{\varepsilon_0}$ (P76) とよく似てる。

この両辺に ε_0 をかけて，$D = \varepsilon_0 E$ とおくと，

$D = \frac{Q}{4\pi r^2}$　　ここで，Q と D をそれぞれ微小量 dQ と dD に置き換えると，

$$dD = \frac{dQ}{4\pi r^2} \quad \cdots\cdots ④$$ となって，v を除いて③とほぼ同じ形になった。

以上の内容をまとめると，次のようになる。

(Ⅰ) ビオ-サバールの法則：$dH = \dfrac{dQ \cdot v}{4\pi r^2}$ ……③ から，微小電荷 dQ が速さ v で運動すれば，図2(ⅰ)に示すように，その周りの円周上に，回転する微小な磁場 dH が発生する。

(Ⅱ) ガウスの法則：$dD = \dfrac{dQ}{4\pi r^2}$ ……④ から，微小電荷 dQ が静止していれば，図2(ⅱ)に示すように，その周りの球面上に，発散する微小な電束密度 dD（または微小な電場 dE）が生まれるんだね。

これらは，対比して覚えておこう。

図2 (ⅰ) ビオ-サバールの法則　　(ⅱ) ガウスの法則

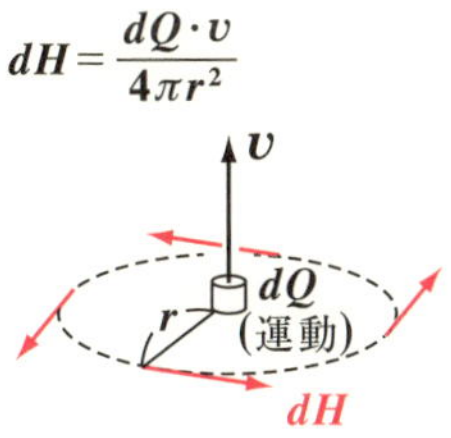

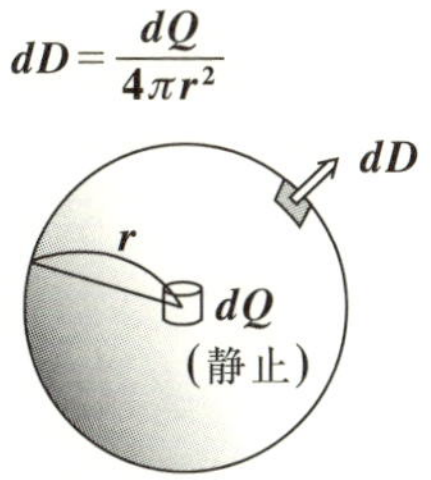

どう？ 理解が進むと，様々な現象が関連し合っていて，とても面白いでしょう？
以上で，ビオ-サバールの法則に関する講義は終了です。最後に，次の演習問題で練習しておこう。

演習問題 7　●ビオ-サバールの法則●

ビオ-サバールの法則：$d\boldsymbol{H} = \frac{1}{4\pi} \cdot \frac{I \cdot d\boldsymbol{l} \times \boldsymbol{r}}{r^3}$ ……$(*l_0)$ を差分形式にした

$\Delta\boldsymbol{H} = \frac{1}{4\pi} \cdot \frac{I}{r^3} \cdot \Delta\boldsymbol{l} \times \boldsymbol{r}$ ……$(*)$ を利用して，次の各問いに答えよ。

ただし，答えはすべて有効数字 **3** 桁で答えよ。

(1) $I = \frac{1}{2}$ (A)，$\Delta\boldsymbol{l} = [10^{-2},\ 2 \times 10^{-2},\ -10^{-2}]$，$\boldsymbol{r} = [2,\ -1,\ 2]$ であるとき，電流素片 $I \cdot d\boldsymbol{l}$ によりできる磁場 $\Delta\boldsymbol{H}$ を求めよ。

(2) $I = \frac{5}{2}$ (A)，$\Delta\boldsymbol{l} = [4 \times 10^{-3},\ -2 \times 10^{-3},\ 3 \times 10^{-3}]$，$\boldsymbol{r} = [3,\ 0,\ -4]$ であるとき，電流素片 $I \cdot d\boldsymbol{l}$ によりできる磁場 $\Delta\boldsymbol{H}$ を求めよ。

(3) $I = 0.1$ (A)，$\Delta\boldsymbol{l} = [2 \times 10^{-4},\ 2 \times 10^{-4},\ -10^{-4}]$，$\boldsymbol{r} = [0,\ 1,\ 2]$ であるとき，電流素片 $I \cdot d\boldsymbol{l}$ によりできる磁場 $\Delta\boldsymbol{H}$ を求めよ。

ヒント！ たとえば，微分量 dx は，$dx = 0.000\cdots01$ のような限りなく小さな量を表す。これに対して，差分量 Δx は，$\Delta x = 10^{-2}$ や 10^{-5} 程度のかなり小さな量のことであると考えて構わない。したがって，微分表示のビオ-サバールの法則 $(*l_0)$ を差分形式にした公式 $(*)$ で問題を解いていこう。

解答＆解説

差分形式のビオ-サバールの法則：$\Delta\boldsymbol{H} = \frac{1}{4\pi} \cdot \frac{I}{r^3} \cdot \Delta\boldsymbol{l} \times \boldsymbol{r}$ ……$(*)$ を用いて，各値やベクトルを代入して，磁場の差分量 $\Delta\boldsymbol{H}$ を計算しよう。

(1) $I = \frac{1}{2}$ (A)，

$\Delta\boldsymbol{l} = 10^{-2}[1,\ 2,\ -1]$，

$\boldsymbol{r} = [2,\ -1,\ 2]$ より，

$\boldsymbol{r}$ のノルム（大きさ）r は，

$r = \|\boldsymbol{r}\| = \sqrt{2^2 + (-1)^2 + 2^2} = \sqrt{9} = 3$ である。

以上を $(*)$ に代入して $\Delta\boldsymbol{H}$ を求めると，

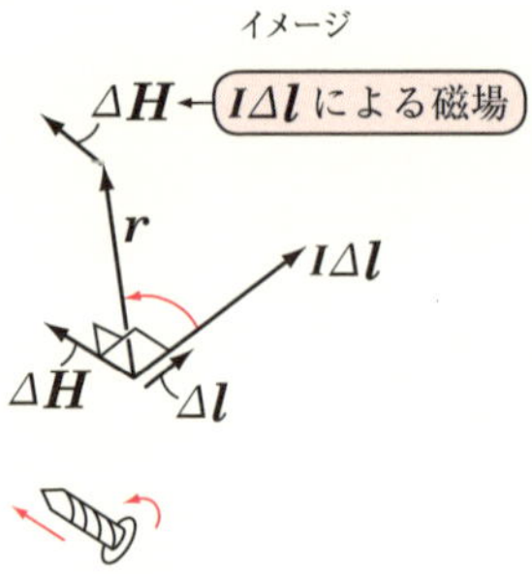

$$\Delta H = \frac{1}{4\pi} \cdot \frac{\frac{1}{2}}{3^3} \cdot 10^{-2} \cdot [1, \ 2, \ -1] \times [2, \ -1, \ 2] \ \text{より},$$

$$\Delta H = \frac{1}{216\pi \times 10^2} [3, \ -4, \ -5]$$

$$\underline{1.473\cdots \times 10^{-5}}$$

外積の計算

$$\begin{array}{cccc} 1 & 2 & -1 & 1 \\ 2 & -1 & 2 & 2 \\ -1-4 \ ] \ [\ 4-1, & -2-2, & \end{array}$$

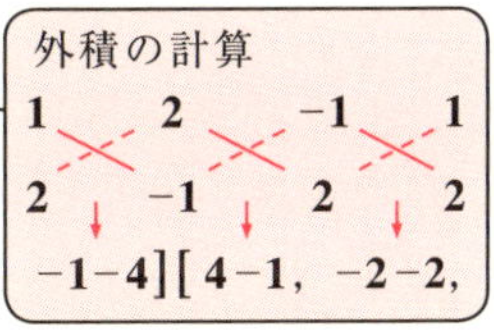

$$\fallingdotseq 1.47 \times 10^{-5} [3, \ -4, \ -5] \ \text{(A/m)}$$

である。$\cdots\cdots\cdots\cdots\cdots\cdots\cdots\cdots\cdots\cdots\cdots\cdots\cdots\cdots\cdots\cdots\cdots$(答)

(2) $I = \dfrac{5}{2}$ (A), $\Delta l = 10^{-3} [4, \ -2, \ 3]$, $r = [3, \ 0, \ -4]$ より,

r のノルム r は,

$$r = \|r\| = \sqrt{3^2 + 0^2 + (-4)^2} = \sqrt{25} = 5 \ \text{である}。$$

以上を (*) に代入して，磁場の差分量 ΔH を求めると，

$$\Delta H = \frac{1}{4\pi} \cdot \frac{\frac{5}{2}}{5^3} \cdot 10^{-3} \cdot [4, \ -2, \ 3] \times [3, \ 0, \ -4]$$

$$\underline{[8, \ 25, \ 6]}$$

外積の計算

$$\begin{array}{cccc} 4 & -2 & 3 & 4 \\ 3 & 0 & -4 & 3 \\ 0+6 \ ] \ [\ 8-0, & 9+16, & \end{array}$$

$$= \frac{1}{2\pi \times 10^5} [8, \ 25, \ 6]$$

$$\underline{1.591\cdots \times 10^{-6}}$$

$$\fallingdotseq 1.59 \times 10^{-6} [8, \ 25, \ 6] \ \text{(A/m) である}。\cdots\cdots\cdots\cdots\cdots\cdots$(答)

(3) $I = 0.1$ (A), $\Delta l = 10^{-4} [2, \ 2, \ -1]$, $r = [0, \ 1, \ 2]$ より,

r のノルム r は,

$$r = \|r\| = \sqrt{0^2 + 1^2 + 2^2} = \sqrt{5} \ \text{である}。$$

以上を (*) に代入して，磁場の差分量 ΔH を求めると，

$$\Delta H = \frac{1}{4\pi} \cdot \frac{0.1}{(\sqrt{5})^3} \cdot 10^{-4} \cdot [2, \ 2, \ -1] \times [0, \ 1, \ 2]$$

$$\underline{[5, \ -4, \ 2]}$$

外積の計算

$$\begin{array}{cccc} 2 & 2 & -1 & 2 \\ 0 & 1 & 2 & 0 \\ 2-0 \ ] \ [\ 4+1, & 0-4, & \end{array}$$

$$= \frac{1}{2\sqrt{5}\,\pi \times 10^6} [5, \ -4, \ 2]$$

$$\underline{7.117\cdots \times 10^{-8}}$$

$$\fallingdotseq 7.12 \times 10^{-8} [5, \ -4, \ 2] \ \text{(A/m) である}。\cdots\cdots\cdots\cdots\cdots\cdots$(答)

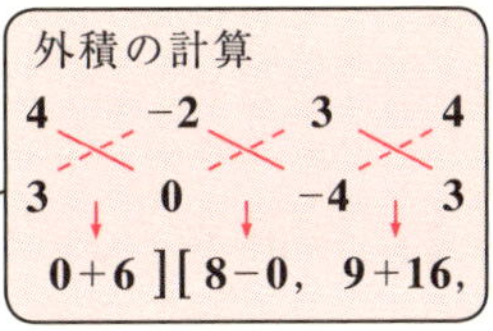

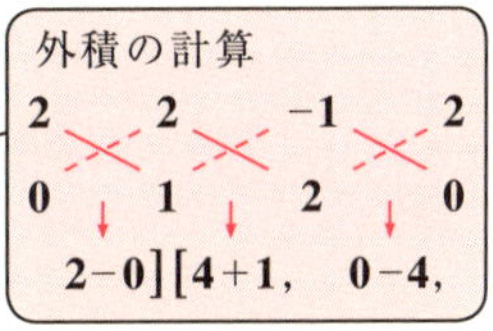

演習問題 8　● ビオ-サバールとアンペールの法則 ●

ビオ-サバールの法則：$dH=\frac{1}{4\pi}\cdot\frac{I\sin\theta}{r^2}\cdot dx$ ……$(*k_0)''$ を用いて，上下に無限に伸びた直線状の導線に定常電流 I が流れているとき，この導線から a だけ離れたところにできる磁場の大きさ H が

$H=\frac{I}{2\pi a}$ （アンペールの法則）となることを導け。

ヒント！ ビオ-サバールの法則から，これを定積分することにより，アンペールの法則を導くことができる。この積分では，変数 x や θ を φ で置き換えることがポイントになる。図を描きながら考えていこう。

解答＆解説

右図に示すように，直線電流 I に沿って x 軸と原点 O を設定する。

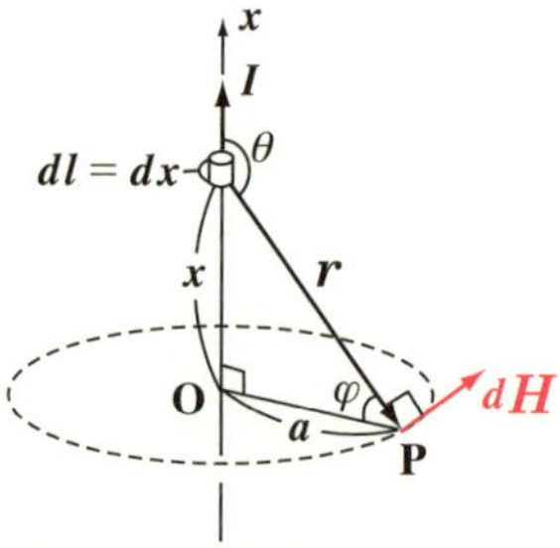

ここで，ある x の位置にある電流素片 $I\cdot dl=I\cdot dx$ が，O から x 軸に垂直な方向に a の距離にある点 P に作る微小な磁場の大きさ dH は，ビオ-サバールの法則より，

$$dH=\frac{1}{4\pi}\cdot\frac{I\sin\theta}{r^2}\cdot dx \quad \cdots\cdots ①$$

$(r^2=a^2+x^2$，θ：$d\boldsymbol{l}$ と $\boldsymbol{r}$ のなす角$)$

となる。ここで，上下の対称性から，x について積分区間 $0\leqq x<\infty$ で積分して，2 倍したものが，求める磁場 H となる。よって，

$$H=2\times\underbrace{\frac{I}{4\pi}}_{\text{定数}}\int_0^\infty\frac{\sin\theta}{\underbrace{a^2+x^2}_{r^2}}dx \quad \cdots\cdots ①' \text{ となる。}$$

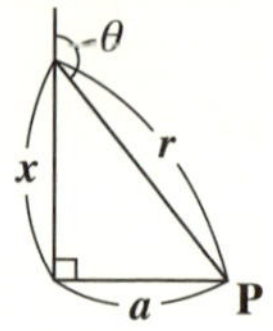

ここで，変数は θ と x だけれど，右図に示すような新たな角 φ を変数として置換積分した方が，計算が楽になる。

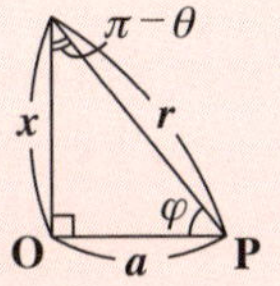

$\pi-\theta+\varphi=\dfrac{\pi}{2}$

$\theta=\varphi+\dfrac{\pi}{2}$

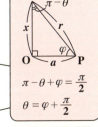

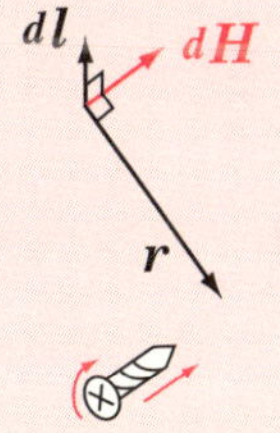

$\pi-\theta+\varphi=\dfrac{\pi}{2}$ より，$\theta=\varphi+\dfrac{\pi}{2}$

$\therefore \sin\theta=\sin\left(\varphi+\dfrac{\pi}{2}\right)=\cos\varphi$

また，$\tan\varphi=\dfrac{x}{a}$ より，$x=a\tan\varphi$ ……②

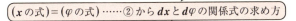

（x の式）＝（φ の式）……② から dx と $d\varphi$ の関係式の求め方

$\therefore 1\cdot dx=a\cdot\dfrac{1}{\cos^2\varphi}d\varphi$　　　$\therefore dx=\dfrac{a}{\cos^2\varphi}d\varphi$

x を x で微分して dx をかけたもの

$a\tan\varphi$ を φ で微分して $d\varphi$ をかけたもの

また，$x:0\to\infty$ のとき，$\varphi:0\to\dfrac{\pi}{2}$

以上より，①′ は，

$$H=\frac{I}{2\pi}\int_0^{\infty}\frac{\sin\theta}{a^2+x^2}dx=\frac{I}{2\pi}\int_0^{\frac{\pi}{2}}\frac{\cos\varphi}{\frac{a^2}{\cos^2\varphi}}\times\frac{a}{\cos^2\varphi}d\varphi$$

$\sin\theta = \cos\varphi$

$dx = \dfrac{a}{\cos^2\varphi}d\varphi$

$a^2+a^2\tan^2\varphi$
$=a^2(1+\tan^2\varphi)=\dfrac{a^2}{\cos^2\varphi}$

公式：$1+\tan^2\varphi=\dfrac{1}{\cos^2\varphi}$

$$=\frac{I}{2\pi a}\int_0^{\frac{\pi}{2}}\cos\varphi\,d\varphi=\frac{I}{2\pi a}\left[\sin\varphi\right]_0^{\frac{\pi}{2}}=\frac{I}{2\pi a}\Big(\underbrace{\sin\frac{\pi}{2}}_{1}-\underbrace{\sin 0}_{0}\Big)$$

$\therefore$ アンペールの法則：$H=\dfrac{I}{2\pi a}$ が導けた。……………………………………（終）

§3. アンペールの力とローレンツ力

前回までの講義では，定常電流が作る磁場について解説したんだね。そして，今回の講義では，今度は逆に磁場の中を流れる電流や運動する電荷が受ける力について解説しよう。

ここで，磁場の中を流れる電流が受ける力を“**アンペールの力**”といい，運動する電荷が受ける力を“**ローレンツ力**”というんだね。この2つの力について例題を解きながら，分かりやすく解説しよう。また，これら2つの力が本質的に同じものであることも，教えるつもりだ。

● アンペールの力は外積で表される！

一様な磁束密度 $\boldsymbol{B}(=\mu_0\boldsymbol{H})$ の中を流れる(導線の)長さ l の定常電流 $\boldsymbol{I}$ に働く力 $\boldsymbol{f}$ は，

$$\boldsymbol{f}=l\boldsymbol{I}\times\boldsymbol{B} \quad \cdots\cdots(*m_0)$$

“Let it be.”と覚えよう！

で求められる。この力は，発見者アンペールにちなんで，“**アンペールの力**”と呼ばれるんだね。

図1　アンペールの力

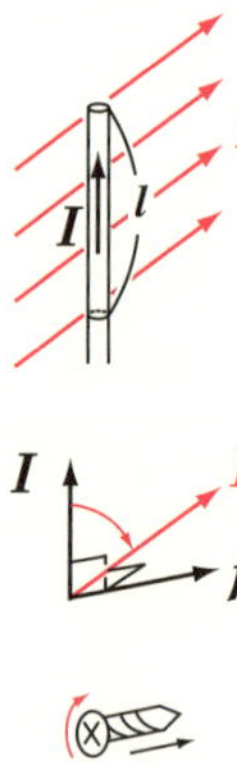

$(*m_0)$ の式の外積の意味から，図1に示すように，ベクトル $\boldsymbol{I}$ からベクトル $\boldsymbol{B}$ に回転したとき，右ネジの進む向きがアンペールの力 $\boldsymbol{f}$ の向きになるんだね。

また，$(*m_0)$ の両辺の大きさをとって，$f=\|\boldsymbol{f}\|$ とおくと，

$$f=\|l\boldsymbol{I}\times\boldsymbol{B}\|=l\|\boldsymbol{I}\times\boldsymbol{B}\|=lIB\sin\theta \quad \cdots\cdots(*m_0)'$$

正の定数　$\|\boldsymbol{I}\|\|\boldsymbol{B}\|\sin\theta=IB\sin\theta$

(ただし，$I=\|\boldsymbol{I}\|$，$B=\|\boldsymbol{B}\|$，θ：$\boldsymbol{I}$ と $\boldsymbol{B}$ のなす角)となるのも大丈夫だね。

よって，$\boldsymbol{I}\perp\boldsymbol{B}$，すなわち $\theta=\frac{\pi}{2}$ のときは，

$f=lIB \quad \cdots\cdots(*m_0)''$ となる。 ← これも“Let it be.”だ！

さらに，$(*m_0)$ の右辺の $l\boldsymbol{I}$ の代わりに電流素片 $dl\cdot\boldsymbol{I}(=I\cdot d\boldsymbol{l})$ をとると，左辺も微小な力 $d\boldsymbol{f}$ となって，

$d\boldsymbol{f}=dl\boldsymbol{I}\times\boldsymbol{B}$ ……① となる。

さらに，この①の両辺の大きさをとると，$(*m_0)'$ と同様に，

$df=dl\cdot IB\sin\theta$ ……①′ となる。

この①や①′により，導線が曲線を描く場合でも，①や①′の右辺をこの導線(曲線)に沿って l で積分すると，アンペールの力 $\boldsymbol{f}$ や f を求めることができるんだね。これは，“ビオ-サバールの法則”のときと同様なんだね。

それでは次，間隔 a をおいて，2本の無限に長い，互いに平行な導線1と導線2にそれぞれ定常電流 I_1 と I_2 が流れている場合を考えよう。

(i) I_1 と I_2 が同じ向きのとき，図2(i)に示すように，I_1 が I_2 の位置に作る磁場(磁束密度) B_1 はアンペールの法則より，$B_1=\mu_0H_1=\dfrac{\mu_0I_1}{2\pi a}$ だね。
また，B_1 と I_2 は互いに直角より，導線2の長さ l の部分には，$(*m_0)''$ より，
アンペールの力 $f=lI_2B_1=lI_2\dfrac{\mu_0I_1}{2\pi a}=\dfrac{\mu_0lI_1I_2}{2\pi a}$ が，
導線1に向かう引力として働く。また，作用･反作用の法則により，当然，導線1にも導線2に向かう同じ引力が作用することになるんだね。

(ii) I_1 と I_2 が逆向きのとき，(i)と同様に考えると，図2(ii)に示すように，同じ大きさのアンペールの力 f が今度は互いに斥力として働くことになるんだね。

図2　2本の平行導線に働くアンペールの力

(i) I_1 と I_2 が同じ向きのとき　　(ii) I_1 と I_2 が逆向きのとき

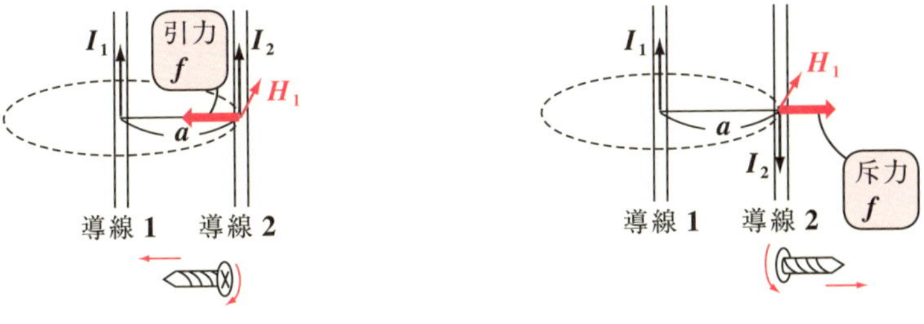

ここで，2本の導線のアンペールの力 $f = \dfrac{\mu_0 l I_1 I_2}{2\pi a}$ について，

$a = 1$(m)，$l = 1$(m)，そして，$I_1 = I_2 = I$ とおくと，

$$f = \frac{\overset{4\pi\times10^{-7}}{\mu_0} I^2}{2\pi} = \frac{4\pi\times10^{-7} I^2}{2\pi} = 2\times10^{-7}\times I^2 \quad \cdots\cdots ②$$ となる。

これから，$I = 1$(A) のとき，1m 離れた2本の導線が互いに作用しあう引力(または斥力)は，1(m) 当り丁度 2×10^{-7}(N) となるんだね。でも，実は，②は逆に1(A)を定義する式なんだ。つまり，

「1(m) 離れた2本の導線が互いに1(m)当り 2×10^{-7}(N) の力を及ぼし合うとき，それらの導線に流れている電流 I を1(A)と定義する。」ということなんだ。

では，例題でアンペールの力を実際に求めてみよう。

例題 32 磁束密度ベクトル場 $\boldsymbol{B} = [-1,\ 1,\ -2]$ (Wb/m²) において，導線の中を電流ベクトル $\boldsymbol{I} = [1,\ -1,\ -1]$ (A) で表される電流が流れている。このとき，この導線1(m)当りに働く力(アンペールの力)を求めよう。

アンペールの公式：$\boldsymbol{f} = l\boldsymbol{I}\times\boldsymbol{B}$ を利用する。単位長さ1(m)の導線に働く力を求めるので，$l = 1$(m) である。また，

$\boldsymbol{I} = [1,\ -1,\ -1]$ (A)，$\boldsymbol{B} = [-1,\ 1,\ -2]$ (Wb/m²)

より，外積を求めると，

$\boldsymbol{I}\times\boldsymbol{B} = [3,\ 3,\ 0]$ となる。

$\boldsymbol{I}\times\boldsymbol{B}$ の計算

1　−1　−1　1

−1　1　−2　−1

1−1][2+1,　1+2,

よって，単位長さの導線に働くアンペールの力 $\boldsymbol{f}$ は，

$\boldsymbol{f} = 1\cdot[3,\ 3,\ 0] = [3,\ 3,\ 0]$ (N) となるんだね。

例題 33 右図に示すように，$a = 2$(m) 離れた2本の平行導線1と2に同じ向きに電流 $I_1 = 10^{-2}$(A)，I_2(A) が流れている。このとき，導線1による導線2の単位長さ(1m)に働く f は，$f = 10^{-10}$(N) であった。電流 I_2(A) を求めよう。

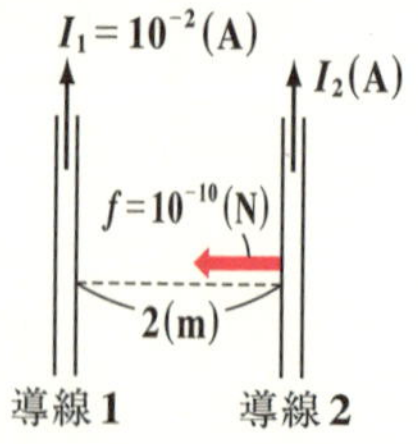

導線 1 に流れる電流 $I_1 = 10^{-2}$(A) が，$a = 2$(m) だけ離れた電流 I_2(A) の流れる単位長さの導線 2 に及ぼすアンペールの力 f が，$f = 10^{-10}$(N) より，

$$f = 10^{-10} = \frac{\mu_0 \, l \, I_1 \, I_2}{2\pi a} = \frac{4\pi \times 10^{-7} \times 1 \times 10^{-2} \times I_2}{2\pi \times 2}$$

（$\mu_0 = 4\pi \times 10^{-7}$，$l = 1$，$I_1 = 10^{-2}$，$a = 2$）

よって，$\dfrac{4\pi \times 10^{-9} I_2}{4\pi} = 10^{-10}$ から，$I_2 = 10^{-10} \times 10^{9} = 10^{-1}$(A) となるんだね。

これで，アンペールの力の計算にも慣れてきたでしょう？

● ローレンツ力について解説しよう！

では次，今度は電流ではなくて，磁場 (磁束密度) の中を荷電粒子が運動する場合，この粒子が受ける力について解説しよう。

図 3 に示すように，$+q$(C) の荷電粒子が一様な磁束密度 $\boldsymbol{B} (= \mu_0 \boldsymbol{H})$ の中を速度 $\boldsymbol{v}$ で運動するとき，この荷電粒子には次の力 $\boldsymbol{f}_1$ が働く。

$$\boldsymbol{f}_1 = q\boldsymbol{v} \times \boldsymbol{B} \quad \cdots\cdots (*n_0)$$

"Queens are very beautiful." と覚えよう！

これを "**ローレンツ力**" と呼び，このローレンツ力 $\boldsymbol{f}_1$ の向きは，$\boldsymbol{v}$ から $\boldsymbol{B}$ に回転させたとき，右ネジの進む向きになるんだね。

また，$+q$(C) の荷電粒子が一様な電場 $\boldsymbol{E}$ の中にあるとき，それが運動する，しないに関わらず，

$$\boldsymbol{f}_2 = q\boldsymbol{E} \quad \cdots\cdots ①$$

のクーロン力を受けることは既に教えた。

$(*n_0)$ の $\boldsymbol{f}_1$ と，① の $\boldsymbol{f}_2$ をたし合わせたものを

図 3　ローレンツ力 (Ⅰ)

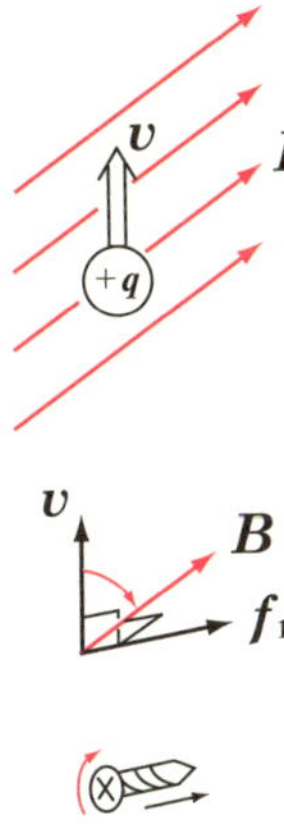

図 4　ローレンツ力 (Ⅱ)

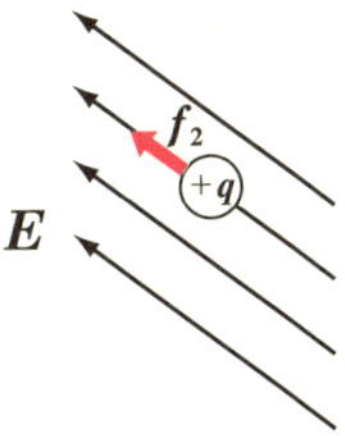

$\boldsymbol{f}$ とおくと,

$\boldsymbol{f} = q(\boldsymbol{E} + \boldsymbol{v} \times \boldsymbol{B})$ ……$(*n_0)'$

となる。この $(*n_0)'$ を $(*n_0)$ と同様に,

“**ローレンツ力**” と呼ぶので覚えておこう。

> マクスウェルの方程式 (P35)
>
> (Ⅰ) $\mathrm{div}\boldsymbol{D} = \rho$ ……………$(*e)$
>
> (Ⅱ) $\mathrm{div}\boldsymbol{B} = 0$ ……………$(*f)$
>
> (Ⅲ) $\mathrm{rot}\boldsymbol{H} = \boldsymbol{i} + \dfrac{\partial \boldsymbol{D}}{\partial t}$ ……$(*g)$
>
> (Ⅳ) $\mathrm{rot}\boldsymbol{E} = -\dfrac{\partial \boldsymbol{B}}{\partial t}$ ………$(*h)$

様々な電磁気学の現象を記述するのに,実はマクスウェルの **4** つの方程式だけでは不足で,この $(*n_0)'$ のローレンツ力の公式を加えることにより,初めて完璧に記述することができるようになるんだね。

ここで,$(*n_0)$ のローレンツ力 $\boldsymbol{f} = q\boldsymbol{v} \times \boldsymbol{B}$ とアンペールの力 $\boldsymbol{f} = l\boldsymbol{I} \times \boldsymbol{B}$ ……$(*m_0)$ が本質的に同じものであることを,これから示そう。

アンペールの力の公式を電流密度 $\boldsymbol{i}\,(=\rho\boldsymbol{v})$ を使って変形すると,

$$\boldsymbol{f} = l\underbrace{\boldsymbol{I}}_{\boldsymbol{i}S=\rho\boldsymbol{v}S} \times \boldsymbol{B} = \rho l S\boldsymbol{v} \times \boldsymbol{B} = q\boldsymbol{v} \times \boldsymbol{B}$$ となる。

(これは,体積 lS に含まれる電荷のことで,q とおける。)

よって,これは長さ l や (導線の) 断面積 S が小さな量であるとすると,$+q$(C) の小さな体積をもった荷電粒子に働く $(*n_0)$ の形のローレンツ力そのものを表す式になるんだね。このように,アンペールの力と $(*n_0)$ のローレンツ力はソックリな力であることが分かったでしょう。

また,$(*n_0)$ のローレンツ力の大きさを f とすると,

$$f = \|\underbrace{q}_{\text{正の定数}}\boldsymbol{v} \times \boldsymbol{B}\| = q\underbrace{\|\boldsymbol{v} \times \boldsymbol{B}\|}_{\|\boldsymbol{v}\|\|\boldsymbol{B}\|\sin\theta = vB\sin\theta} = qvB\sin\theta \quad \cdots\cdots(*n_0)''$$

(ただし,$v = \|\boldsymbol{v}\|$,$B = \|\boldsymbol{B}\|$,θ:$\boldsymbol{v}$ と $\boldsymbol{B}$ のなす角) となる。

さらに,$\boldsymbol{v} \perp \boldsymbol{B}$,すなわち,$\theta = \dfrac{\pi}{2}$ のときは,

$f = qvB$ ……$(*n_0)'''$ となる。 ← (これも,“Queens are very beautiful.” だね。)

ここで,これからよく出てくる,紙面に垂直な電流や磁場など…の表記法について,下に示しておこう。

- ⊙:紙面に垂直に裏から表へ進む向き ← 
- ⊗:紙面に垂直に表から裏へ進む向き ← 

例題 34　右図に示すように，一様な電場 $\boldsymbol{E}$(N/C) と一様な磁束密度 $\boldsymbol{B}$(Wb/m²) が存在する真空中を，$+q$(C)の電荷粒子が速さ $v=\|\boldsymbol{v}\|=2$ (m/s) で等速直線運動しているものとする。電場の大きさ $E=\|\boldsymbol{E}\|=3$ (N/C) であるとき，磁束密度の大きさ $B=\|\boldsymbol{B}\|$ (Wb/m²) を求めてみよう。
(ただし，粒子に働く重力は無視できるものとする。)

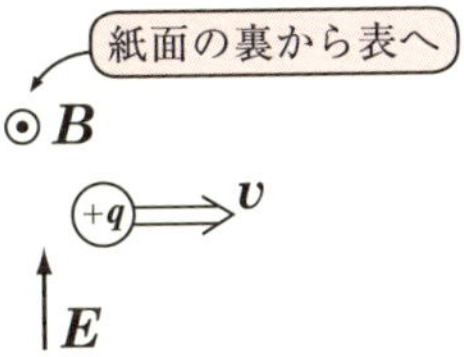

(i) 右図に示すように，$+q$(C)の荷電粒子には，電場 $\boldsymbol{E}$ により，上向きに力 f_1 が働く。

$\therefore f_1 = q\underset{3\,(\mathrm{N/C})}{\underline{E}} = 3q$ (N) ………①

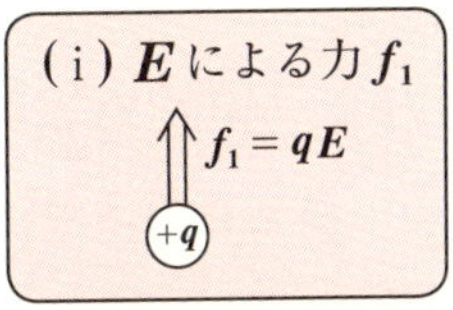

(ii) 右図に示すように，速さ $v=2$ (m/s) で右向きに等速直線運動する $+q$(C)の荷電粒子には磁束密度 $\boldsymbol{B}$ により，下向きにローレンツ力 f_2 が働く。

$\therefore f_2 = q\underset{2\,(\mathrm{m/s})}{\underline{v}}B = 2qB$ (N) ……②

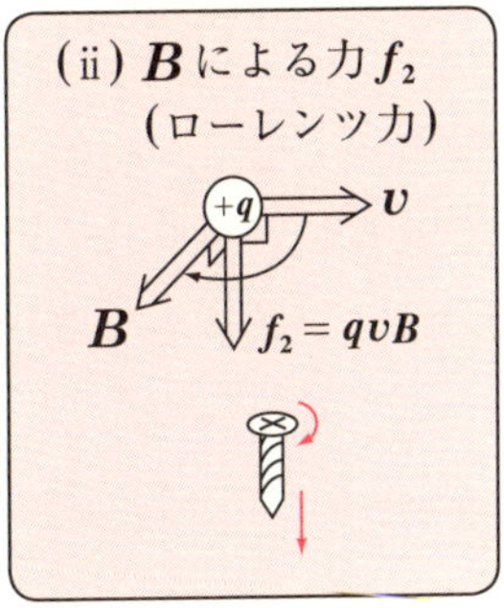

以上，①と②の f_1 と f_2 が等しいとき，荷電粒子に働く力は打ち消し合って，粒子には何の力も働かないので，この粒子は等速直線運動を続けることができる。

よって，$f_1 = f_2$ より，$3\cancel{q} = 2\cancel{q}B$

$\therefore B = \dfrac{3}{2} = 1.5$ (Wb/m²) であることが分かるんだね。大丈夫だった？

では，もう一題，例題を解いてみよう。次の例題は，ローレンツ力による荷電粒子の円運動についての典型的な問題なんだね。

例題 35　右図に示すように，大きさ $\boldsymbol{B}=10^{-2}$ $(\mathrm{Wb/m^2})$ の一様な磁束密度 $\boldsymbol{B}$ が存在する真空中に，質量 $m=10^{-6}\,(\mathrm{kg})$，電荷 $+q=10^{-3}\,(\mathrm{C})$ をもつ荷電粒子に $\boldsymbol{B}$ と垂直になるように大きさ $v=$ $20\,(\mathrm{m/s})$ の速度 $\boldsymbol{v}$ を与えた。このとき，この荷電粒子がどのような運動をするのか調べてみよう。(ただし，電場は存在せず，また，この粒子に働く重力も無視できるものとする。)

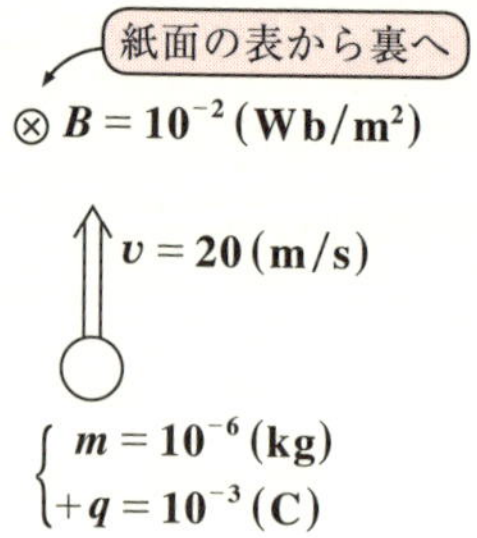

右図に示すように，この荷電粒子は速度 $\boldsymbol{v}$ と磁束密度 $\boldsymbol{B}$ の外積 $\boldsymbol{v}\times\boldsymbol{B}$ の向き(図中の右ネジの進む向き) にローレンツ力 $\boldsymbol{f}$ を受ける。

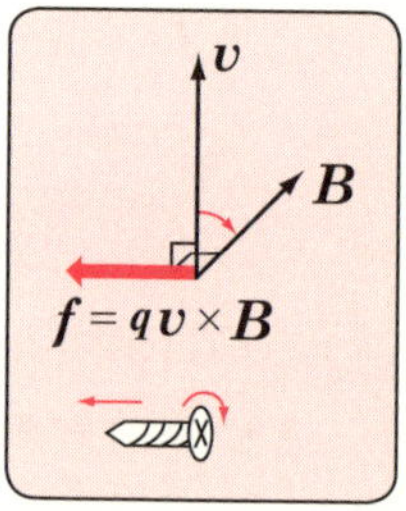

ここで，$\boldsymbol{v}\perp\boldsymbol{f}$ より，速度 $\boldsymbol{v}$ は大きさを変えることなく，向きだけを変化させるので，ローレンツ力 $\boldsymbol{f}$ の大きさは変化せず，常に $\boldsymbol{v}$ の向きと直交することになる。

よって，今回のローレンツ力は円運動の向心力と考えることができるので，この荷電粒子は円運動をすることになる。この粒子の描く円の半径を r とおくと，

$$\underbrace{m\cdot\frac{v^2}{r}}_{\text{向心力}}=\underbrace{qvB}_{\text{ローレンツ力}}\quad\cdots\cdots①$$

となる。よって，①を変形すると，

$$r=\frac{mv^2}{qvB}=\frac{mv}{qB}\quad\cdots\cdots②$$

となる。

② に，$m=10^{-6}\,(\mathrm{kg})$，$v=20\,(\mathrm{m/s})$，$q=10^{-3}\,(\mathrm{C})$，$B=10^{-2}\,(\mathrm{Wb/m^2})$ を代入すると，

$$r=\frac{10^{-6}\times20}{10^{-3}\times10^{-2}}=20\times10^{-1}=2\,(\mathrm{m})$$

となる。

また，円運動するこの荷電粒子の角速度 $\omega\,(1/\mathrm{s})$ と周期 $T\,(\mathrm{s})$ も求めてみると，

$r\omega = v$ より，$\omega = \dfrac{v}{r} = \dfrac{20}{2} = 10\ (1/\text{s})$

$\omega T = 2\pi$ より，$T = \dfrac{2\pi}{\omega} = \dfrac{2\pi}{10} = \dfrac{\pi}{5}$ (s) であることも分かるんだね。

この例題 **35** については，ベクトルの外積や "**単振動の微分方程式**" $\ddot{x} = -\omega^2 x$ の解法も利用して，この後の演習問題 **9** で，より正確に解いてみることにしよう。そのための準備として，この単振動の微分方程式の解について概説しておこう。一般に物理では時刻 t での微分を "・" (ドット) を使って表す。

よって，$\dfrac{dx}{dt} = \dot{x}$，$\dfrac{d^2x}{dt^2} = \ddot{x}$ などと表す。

単振動の微分方程式：$\dfrac{d^2x}{dt^2} = -\omega^2 x$ ……$(*o_0)$ ← これは，$\ddot{x} = -\omega^2 x$ と表せる。

(x：変位，t：時刻，ω：角振動数 (正の定数))

の一般解は，$x = A_1\cos\omega t + A_2\sin\omega t$ ……ⓐ　(A_1, A_2：定数)

で表される。これは，ⓐを t で **2** 階微分して，$\ddot{x}$ を求めると，

$$\ddot{x} = \frac{d^2x}{dt^2} = \frac{d}{dt}\left\{\frac{d}{dt}(A_1\cos\omega t + A_2\sin\omega t)\right\}$$

$$= \frac{d}{dt}(-A_1\omega\sin\omega t + A_2\omega\cos\omega t)$$

$$= -A_1\omega^2\cos\omega t - A_2\omega^2\sin\omega t$$

$$= -\omega^2\underbrace{(A_1\cos\omega t + A_2\sin\omega t)}_{x} = -\omega^2 x$$ となって，

$(\cos mx)' = -m\sin mx$
$(\sin mx)' = m\cos mx$

単振動の微分方程式：$\ddot{x} = -\omega^2 x$ ……$(*o_0)$ をみたすからなんだね。

以上より，例題を **2** つ，下に示そう。(ただし，A_1, A_2 は定数を表す。)

(ex1) $\ddot{x} = -\underbrace{2}_{\omega^2}x$ の一般解は，$x = A_1\cos\sqrt{2}\,t + A_2\sin\sqrt{2}\,t$ である。

(ex2) $\ddot{v} = -\underbrace{25}_{\omega^2}v$ の一般解は，$v = A_1\cos 5t + A_2\sin 5t$ である。

どう？ 単振動の微分方程式の解法は，とても簡単でしょう？

演習問題 9 ● ローレンツ力と円運動 ●

右図に示すように，xyz 座標空間内に，z 軸の負の向きに一様な磁束密度 $\boldsymbol{B} = \begin{bmatrix} 0 \\ 0 \\ -10^{-2} \end{bmatrix}$ $(\mathrm{Wb/m^2})$ が存在する。時刻 $t = 0\,(\mathrm{s})$ のとき，質量 $m = 10^{-6}$ (kg)，電荷 $+q = 10^{-3}\,(\mathrm{C})$ の荷電粒子 P を点 $(2,\ 0,\ 0)$ におき，この粒子に初速度 $\boldsymbol{v}_0 = \begin{bmatrix} 0 \\ 20 \\ 0 \end{bmatrix}$ $(\mathrm{m/s})$ を与えた。

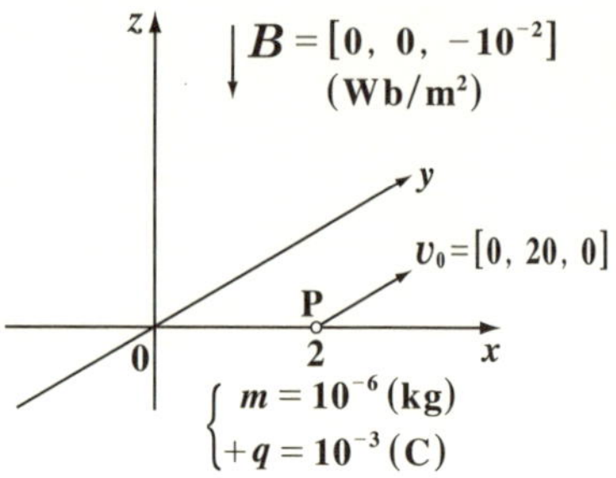

(ただし，この xyz 座標空間内は真空で，電場は存在せず，また，この粒子 P に働く重力も無視できるものとする。) このとき，次の各問いに答えよ。

(1) 時刻 t における粒子 P の速度を $\boldsymbol{v}(t) = \begin{bmatrix} v_1(t) \\ v_2(t) \\ 0 \end{bmatrix}$ とおくと，ニュートンの運動方程式：$m\dot{\boldsymbol{v}} = q\boldsymbol{v} \times \boldsymbol{B}$ ……(*) より，$\dot{v}_1(t)$ と $v_2(t)$，および $\dot{v}_2(t)$ と $v_1(t)$ との関係式を求めよ。

(2) 粒子 P の速度ベクトル $\boldsymbol{v}(t)$ $(t \geqq 0)$ を求めよ。

(3) 粒子 P の位置ベクトル $\boldsymbol{r}(t) = \begin{bmatrix} x(t) \\ y(t) \\ 0 \end{bmatrix}$ を求め，粒子 P が xy 平面上に描く軌跡 (曲線) の方程式を求めよ。

ヒント！ 本格的な問題だけれど，頑張って解いてみよう。(1) 荷電粒子 P の初速度 $\boldsymbol{v}_0$ は，xy 平面上の平面ベクトルより，ローレンツ力 $\boldsymbol{f} = q\boldsymbol{v} \times \boldsymbol{B}$ も xy 平面上の平面ベクトルとなる。よって，粒子 P は xy 平面上を運動するはずなので，速度ベクトル $\boldsymbol{v}$ の z 成分は常に 0 となる。(*) の運動方程式から $\dot{v}_1$ と v_2，$\dot{v}_2$ と v_1 の関係式が得られる。(2) (1) より，v_1 について単振動の微分方程式：$\ddot{v}_1 = -\omega^2 v_1$ が導けるので，まず，これを解いていこう！

解答＆解説

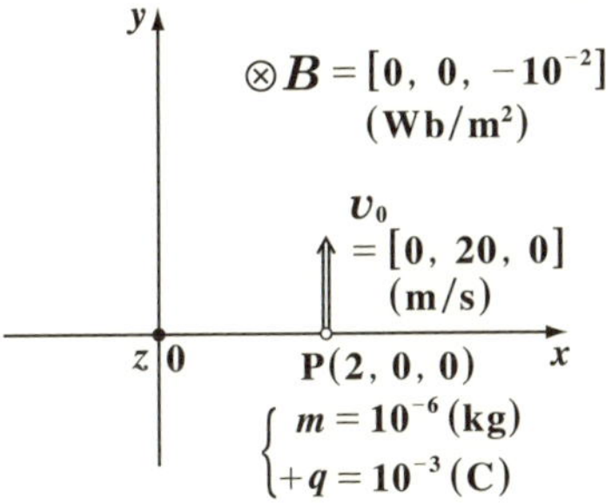

右図に示すように，一様な磁束密度
$B = \begin{bmatrix} 0 \\ 0 \\ -10^{-2} \end{bmatrix}$ (Wb/m²) のベクトル場
において，質量 $m = 10^{-6}$ (kg)，電荷
$+q = 10^{-3}$ (C) の荷電粒子 P に，時刻
$t = 0$ のときに，点 $(2, 0, 0)$ において，
初速度 $v_0 = \begin{bmatrix} 0 \\ 20 \\ 0 \end{bmatrix}$ (m/s) を与えた。

このとき，粒子 P は，xy 平面上を運動するはずなので，時刻 t における P の
位置ベクトル r と速度ベクトル v は，

$r(t) = \begin{bmatrix} x(t) \\ y(t) \\ 0 \end{bmatrix}$ ……①, $v(t) = \begin{bmatrix} v_1(t) \\ v_2(t) \\ 0 \end{bmatrix}$ ……② とおける。

(1) この粒子 P に働く力はローレンツ力 $f = qv \times B$ だけなので，ニュートン
の運動方程式は，$m\ddot{r} = qv \times B$ ……③ となる。

ここで，$\ddot{r} = \dot{v} = \begin{bmatrix} \dot{v}_1 \\ \dot{v}_2 \\ 0 \end{bmatrix}$ ……④ であり，また，

$v \times B = \begin{bmatrix} -10^{-2} v_2 \\ 10^{-2} v_1 \\ 0 \end{bmatrix} = 10^{-2} \begin{bmatrix} -v_2 \\ v_1 \\ 0 \end{bmatrix}$ ……⑤ より，

$v \times B$ の計算
$\begin{matrix} v_1 & v_2 & 0 & v_1 \\ 0 & 0 & -10^{-2} & 0 \end{matrix}$
$[-10^{-2} v_2, \ 10^{-2} v_1, \ 0]$

④と⑤を③に代入して，

$\underbrace{m}_{10^{-6}} \begin{bmatrix} \dot{v}_1 \\ \dot{v}_2 \\ 0 \end{bmatrix} = \underbrace{q}_{10^{-3}} \times 10^{-2} \begin{bmatrix} -v_2 \\ v_1 \\ 0 \end{bmatrix}$ ……⑥ となる。⑥に $m = 10^{-6}$ (kg), $q = 10^{-3}$ (C)

を代入して，$10^{-6} \begin{bmatrix} \dot{v}_1 \\ \dot{v}_2 \\ 0 \end{bmatrix} = 10^{-5} \begin{bmatrix} -v_2 \\ v_1 \\ 0 \end{bmatrix}$ ∴ $\begin{bmatrix} \dot{v}_1 \\ \dot{v}_2 \\ 0 \end{bmatrix} = 10 \begin{bmatrix} -v_2 \\ v_1 \\ 0 \end{bmatrix}$ ……⑦ となる。

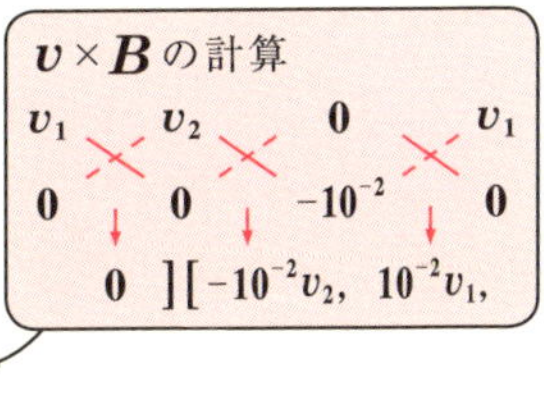

よって，⑦より，

$$\begin{cases}\dot{v}_1(t)=-10v_2(t)\ \cdots\cdots ⑧\\ \dot{v}_2(t)=10v_1(t)\ \cdots\cdots\cdots ⑨\end{cases}\quad (t\geqq 0)$$

が導ける。 ……………………………………………………………………(答)

$$\begin{bmatrix}\dot{v}_1\\ \dot{v}_2\\ 0\end{bmatrix}=10\begin{bmatrix}-v_2\\ v_1\\ 0\end{bmatrix}\cdots\cdots ⑦$$

(2) ⑧の両辺を t で1階微分して，

$\ddot{v}_1(t)=-10\dot{v}_2$ ……⑧´となる。これに，$\dot{v}_2=10v_1$ ……⑨を代入すると，

$\ddot{v}_1(t)=-100v_1$ ……⑩ が導ける。

$100=\omega^2 \rightarrow \omega=10$

単振動の微分方程式
$\ddot{x}=-\omega^2 x$ の一般解は，
$x=A_1\cos\omega t+A_2\sin\omega t$
$(A_1,\ A_2$：定数)

⑩は単振動の微分方程式より，この一般解は，

$v_1(t)=A_1\cos 10t+A_2\sin 10t$ ……⑪ となる。

ここで，$v_1(0)=0$ より，⑪に $t=0$ を代入すると，

$v_1(0)=A_1\underbrace{\cos 0}_{1}+A_2\underbrace{\sin 0}_{0}=\boxed{A_1=0}$

初速度 $\boldsymbol{v}_0$ は，
$\boldsymbol{v}_0=\boldsymbol{v}(0)=\begin{bmatrix}v_1(0)\\ v_2(0)\\ 0\end{bmatrix}=\begin{bmatrix}0\\ 20\\ 0\end{bmatrix}$
$\therefore v_1(0)=0,\ v_2(0)=20$

$A_1=0$ より，⑪は，$v_1(t)=A_2\sin 10t$ ……⑪´ となる。

⑧より，$v_2(t)=-\dfrac{1}{10}\dot{v}_1(t)=-\dfrac{1}{10}\cdot\underbrace{\dfrac{d}{dt}(A_2\sin 10t)}_{A_2\cdot 10\cos 10t}$

公式：
$\cdot(\sin mx)'=m\cos mx$
$\cdot(\cos mx)'=-m\sin mx$

$\therefore v_2(t)=-A_2\cos 10t$ ……⑫ となる。

ここで，$v_2(0)=20$ より，⑫に $t=0$ を代入すると，

$v_2(0)=-A_2\underbrace{\cos 0}_{1}=\boxed{-A_2=20}$ $\qquad\therefore A_2=-20$ ……⑬

⑬を⑪´と⑫に代入すると，

$$\begin{cases}v_1(t)=-20\sin 10t\ \cdots\cdots ⑭\\ v_2(t)=20\cos 10t\ \cdots\cdots\cdots ⑮\end{cases}\quad (t\geqq 0) \text{ となる。}$$

⑭と⑮を②に代入して，粒子Pの速度ベクトル $\boldsymbol{v}(t)$ は，

$$\boldsymbol{v}(t)=\begin{bmatrix}v_1(t)\\ v_2(t)\\ 0\end{bmatrix}=20\begin{bmatrix}-\sin 10t\\ \cos 10t\\ 0\end{bmatrix}\quad (t\geqq 0)$$ となる。 ……………………(答)

(3) (ⅰ) ⑭を t で積分して，$x(t)$ を求めると，

$$x(t)=\int v_1(t)\,dt=-20\int \sin 10t\,dt$$

$$=-20\times\left(-\frac{1}{10}\right)\cos 10t+C_1$$

公式：$\int \sin mx\,dx=-\frac{1}{m}\cos mx+C$

位置 $\boldsymbol{r}(t)$ の初期条件

$\boldsymbol{r}(0)=\begin{bmatrix}x(0)\\y(0)\\0\end{bmatrix}=\begin{bmatrix}2\\0\\0\end{bmatrix}$

$\therefore x(0)=2,\ y(0)=0$

$\therefore x(t)=2\cos 10t+C_1$　(C_1：定数) …⑯

ここで，初期条件：$x(0)=2$ より，⑯に $t=0$ を代入すると，

$x(0)=2\cdot\underbrace{\cos 0}_{1}+C_1=\boxed{2+C_1=2}$　$\therefore C_1=0$　これを⑯に代入して，

$x(t)=2\cos 10t$ ……⑯′ となる。

(ⅱ) ⑮を t で積分して，$y(t)$ を求めると，

$$y(t)=\int v_2(t)\,dt=20\int \cos 10t\,dt$$

$$=20\times\frac{1}{10}\sin 10t+C_2$$

公式：$\int \cos mx\,dx=\frac{1}{m}\sin mx+C$

$\therefore y(t)=2\sin 10t+C_2$　(C_2：定数) ……⑰

ここで，初期条件：$y(0)=0$ より，⑰に $t=0$ を代入すると，

$y(0)=\underbrace{2\sin 0}_{0}+C_2=\boxed{C_2=0}$　$\therefore C_2=0$　これを⑰に代入して，

$y(t)=2\sin 10t$ ……⑰′ となる。

以上⑯′, ⑰′ より，粒子 P の位置ベクトル $\boldsymbol{r}(t)$ は，

$$\boldsymbol{r}(t)=\begin{bmatrix}x(t)\\y(t)\\0\end{bmatrix}=\begin{bmatrix}2\cos 10t\\2\sin 10t\\0\end{bmatrix}$$

$(t\geqq 0)$ である。……………………………(答)

$x=2\cos 10t$ ……⑯′，　$y=2\sin 10t$ ……⑰′ より，

$x^2+y^2=4\cos^2 10t+4\sin^2 10t$

$=4(\underbrace{\cos^2 10t+\sin^2 10t}_{1})=4$

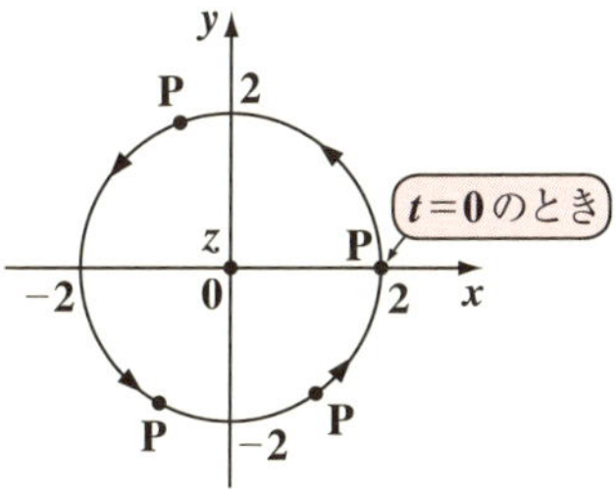

∴粒子 P の描く曲線の方程式は，

$x^2+y^2=4$ $(z=0)$ である。……(答)

xy 平面上の原点 0 を中心とする半径 2 の円

講義4 ●定常電流と磁場　公式エッセンス

1. 電流 I の3つの表現

(1) $I = \dfrac{dQ}{dt}$　　(2) $I = vS\eta e$　　(3) $I = \iint_S \boldsymbol{i} \cdot \boldsymbol{n}\, dS$

2. 電荷の保存則

$\mathrm{div}\,\boldsymbol{i} = -\dfrac{\partial \rho}{\partial t}$　($\boldsymbol{i}$：電流密度，ρ：電荷の体積密度)

3. マクスウェルの方程式

$\mathrm{div}\,\boldsymbol{B} = 0$　$[\mathrm{div}\,\boldsymbol{H} = 0]$

4. 一般化されたアンペールの法則

$\oint_C \boldsymbol{H} \cdot d\boldsymbol{r} = I$

5. 定常電流による磁場に関するマクスウェルの方程式

$\mathrm{rot}\,\boldsymbol{H} = \boldsymbol{i}$

6. 静磁場のクーロンの法則

$f = k_m \dfrac{m_1 m_2}{r^2}$　$\left(k_m = \dfrac{1}{4\pi\mu_0}\ (\mathrm{A^2/N})\ (\mu_0：真空の透磁率\ \mu_0 = 4\pi \times 10^{-7}\ (\mathrm{N/A^2}))\right)$

7. ε_0 と μ_0 の関係

$\varepsilon_0 \mu_0 = \dfrac{1}{c^2}$　(c：光速)

8. ビオ-サバールの法則

$d\boldsymbol{H} = \dfrac{1}{4\pi} \cdot \dfrac{I d\boldsymbol{l} \times \boldsymbol{r}}{r^3} = \dfrac{1}{4\pi} \cdot \dfrac{I d\boldsymbol{l} \times \boldsymbol{e}_r}{r^2}$　$\left(\boldsymbol{e}_r = \dfrac{\boldsymbol{r}}{r}\right)$

$\left[微小な磁場の大きさ：dH = \dfrac{I\sin\theta}{4\pi r^2} dl\right]$

9. アンペールの力

$\boldsymbol{f} = l\boldsymbol{I} \times \boldsymbol{B}$ ←“Let it be.”　[$f = lIB$　($\boldsymbol{I} \perp \boldsymbol{B}$ のとき)]

10. ローレンツ力

$\boldsymbol{f} = q\boldsymbol{v} \times \boldsymbol{B}$ ←“Queens are very beautiful.”　[$\boldsymbol{f} = q(\boldsymbol{E} + \boldsymbol{v} \times \boldsymbol{B})$]

講義 Lecture 5

時間変化する電磁場

テーマ

▶ アンペール-マクスウェルの法則

$\left(\mathrm{rot}\,\boldsymbol{H} = \boldsymbol{i} + \dfrac{\partial \boldsymbol{D}}{\partial t}\right)$

▶ 電磁誘導の法則

$\left(V = -\dfrac{\partial \Phi}{\partial t},\ \mathrm{rot}\,\boldsymbol{E} = -\dfrac{\partial \boldsymbol{B}}{\partial t}\right)$

▶ さまざまな回路

（RC回路，RL回路，LC回路）

§1. アンペール-マクスウェルの法則

第3章と第4章では，静電場および定常電流による静磁場について，様々な問題を解いてきた。しかし，これらはすべて，時間的に変化することのない静止画像(写真)のような電磁場の世界について記述していたに過ぎないんだね。

これに対して，今回の講義から，いよいよ“**時間変化する電磁場**”について解説しよう。つまり，これから動画のようなダイナミックに動く電磁場の世界に足を踏み入れることになるんだね。楽しみだね！

これまでにも，4つのマクスウェルの方程式について解説してきた。しかし，これらはすべて静電場や静磁場の世界のものなので，これらを時間変化する電磁場におけるマクスウェルの方程式に書き換える必要がある。ここではまず，初めに，“**アンペール-マクスウェルの法則**”と“**変位電流**”について解説することにしよう。

● マクスウェルの方程式を対比してみよう！

まず，(Ⅰ)静電場や静磁場における特殊なマクスウェルの方程式と，(Ⅱ)時間的に変化する電磁場における一般的なマクスウェルの方程式とを対比して下に示す。(i)と(ii)は同じだけれど，(iii)と(iv)は異なることに気を付けよう。

(Ⅰ)静電場，静磁場におけるマクスウェルの方程式

(i) $\mathrm{div}\,\boldsymbol{D} = \rho$ ……$(*e)$

(ii) $\mathrm{div}\,\boldsymbol{B} = \boldsymbol{0}$ ……$(*f)$

(iii) $\mathrm{rot}\,\boldsymbol{H} = \boldsymbol{i}$ ……$(*g)'$

(iv) $\mathrm{rot}\,\boldsymbol{E} = \boldsymbol{0}$ ……$(*h)'$

(Ⅱ)時間変化する電磁場におけるマクスウェルの方程式

(i) $\mathrm{div}\,\boldsymbol{D} = \rho$ ……………$(*e)$

(ii) $\mathrm{div}\,\boldsymbol{B} = \boldsymbol{0}$ ……………$(*f)$

(iii) $\mathrm{rot}\,\boldsymbol{H} = \boldsymbol{i} + \dfrac{\partial \boldsymbol{D}}{\partial t}$ ……$(*g)$

(iv) $\mathrm{rot}\,\boldsymbol{E} = -\dfrac{\partial \boldsymbol{B}}{\partial t}$ ……$(*h)$

クーロンの法則から導いた方程式(i) $\mathrm{div}\boldsymbol{D}=\rho$ と，単磁荷が存在しないことから導いた方程式(ii) $\mathrm{div}\boldsymbol{B}=\boldsymbol{0}$ の2つについては，(Ⅰ)の静電場，静磁場においても，(Ⅱ)の時間変化する電磁場においても同じで，修正を加える必要はないんだね。

これに対して，静磁場において，アンペールの法則 $\left(\oint_c \boldsymbol{H}\cdot d\boldsymbol{r}=\boldsymbol{I}\right)$ から導いた方程式(iii) $\mathrm{rot}\boldsymbol{H}=\boldsymbol{i}$ だけでは，(Ⅱ)の時間変化する電磁場の問題に対応できないので，マクスウェルはこの式の右辺に新たに"**変位電流**(へんいでんりゅう)"の項 $\dfrac{\partial\boldsymbol{D}}{\partial t}$ を加えて一般化したんだね。これに因んで，この修正を加えた方程式(iii) $\mathrm{rot}\boldsymbol{H}=\boldsymbol{i}+\dfrac{\partial\boldsymbol{D}}{\partial t}$ のことを"**アンペール-マクスウェルの法則**"と呼ぶ。ここではまず，この変位電流とアンペール-マクスウェルの法則について，これから分かりやすく解説していこう。

次に，(Ⅰ)の静電場における方程式(iv) $\mathrm{rot}\boldsymbol{E}=\boldsymbol{0}$ は，静電場 $\boldsymbol{E}$ がスカラー・ポテンシャル(電位) ϕ をもち，$\boldsymbol{E}=-\mathrm{grad}\phi=-\nabla\phi$ と表せるための必要十分条件だったんだね。これに対して，(Ⅱ)の時間変化する電磁場における方程式(iv) $\mathrm{rot}\boldsymbol{E}=-\dfrac{\partial\boldsymbol{B}}{\partial t}$ は，ファラデーの"**電磁誘導の法則**"から導くことができるんだね。これについては，次の講義でまた分かりやすく教えよう。

いずれにせよ，時間変化する電磁場におけるマクスウェルの方程式が一般的な方程式と呼ばれる理由は，これが静電場，静磁場においても成り立つからなんだね。電磁場が時間変化しないとき，$\boldsymbol{D}$(電束密度)も $\boldsymbol{B}$(磁束密度)も一定となる。よって，当然，$\dfrac{\partial\boldsymbol{D}}{\partial t}=\boldsymbol{0}$，$\dfrac{\partial\boldsymbol{B}}{\partial t}=\boldsymbol{0}$ となり，(Ⅱ)の時間変化する電磁場でのマクスウェルの方程式(iii)，(iv)は共に，

$$\text{(iii)}\ \mathrm{rot}\boldsymbol{H}=\boldsymbol{i}+\underbrace{\frac{\partial\boldsymbol{D}}{\partial t}}_{\boldsymbol{0}}=\boldsymbol{i},\qquad \text{(iv)}\ \mathrm{rot}\boldsymbol{E}=-\underbrace{\frac{\partial\boldsymbol{B}}{\partial t}}_{\boldsymbol{0}}=\boldsymbol{0}$$

となって，(Ⅰ)の静電場，静磁場におけるマクスウェルの方程式と一致するからだ。

● アンペール - マクスウェルの法則をマスターしよう！

では，静電場におけるアンペールの法則：$\mathrm{rot}\,\boldsymbol{H}=\boldsymbol{i}$ ……$(*g)'$ を一般化して，アンペール-マクスウェルの法則：$\mathrm{rot}\,\boldsymbol{H}=\boldsymbol{i}+\frac{\partial \boldsymbol{D}}{\partial t}$ ……$(*g)$ を導こう。

図1 アンペール-マクスウェルの法則

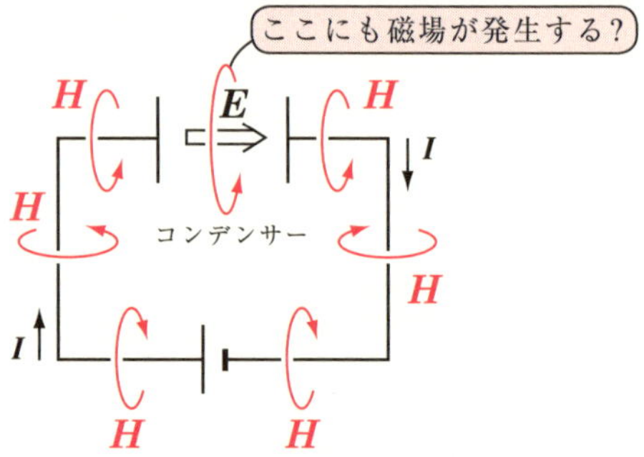

図**1**に示すように，コンデンサーを含む閉回路に直流電源(電池)を接続する場合を考えよう。初め，コンデンサーには何も電荷はなかったものとすると，コンデンサーが十分に電荷を蓄えるまでの間，この回路の導線に電流は流れ続ける。そして，アンペールの法則により，この回路の導線のまわりに回転する磁場 $\boldsymbol{H}$ が生ずることは，第**4**章で解説した通りだね。

ここで，マクスウェルは導線のまわりだけでなく，コンデンサーの**2**枚の極板の間にも磁場が生ずるのではないかと考えた。そして，測定した結果，導線に電流が流れている間，この極板間にも磁場が発生していることを確認することができた。

しかし，この結果は明らかに，アンペールの法則 $(*g)'$ と矛盾する。何故って？ それは，コンデンサーの**2**枚の極板の間には何も電流は流れていないからだ。「では，何が，この磁場を発生させているのだろうか？」と，マクスウェルはさらに考えたんだね。

その結果，電流が極板に流れ込み，**2**枚の極板には正･負の電荷が蓄えられていくことになり，極板間の電場の強さが変化していることに気付いた。つまり，「電場の時間変化率，つまり，$\boldsymbol{E}$ の変化速度 $\frac{\partial \boldsymbol{E}}{\partial t}$ と磁場 $\boldsymbol{H}$ とが関係している」と考えたんだね。

あくまでも，$\boldsymbol{H}$ と関係するのは $\boldsymbol{E}$ の変化速度 $\frac{\partial \boldsymbol{E}}{\partial t}$ であって，$\boldsymbol{E}$ そのものではないことに注意しよう。何故なら，図1の回路を閉じて十分時間が経つと，コンデンサーにも十分電荷が蓄えられるので，電流はもはや流れなくなり，当然そのまわりに磁場は発生しなくなる。そして，コンデンサーの極板間には電場 $\boldsymbol{E}$ は存在するんだけれど，やはりこの極板間にも磁場 $\boldsymbol{H}$ は生じなくなる。ということは，電流が流れている，つまり，極板間の電場が時間的に変化しているときのみに，磁場 $\boldsymbol{H}$ が発生すると考えることができるわけだね。

では，言葉での解説はこの位にして，これから数式で以上の内容を正確に記述してみよう。

電流が流れている時刻 t と $t+dt$ の間の dt 秒間に，電流 I がコンデンサーに流れ込む結果，コンデンサーが蓄える電荷 Q の微小な増分を dQ とおくと，

$dQ = Idt$ と表せる。よって，

$$I = \frac{dQ}{dt} \quad \cdots\cdots ①$$ となる。

ここで，平行平板コンデンサーの公式より，

$$Q = \underset{\frac{\varepsilon_0 S}{d}}{C}\ \underset{Ed}{V} = \frac{\varepsilon_0 S}{d} E d = \underset{\text{定数}}{\varepsilon_0 S} E$$

平行平板コンデンサーの公式 (P105, P110)

(1) $Q = CV$ …………$(*a_0)$

(2) $E = \frac{V}{d}$ …………$(*b_0)$

(3) $C = \frac{\varepsilon_0 S}{d}$ …………$(*c_0)$

(4) $U = \frac{1}{2}CV^2$ ………$(*d_0)$

$\left(u_e = \frac{1}{2}\varepsilon_0 E^2 \cdots\cdots (*e_0) \right)$

となる。これから，この両辺の微分量をとると，

$dQ = \varepsilon_0 S \cdot dE$ ……② となる。この②を①に代入すると，

（E を多変数関数とみて，偏微分で表した。）

$$I = \varepsilon_0 S \frac{\partial E}{\partial t}$$ となり，これをさらにベクトルで表示すると，

$$I_d = \varepsilon_0 S \frac{\partial \boldsymbol{E}}{\partial t} \quad \cdots\cdots ③$$ となるんだね。ここで，左辺を I ではなく I_d とおいたのは，これは通常の伝導電流ではなく，コンデンサーの極板間に仮想的に存在する電流だからなんだね。

③の両辺を S で割って，$\boldsymbol{i}_d = \dfrac{I_d}{S}$ とおくと，

$$I_d = \varepsilon_0 S \frac{\partial \boldsymbol{E}}{\partial t} \cdots\cdots ③$$

$$\boldsymbol{i}_d = \frac{\partial(\varepsilon_0 \boldsymbol{E})}{\partial t} \qquad \therefore \boldsymbol{i}_d = \frac{\partial \boldsymbol{D}}{\partial t} \cdots\cdots ④$$ となる。

（$\varepsilon_0 \boldsymbol{E}$ は $\boldsymbol{D}$）

この $\boldsymbol{i}_d \left(= \dfrac{\partial \boldsymbol{D}}{\partial t}\right)$ は伝導電流の電流密度 $\boldsymbol{i}$ と同じ単位 $[\mathrm{A/m^2}]$ をもち，これを **"変位電流（へんいでんりゅう）"** と呼ぶ。

アンペールの法則：$\mathrm{rot}\boldsymbol{H} = \boldsymbol{i} \cdots\cdots (*g)'$ の右辺に④の変位電流の項を加えることにより，

(iii) $\mathrm{rot}\boldsymbol{H} = \boldsymbol{i} + \boldsymbol{i}_d = \boldsymbol{i} + \dfrac{\partial \boldsymbol{D}}{\partial t} \cdots\cdots (*g)$ となり，

"アンペール-マクスウェルの法則" が導かれる。変位電流は $\varepsilon_0 \dfrac{\partial \boldsymbol{E}}{\partial t}$ と表してもかまわないので，「磁場 $\boldsymbol{H}$ が $\dfrac{\partial \boldsymbol{E}}{\partial t}$ によって発生する」と考えたマクスウェルの考えは正しかったと言えるんだね。

この $(*g)$ の公式の利用法については次の通りだ。

- ・伝導電流のみのところでは，$\mathrm{rot}\boldsymbol{H} = \boldsymbol{i}$ を用い，
- ・変位電流のみのところでは，$\mathrm{rot}\boldsymbol{H} = \dfrac{\partial \boldsymbol{D}}{\partial t}$ を用いればいいんだね。

そして，この両方が存在するところでは，$(*g)$ をそのまま用いる。従って，この公式は状況によって使い分ければいいんだね。

ここで，さらに，$(*g)$ の両辺の発散をとって変形してみよう。

$$\underbrace{\mathrm{div}(\mathrm{rot}\boldsymbol{H})}_{0} = \mathrm{div}\,\boldsymbol{i} + \mathrm{div}\left(\frac{\partial \boldsymbol{D}}{\partial t}\right)$$

P57の公式：$\mathrm{div}(\mathrm{rot}\boldsymbol{f}) = 0 \cdots\cdots (*m)$ より

$$\mathrm{div}\,\boldsymbol{i} + \frac{\partial}{\partial t}(\underbrace{\mathrm{div}\boldsymbol{D}}_{\rho}) = 0$$

マクスウェルの方程式 (i) $\mathrm{div}\boldsymbol{D} = \rho \cdots\cdots (*e)$ より

$\therefore \mathrm{div}\,\boldsymbol{i} = -\dfrac{\partial \rho}{\partial t} \cdots\cdots (*h_0)$ となって，P127の **"電荷の保存則"** も導ける。

このことからも，**"アンペール-マクスウェルの法則"** が正しい公式であることが確認できるんだね。

それでは，次の例題を解いて，実際にアンペール-マクスウェルの法則の公式を使ってみよう。

例題 36　xyz 座標空間上に磁場 $\boldsymbol{H} = [-2z,\ 3x,\ 4y]$ (A/m) が存在するとき，次の問いに答えよ。

(1) 磁場 $\boldsymbol{H}$ が，電流密度 $\boldsymbol{i}$ (A/m²) によって生ずるものとする。
このとき，方程式：$\mathrm{rot}\,\boldsymbol{H} = \boldsymbol{i}$ ……(∗) を用いて $\boldsymbol{i}$ を求めよう。

(2) 磁場 $\boldsymbol{H}$ が，時刻 $t\ (\geqq 0)$ により変化する電束密度 $\boldsymbol{D} = [at+1,\ bt+3,\ ct-2]$ (C/m²) によって生じているものとする。
このとき，$\mathrm{rot}\,\boldsymbol{H} = \dfrac{\partial \boldsymbol{D}}{\partial t}$ ……(∗)′ を用いて，定数 a, b, c の値を求め，$t = 2$ (s) における $\boldsymbol{D}$ を求めよう。

(1) $\boldsymbol{H} = [-2z,\ 3x,\ 4y]$ の回転 $\mathrm{rot}\,\boldsymbol{H}$ を求めると，
$\mathrm{rot}\,\boldsymbol{H} = [4,\ -2,\ 3]$ となる。

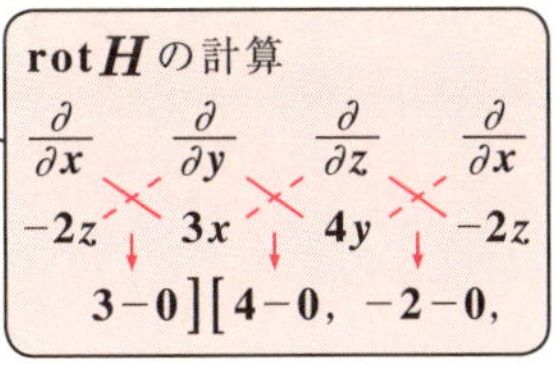
rot H の計算
∂/∂x　∂/∂y　∂/∂z　∂/∂x
−2z　3x　4y　−2z
3−0][4−0, −2−0,

よって，電流密度 $\boldsymbol{i}$ によって磁場 $\boldsymbol{H}$ が生じるとき，(∗) の公式より，
$\boldsymbol{i} = \mathrm{rot}\,\boldsymbol{H} = [4,\ -2,\ 3]$ となるんだね。大丈夫？

(2) 次に，$\boldsymbol{H}$ が，変位電流 $\dfrac{d\boldsymbol{D}}{dt}$ により生じるとき，$\boldsymbol{D} = [at+1,\ bt+3,\ ct-2]$

今回，$\boldsymbol{D}$ は t のみの関数なので，偏微分ではなく，常微分で表せるんだね。

より，$\dfrac{d\boldsymbol{D}}{dt} = \left[\dfrac{d}{dt}(at+1),\ \dfrac{d}{dt}(bt+3),\ \dfrac{d}{dt}(ct-2)\right] = [a,\ b,\ c]$ となる。

よって，公式 (∗)′ を用いると，

$\dfrac{d\boldsymbol{D}}{dt} = [a,\ b,\ c] = \mathrm{rot}\,\boldsymbol{H} = [4,\ -2,\ 3]$ より，

$a = 4,\ b = -2,\ c = 3$ となることが分かる。

よって，$\boldsymbol{D}(t) = [4t+1,\ -2t+3,\ 3t-2]$ (C/m²) である。

これから，時刻 $t = 2$ (s) のときの $\boldsymbol{D}$ は，

$\boldsymbol{D}(2) = [4\times2+1,\ -2\times2+3,\ 3\times2-2] = [9,\ -1,\ 4]$ (C/m²) となる。

これも大丈夫だった？

演習問題 10 ●アンペール-マクスウェルの法則●

xyz 座標空間上に伝導電流は存在せず，電束密度 $\boldsymbol{D}(t)$ (t：時刻，$t \geqq 0$) のみが存在し，この $\boldsymbol{D}(t)$ により，次に示す磁場
$\boldsymbol{H} = [-4y\sin t\cos t,\ -2z\sin^2 t,\ xe^{-2t}]$ ($t \geqq 0$) が生じているものとする。
このとき，アンペール-マクスウェルの法則：$\mathrm{rot}\boldsymbol{H} = \dfrac{\partial \boldsymbol{D}}{\partial t}$ ……(＊) を利用して，次の各問いに答えよ。

(1) 磁場 $\boldsymbol{H}$ の回転 $\mathrm{rot}\boldsymbol{H}$ を求めよ。

(2) 時刻 $t=0$ のとき，電束密度は $\boldsymbol{D}(0) = [1,\ -1,\ 2]$ であるものとする。
このとき，時刻 $t>0$ のときの電束密度 $\boldsymbol{D}(t)$ を求めよ。

ヒント！ (1) で，$\mathrm{rot}\boldsymbol{H}$ を求めるとき，x, y, z での偏微分の際に，t は定数として扱うんだね。(2) $\boldsymbol{D}(t) = [D_1(t),\ D_2(t),\ D_3(t)]$ とおき，$\mathrm{rot}\boldsymbol{H} = [f(t),\ g(t),\ h(t)]$ とおくと，(＊) の公式より，$[\dot{D}_1,\ \dot{D}_2,\ \dot{D}_3] = [f,\ g,\ h]$ となるんだね。よって，たとえば，$\dot{D}_1 = f$ より，$D_1 = \int f\,dt$ として求めればいい。D_2，D_3 も同様に積分して求めよう。

解答＆解説

(1) 磁場 $\boldsymbol{H} = [-4y\sin t\cos t,\ -2z\sin^2 t,\ xe^{-2t}]$ ($t \geqq 0$) の回転 $\mathrm{rot}\boldsymbol{H}$ を求めると，

$\mathrm{rot}\boldsymbol{H}$
$= [\underbrace{2\sin^2 t}_{1-\cos 2t},\ -e^{-2t},\ \underbrace{4\sin t\cos t}_{2\sin 2t}]$
$= [1-\cos 2t,\ -e^{-2t},\ 2\sin 2t]$ ……① ($t \geqq 0$)
となる。 ……………………………………………(答)

$\mathrm{rot}\boldsymbol{H}$ の計算

$$\frac{\partial}{\partial x}\quad \frac{\partial}{\partial y}\quad \frac{\partial}{\partial z}\quad \frac{\partial}{\partial x}$$
$$-4y\sin t\cos t \quad -2z\sin^2 t \quad xe^{-2t} \quad -4y\sin t\cos t$$
$$4\sin t\cos t\,][\ 2\sin^2 t,\ -e^{-2t},$$

・半角の公式：
$\sin^2\theta = \dfrac{1-\cos 2\theta}{2}$
・2倍角の公式：
$\sin 2\theta = 2\sin\theta\cos\theta$

(2) 電束密度 $\boldsymbol{D}(t)$ を $\boldsymbol{D}(t) = [D_1(t),\ D_2(t),\ D_3(t)]$ とおくと，

$$\frac{d\boldsymbol{D}}{dt} = \left[\frac{dD_1}{dt},\ \frac{dD_2}{dt},\ \frac{dD_3}{dt}\right] \text{……②}$$ と表せる。

これは，$\dot{\boldsymbol{D}} = [\dot{D}_1,\ \dot{D}_2,\ \dot{D}_3]$ と表してもいい。

今回，$\boldsymbol{D}(t)$ は t のみの1変数関数なので，偏微分ではなく，常微分の形で表せる。

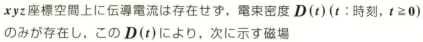

①と②を，公式：$\mathrm{rot}\,\boldsymbol{H} = \dfrac{\partial \boldsymbol{D}}{\partial t}$ ……(＊) に代入すると，

$[1-\cos 2t,\ -e^{-2t},\ 2\sin 2t] = \left[\dfrac{dD_1}{dt},\ \dfrac{dD_2}{dt},\ \dfrac{dD_3}{dt}\right]$ より，$\boldsymbol{D}$ の各成分 D_1，

D_2，D_3 は，それぞれ積分計算により求めることができる。

初期条件
$\boldsymbol{D}(0) = [D_1(0),\ D_2(0),\ D_3(0)] = [1,\ -1,\ 2]$

(i) $\dfrac{dD_1}{dt} = 1-\cos 2t$ より，　$\displaystyle\int \cos mt\,dt = \frac{1}{m}\sin mt + C$

$D_1(t) = \displaystyle\int (1-\cos 2t)\,dt = t - \frac{1}{2}\sin 2t + C_1$

(C_1：積分定数)

ここで，初期条件：$D_1(0) = 0 - \dfrac{1}{2}\cdot\sin 0 + C_1 = C_1 = 1$　$\therefore C_1 = 1$

$\therefore D_1(t) = t - \dfrac{1}{2}\sin 2t + 1$ ……③ となる。

(ii) $\dfrac{dD_2}{dt} = -e^{-2t}$ より，　$\displaystyle\int e^{at} = \frac{1}{a}e^{at} + C$

$D_2(t) = -\displaystyle\int e^{-2t}\,dt = \frac{1}{2}e^{-2t} + C_2$　(C_2：定数)

ここで，初期条件：$D_2(0) = \dfrac{1}{2}\cdot e^0 + C_2 = \dfrac{1}{2} + C_2 = -1$　$\therefore C_2 = -\dfrac{3}{2}$

$\therefore D_2(t) = \dfrac{1}{2}e^{-2t} - \dfrac{3}{2} = \dfrac{1}{2}(e^{-2t}-3)$ ……④ となる。

(iii) $\dfrac{dD_3}{dt} = 2\sin 2t$ より，　$\displaystyle\int \sin mt\,dt = -\frac{1}{m}\cos mt + C$

$D_3(t) = 2\displaystyle\int \sin 2t\,dt = -\cos 2t + C_3$　(C_3：定数)

ここで，初期条件：$D_3(0) = -\cos 0 + C_3 = -1 + C_3 = 2$　$\therefore C_3 = 3$

$\therefore D_3(t) = -\cos 2t + 3$ ……⑤ となる。

以上 (i), (ii), (iii) の③, ④, ⑤より，求める電束密度 $\boldsymbol{D}(t)$ は，

$\boldsymbol{D}(t) = \left[t - \dfrac{1}{2}\sin 2t + 1,\ \dfrac{1}{2}(e^{-2t}-3),\ -\cos 2t + 3\right]$ である。………(答)

§2. 電磁誘導の法則とマクスウェルの方程式

第 **4** 章では，電流から磁場が発生すること（アンペールの法則，ビオ-サバールの法則），また，磁場の中を流れる電流（または，運動する電荷）には力が働くこと（アンペールの力，ローレンツ力）を勉強した。そして，今回の講義では，回路を貫く磁束の時間変化から起電力が生じて，電流が流れる現象，すなわち，ファラデーの“**電磁誘導の法則**”について分かりやすく解説しよう。さらに，この電磁誘導の法則から **4** 番目のマクスウェルの方程式を導いてみせよう。

また，コイルの“**自己インダクタンス**”と“**相互インダクタンス**”についても解説し，さらにコイルの持つエネルギーを基に，“**磁場のエネルギー密度**”についても教えるつもりだ。今回も，盛り沢山の内容だね。

● 電磁誘導の法則について解説しよう！

電流と磁場と力について，これまで解説した内容をまとめておくと，

(Ⅰ) アンペール-マクスウェルの法則：$\mathrm{rot}\,\boldsymbol{H} = \boldsymbol{i} + \dfrac{\partial \boldsymbol{D}}{\partial t}$ により，
「電流により，回転する磁場が生じる」ことを学んだ。

(Ⅱ) アンペールの力：$\boldsymbol{f} = l\boldsymbol{I} \times \boldsymbol{B}$ とローレンツ力：$\boldsymbol{f} = q\boldsymbol{v} \times \boldsymbol{B}$ により，
「磁場の中を流れる電流または運動する電荷には力が働く」ことを学んだんだね。

以上の結果から，ファラデーは，
「磁場と力の何らかの組み合わせから，電流を生じさせることはできないだろうか?」と考えて，様々な実験を行った結果，
「回路（コイル）を貫く磁束 ϕ(**Wb**) の時間的変化が回路（コイル）に起電力を生じさせ，電流が生まれる。」ことを発見した。これを，ファラデーの“**電磁誘導の法則**”という。この電磁誘導により生じるコイルの起電力を“**誘導起電力**”といい，その結果コイルに流れる電流を“**誘導電流**”と呼ぶんだね。

ファラデーの実験では，鉄の環に巻いた**2**つのコイルを使って，この電磁誘導の法則を発見したんだけれど，ここではよりシンプルなモデルを使って解説しよう。

図**1**に示すように，**1**巻きの円形コイルの中心軸に沿うように，たとえば，棒磁石の**N**極を上下に動かせば，円形コイル(回路)を貫く磁束密度$\boldsymbol{B}$(**Wb/m²**)が時間的に変化することになる。その結果，コイルを貫く磁束$\boldsymbol{\Phi}$も時間的に変化するので，コイルには誘導起電力が生じ，誘導電流$\boldsymbol{I}$が流れることになるんだね。

図1　電磁誘導の法則

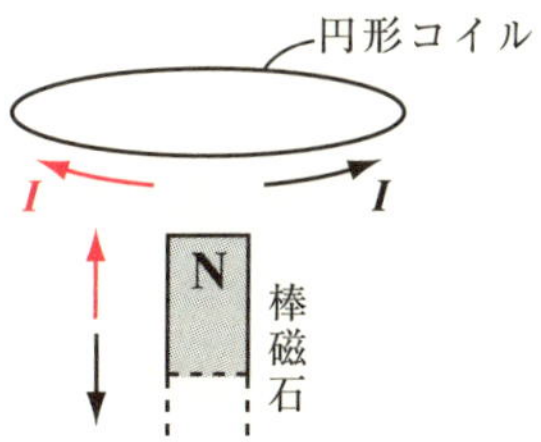

では，誘導起電力の向き，すなわち，コイルに流れる誘導電流$\boldsymbol{I}$の向きはどうなるのだろうか？これは次の“**レンツの法則**”によりすぐに分かる。すなわち，「誘導起電力は，これによって流れる誘導電流が作る磁場が，磁束の変化を妨げる向きに生じる。」ということだ。つまり，図**2**に示すように，初め円形コイルを貫く磁束密度(磁場)の大きさが$\boldsymbol{B}$であったとしよう。ここで，

図2　レンツの法則

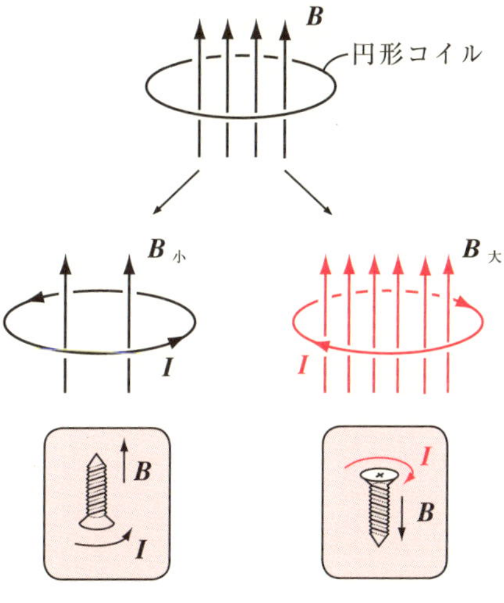

(i) $\boldsymbol{B} \to \boldsymbol{B}_{小}$，つまり，$\boldsymbol{B}$(または$\boldsymbol{\Phi}$)が小さくなるとき，これを補って$\boldsymbol{B}$が大きくなる向きに誘導電流$\boldsymbol{I}$は流れる。逆に，

(ii) $\boldsymbol{B} \to \boldsymbol{B}_{大}$，つまり$\boldsymbol{B}$(または$\boldsymbol{\Phi}$)が大きくなるとき，これを押さえて$\boldsymbol{B}$が小さくなる向きに誘導電流$\boldsymbol{I}$は流れる。

いずれにせよ，磁束が変化したら，その変化を妨げる向きに誘導起電力が生じて誘導電流が流れるということを覚えておけばいいんだね。

以上より，ファラデーの電磁誘導の法則の公式は，

$$V=-\frac{\partial\Phi}{\partial t}\ \cdots\cdots(*d)\qquad \left(\begin{array}{l} V：誘導起電力\ (\mathrm{V}),\ \Phi：磁束\ (\mathrm{Wb}) \\ t：時刻\ (\mathrm{s}) \end{array}\right)$$

で表される。磁束の時間的変化率（変化速度）$\frac{\partial\Phi}{\partial t}$ に⊖を付けたものが，そのまま，誘導起電力になるんだね。この⊖の意味は，レンツの法則に由来しているんだね。「誘導起電力は磁束の変化を妨げる向きに生じる。」

それでは，例題を一題解いておこう。

例題 37 時間的に変化する磁束 $\Phi(t)$ (Wb) (t：時刻) により生じる誘導起電力 V が，$V=\sin^2 t$ (V) ($t\geqq 0$) であるとき，$\Phi(t)$ を求めよう。（ただし，$\Phi(0)=0$ (Wb) であるものとする。）

ファラデーの電磁誘導の法則：$V=-\frac{d\Phi}{dt}$ ……① より，磁束 $\Phi(t)$ は，

今回，Φ は，t の 1 変数関数なので，偏微分ではなくて，常微分で表した。

$\Phi(t)=-\int V\,dt$ ……② となる。←①の両辺を t で積分して，両辺に -1 をかけたもの

②に $V=\sin^2 t$ ($t\geqq 0$) を代入すると，

$$\Phi(t)=-\int\sin^2 t\,dt=-\int\frac{1-\cos 2t}{2}\,dt$$

半角の公式：$\sin^2\theta=\frac{1-\cos 2\theta}{2}$

$$=-\frac{1}{2}\left(t-\frac{1}{2}\sin 2t\right)+C\quad (C：積分定数)$$

積分公式：$\int\cos mx\,dx=\frac{1}{m}\sin mx$

$$\therefore\ \Phi(t)=\frac{1}{4}\sin 2t-\frac{1}{2}t+C\ \cdots\cdots③\ となる。$$

ここで，初期条件 $\Phi(0)=0$ より，③に $t=0$ を代入すると，

$$\Phi(0)=\frac{1}{4}\underbrace{\sin 0}_{0}-\frac{1}{2}\cdot 0+C=\boxed{C=0}\qquad \therefore\ C=0$$

これを③に代入して，

求める磁束 $\Phi(t)$ は，$\Phi(t)=\frac{1}{4}\sin 2t-\frac{1}{2}t$ ($t\geqq 0$) となるんだね。

大丈夫だった？

それでは，ここで，この電磁誘導における磁束Φ(Wb)と磁束密度$\boldsymbol{B}$(Wb/m^2)の関係についても解説しておこう。

図3　磁束Φと磁束密度$\boldsymbol{B}$

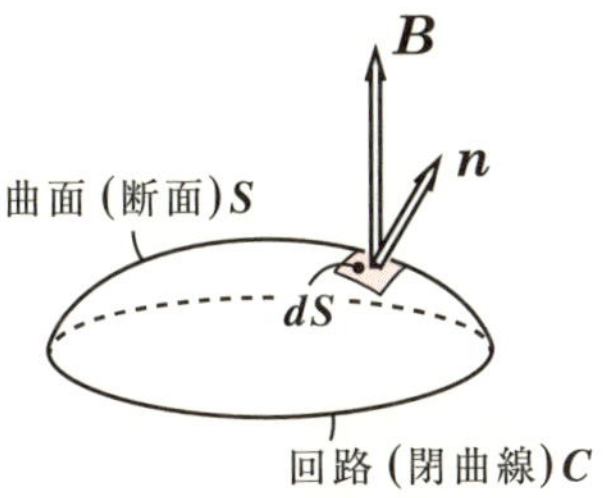

図3に示すように，閉回路を閉曲線Cとみて，Cに囲まれる任意の裏表のある曲面Sをとる。

（これは，平面でなくてもかまわない。どんな曲面(平面)でも，$\boldsymbol{B}$が場所によらず一定であれば，磁束Φを下の①式で計算すると，結局同じものになるからだ。）

このSの微小部分dSにおける磁束密度を$\boldsymbol{B}$，また，dSの単位法線ベクトルを$\boldsymbol{n}$とおくと，磁束Φの微小な磁束$d\Phi$は，$d\Phi=\boldsymbol{B}\cdot\boldsymbol{n}dS$で与えられる。よって，これを曲面$S$全体に渡って面積分したものが，$\Phi$となるので，

$$\Phi=\iint_S \boldsymbol{B}\cdot\boldsymbol{n}dS \quad \cdots\cdots①$$

となる。これが，Φと$\boldsymbol{B}$との一般的な関係式なんだね。もちろん，Sが平面で，$\boldsymbol{B}$が定ベクトルで，かつ，$\boldsymbol{B}/\!/\boldsymbol{n}$であるならば，①より，

$$\Phi=\iint_S \boldsymbol{B}\cdot\boldsymbol{n}dS=B\iint_S dS=BS \quad \cdots\cdots①'$$

となるのも分かるはずだ。

（$\boldsymbol{B}\cdot\boldsymbol{n}=\|\boldsymbol{B}\|\|\boldsymbol{n}\|\cos 0=B$ (定数)　ただし $\|\boldsymbol{B}\|=B$，$\|\boldsymbol{n}\|=1$，$\cos 0=1$）

よって，この①'を$(*d)$に代入すると，誘導起電力Vは，

$$V=-\frac{\partial(BS)}{\partial t}=-B\frac{\partial S}{\partial t} \quad \cdots\cdots②$$

で計算できるんだね。

②は，磁束密度$\boldsymbol{B}$が一定で，閉回路の面積Sが時間的に変化するときに発生する誘導起電力Vを求めるための公式だ。これは，高校物理でもおなじみの頻出問題なので，次の例題で練習しておこう。

例題 38　右図に示すように，z 軸の正の向きに一様な磁束密度 $B = 150\,(\mathrm{Wb/m^2})$ が存在する。xyz 座標空間内に，コの字型の導線 ABCD が，AB と CD は x 軸と平行に，BC は y 軸と平行になるように置かれている。BC の長さは $l = 2\,(\mathrm{m})$ で，BC 間にのみ抵抗 $R = 5\,(\mathrm{k\Omega})$ が存在する。ここで，導体棒 PQ を，BC と平行を保ちながら，x 軸方向に一定の速さ $v = 0.4\,(\mathrm{m/s})$ で移動させるものとする。

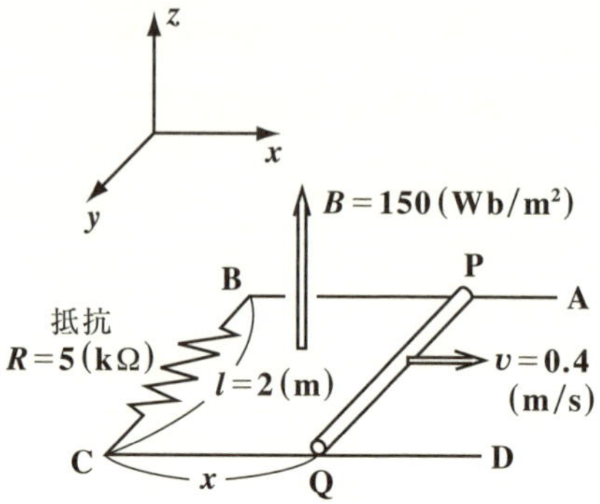

このとき，閉回路 PBCQ に生じる誘導起電力 $V\,(\mathrm{V})$ と誘導電流 $I\,(\mathrm{A})$ を求めてみよう。

回路 PBCQ の断面 (平面) と一様な磁束密度 $B = 150\,(\mathrm{Wb/m^2})$ は直交するので，公式 $\Phi = BS$ ……①′，$V = -B\dfrac{\partial S}{\partial t}$ ……②が使えるんだね。ここで，$\mathrm{CQ} = x$ とおくと，回路の断面積 S は $S = lx$ とおけるので，これを②に代入して，

誘導起電力 $V = -B\dfrac{\partial(lx)}{\partial t} = -Bl\underbrace{\dfrac{\partial x}{\partial t}}_{v} = -Blv$ ……③ となる。

（これは "Believe" と覚えよう。）

よって，③に，$B = 150\,(\mathrm{Wb/m^2})$，$l = 2\,(\mathrm{m})$，$v = 0.4\,(\mathrm{m/s})$ を代入すると，誘導起電力が，$V = -150 \times 2 \times 0.4 = -120\,(\mathrm{V})$ と求められるんだね。

さらに，この閉回路 PBCQ の抵抗は，$R = 5 \times 10^3\,(\Omega)$ より，オームの法則から，この回路に流れる誘導電流 I は，

$I = \dfrac{|V|}{R} = \dfrac{120}{5000} = 0.024\,(\mathrm{A})$ であることも分かるんだね。

ファラデーが，**1831** 年に電磁誘導の法則を発見して以来，機械的な仕事から誘導電流を取り出せるようになったわけだけれど，それから **200** 年近くたった現在においても，発電機の原理として使われていることは驚くべきことだね。

その発電原理を，次の例題で練習しておこう。

> 例題 **39**　右図に示すように，一様な磁束密度 $\boldsymbol{B}=\mathbf{50\,(Wb/m^2)}$ の中で，断面積 $\boldsymbol{S}=\mathbf{0.1\,(m^2)}$ の長方形の **1** 巻きのコイルを，その回転軸 **OO′** が磁束密度と垂直に，角速度 $\omega=\mathbf{10\pi\,(1/s)}$ で回転させる。時刻 $\boldsymbol{t}=\mathbf{0}$ のとき，このコイルの面は磁束密度と垂直であったものとして，このコイルに発生する誘導起電力 $\boldsymbol{V}$ を $\boldsymbol{t}$ の関数として求めてみよう。
>
> 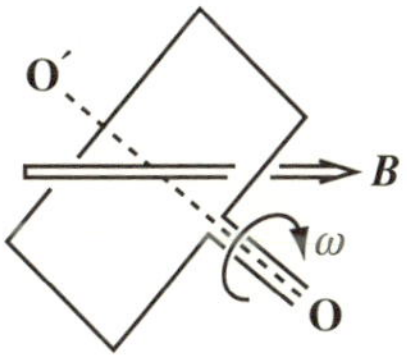
>

右図に示すように，t 秒後にこの長方形のコイルは断面が垂直な位置から ωt だけ回転している。

よって，このコイルを貫く磁束 Φ は，

$\Phi=\boldsymbol{B}\cdot\boldsymbol{n}S=BS\cos\omega t$ (Wb) となる。

（$\boldsymbol{B}\cdot\boldsymbol{n}$：$\|\boldsymbol{B}\|\,\|\boldsymbol{n}\|\cos\omega t=B\cos\omega t$，$\|\boldsymbol{B}\|=B$，$\|\boldsymbol{n}\|=1$）

t 秒後の状態

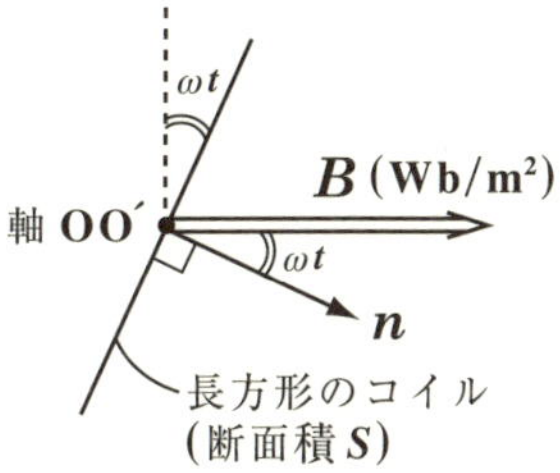

（コイルを正面から見た図）

($\boldsymbol{n}$：コイルの断面に対する単位法線ベクトル)

よって，このコイルに発生する誘導起電力 V は，ファラデーの“電磁誘導の法則”より，

$$V=-\frac{\partial\Phi}{\partial t}=-\frac{\partial(BS\cos\omega t)}{\partial t}$$

$$=-BS\frac{\partial(\cos\omega t)}{\partial t}=-BS(-\omega\sin\omega t)=BS\omega\sin\omega t\ \text{(V)}\ \cdots\cdots①$$ となる。

（BS：定数，$BS\omega\sin\omega t$：交流の起電力）

よって，①に，$B=50\,(\mathrm{Wb/m^2})$，$S=0.1\,(\mathrm{m^2})$，$\omega=10\pi\,(1/\mathrm{s})$ を代入すると，誘導起電力 V は，$V=50\times0.1\times10\pi\cdot\sin10\pi t=50\pi\sin10\pi t$ と求められるんだね。大丈夫？

● 電磁誘導の法則からマクスウェルの方程式を導こう！

静電場における4番目のマクスウェルの方程式は $\mathrm{rot}\,\boldsymbol{E}=\boldsymbol{0}$ ……$(*h)'$ だったけれど，時間変化する電磁場における一般的な4番目のマクスウェルの方程式は，

$\mathrm{rot}\,\boldsymbol{E}=-\dfrac{\partial \boldsymbol{B}}{\partial t}$ ……$(*h)$ であり，これを，ファラデーの電磁誘導の法則：

$V=-\dfrac{\partial \Phi}{\partial t}$ ……$(*d)$ から導いてみよう。

(Ⅰ) Φ について：

P171で解説した通り，閉回路(閉曲線) C で囲まれる曲面(または平面) S を貫く全磁束 Φ が，

$\Phi=\iint_S \boldsymbol{B}\cdot\boldsymbol{n}\,dS$ ……① と表される。

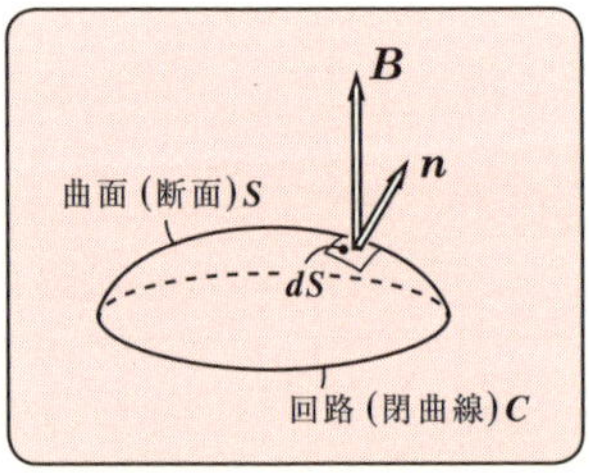

(Ⅱ) V について：

図4(ⅰ)に示すように，起電力 V(V) の直流電源(電池)と R(Ω) の抵抗のみの単純な閉回路を作る。このとき，I(A) の電流が流れるものとする。

ここで，図4(ⅱ)に示すように，電流 I を水の流れにたとえると，I は電位(水位)の高いところから低いところに向かって流れる。この電圧の降下をもたらすのが，抵抗 R で，下がった電位(水位)を引き上げるポンプの働きをするものが，起電力 V と考えよう。

図4　起電力 V

(ⅰ) 閉回路 C

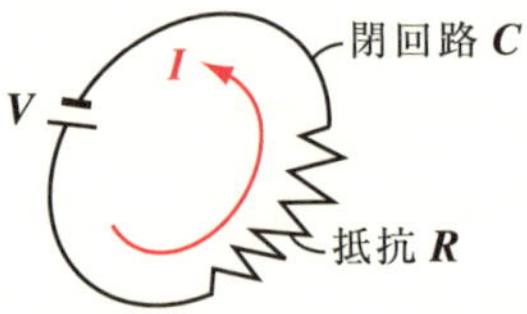

(ⅱ) 起電力のイメージ

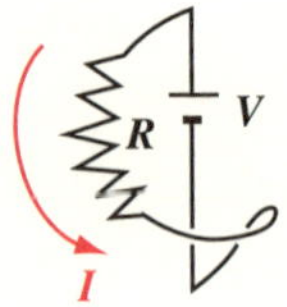

この起電力 V は，閉回路 C の中において電流を周回させる原動力のことで，正確には単位電荷(1C)をこの回路 C に沿って1周させる仕事 W のことなんだ。よって，単位電荷に働く力を $\boldsymbol{f}$ とし，閉回路 C の微小変位を $d\boldsymbol{r}$ とおくと，単位電荷を微小変位 $d\boldsymbol{r}$ のみ動かす微小な

仕事 dW は,

$dW = \boldsymbol{f}\cdot d\boldsymbol{r}$ ……② で表されるんだね。

よって,②を閉回路 C に沿って 1 周線積分したものが,1(C) の電荷に対して起電力 V が行なった仕事 W ということになるので,

$$V = W = \oint_C \underbrace{\boldsymbol{f}}_{1\cdot \boldsymbol{E}=\boldsymbol{E}}\cdot d\boldsymbol{r} \quad \cdots\cdots③$$ となる。

ここで,単位電荷 (1(C)) に働く力 $\boldsymbol{f}$ は,起電力によって作られる電場 $\boldsymbol{E}$ による力と考えることができるので,

$\boldsymbol{f} = 1\cdot\boldsymbol{E} = \boldsymbol{E}$ ……④ となるのも分かるね。

よって,④を③に代入して,起電力 V は,

$$V = \oint_C \boldsymbol{E}\cdot d\boldsymbol{r} \quad \cdots\cdots⑤$$ となるんだね。

以上 (Ⅰ) と (Ⅱ) の①, ⑤を電磁誘導の法則 $(*d)$ に代入して,変形すると,

$$\underbrace{\oint_C \boldsymbol{E}\cdot d\boldsymbol{r}}_{\iint_S \mathrm{rot}\,\boldsymbol{E}\cdot\boldsymbol{n}dS} = \underbrace{-\frac{\partial}{\partial t}\left(\iint_S \boldsymbol{B}\cdot\boldsymbol{n}dS\right)}_{\iint_S\left(-\frac{\partial \boldsymbol{B}}{\partial t}\right)\cdot\boldsymbol{n}dS}$$

ストークスの定理 (P66)

$$\iint_S \mathrm{rot}\,\boldsymbol{E}\cdot\boldsymbol{n}dS = \iint_S\left(-\frac{\partial \boldsymbol{B}}{\partial t}\right)\cdot\boldsymbol{n}dS$$

$$\iint_S \Bigl(\underbrace{\mathrm{rot}\,\boldsymbol{E} + \frac{\partial \boldsymbol{B}}{\partial t}}_{0}\Bigr)\cdot\boldsymbol{n}dS = 0 \quad \cdots\cdots⑥$$

この⑥の左辺が恒等的に 0 となるためには,

$\mathrm{rot}\,\boldsymbol{E} + \dfrac{\partial \boldsymbol{B}}{\partial t} = 0$ でなければならない。これから,4 番目の

マクスウェルの方程式:

$\mathrm{rot}\,\boldsymbol{E} = -\dfrac{\partial \boldsymbol{B}}{\partial t}$ ……$(*h)$ が導かれるんだね。オメデトウ!

それでは,このマクスウェルの方程式 $(*h)$ についても,次の例題で練習しておこう。

例題 40 xyz 座標空間上に電場 $\boldsymbol{E}=[-2y,\ -3z,\ 4x]$ (N/C) が存在するとき，次の各問いに答えよ。

(1) 電場 $\boldsymbol{E}$ の回転 $\mathrm{rot}\boldsymbol{E}$ を求めよう。

(2) 電場 $\boldsymbol{E}$ が，時刻 $t\ (\geqq 0)$ により変化する磁束密度 $\boldsymbol{B}=[at+1,\ bt+2,\ ct-3]$ (Wb/m²) によって生じているものとする。

このとき，$\mathrm{rot}\boldsymbol{E}=-\dfrac{\partial \boldsymbol{B}}{\partial t}$ ……(∗h) を用いて，定数 a, b, c の値を求め，$t=4$ (s) における $\boldsymbol{B}$ を求めよう。

(1) $\boldsymbol{E}=[-2y,\ -3z,\ 4x]$ の回転 $\mathrm{rot}\boldsymbol{E}$ を求めると，

$\mathrm{rot}\boldsymbol{E}=[3,\ -4,\ 2]$ ……① となる。

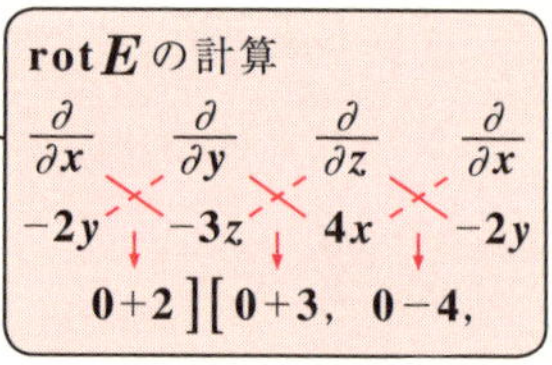
rotE の計算
∂/∂x ∂/∂y ∂/∂z ∂/∂x
−2y −3z 4x −2y
0+2][0+3, 0−4,

(2) 次に，電場 $\boldsymbol{E}$ が，$-\dfrac{\partial \boldsymbol{B}}{\partial t}$ により生じるとき，

$\boldsymbol{B}=[at+1,\ bt+2,\ ct-3]$ より，

$$-\frac{\partial \boldsymbol{B}}{\partial t}=-\left[\frac{\partial}{\partial t}(at+1),\ \frac{\partial}{\partial t}(bt+2),\ \frac{\partial}{\partial t}(ct-3)\right]$$

$=-[a,\ b,\ c]=[-a,\ -b,\ -c]$ ……② となる。よって，公式：

$\mathrm{rot}\boldsymbol{E}=-\dfrac{\partial \boldsymbol{B}}{\partial t}$ ……(∗h) に①, ②を代入すると，

$[3,\ -4,\ 2]=[-a,\ -b,\ -c]$ より，

$a=-3$，$b=4$，$c=-2$ となるんだね。よって，

磁束密度 $\boldsymbol{B}(t)=[-3t+1,\ 4t+2,\ -2t-3]$ より，$t=4$ (s) における $\boldsymbol{B}$ は，

$\boldsymbol{B}(4)=[-3\times4+1,\ 4\times4+2,\ -2\times4-3]=[-11,\ 18,\ -11]$ (Wb/m²)

となる。どう？比較的解きやすい問題だったでしょう？

● 電磁波の発生メカニズムを解説しよう！

3 番目と 4 番目のマクスウェルの方程式から電磁波が生じることを導くことができる。ここでは，その発生メカニズムについて概説しよう。

ここで，3 番目のマクスウェルの方程式：$\mathrm{rot}\boldsymbol{H}=\boldsymbol{i}+\dfrac{\partial \boldsymbol{D}}{\partial t}$ ……(∗g) で，

変位電流$\frac{\partial \boldsymbol{D}}{\partial t}$のみが存在して，伝導電流$\boldsymbol{i}$が存在しないときの公式$(*g)''$と，4番目のマクスウェルの方程式$(*h)$を並べて示そう。

$$\mathrm{rot}\,\boldsymbol{H} = \frac{\partial \boldsymbol{D}}{\partial t} \quad \cdots\cdots(*g)'' \qquad \mathrm{rot}\,\boldsymbol{E} = -\frac{\partial \boldsymbol{B}}{\partial t} \quad \cdots\cdots(*h)$$

これらの意味と模式図(図5(ⅰ),(ⅱ))を示すと，次のようになるんだね。

(ⅰ) $(*g)''$より，時間変化する電束密度$\boldsymbol{D}$のまわりには，回転する磁場$\boldsymbol{H}$が発生し，
(ⅱ) $(*h)$より，時間変化する磁束密度$\boldsymbol{B}$のまわりには，回転する電場$\boldsymbol{E}$が発生する，ということなんだね。

図5　(ⅰ) $\mathrm{rot}\,\boldsymbol{H} = \frac{\partial \boldsymbol{D}}{\partial t} \cdots\cdots(*g)''$　　(ⅱ) $\mathrm{rot}\,\boldsymbol{E} = -\frac{\partial \boldsymbol{B}}{\partial t} \cdots\cdots(*h)$

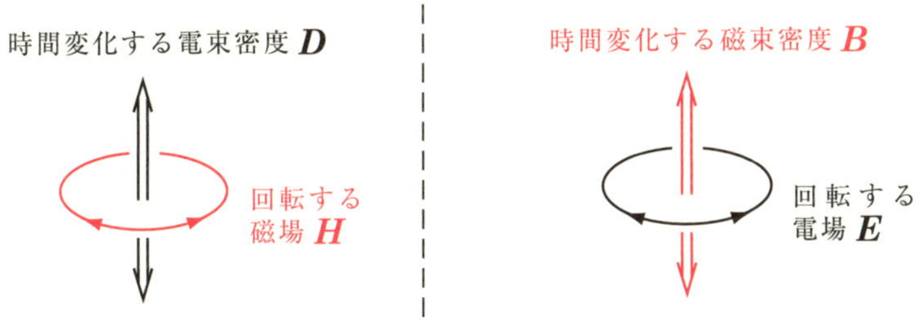

このように，「時間変化する電場$\boldsymbol{E}$(または$\boldsymbol{D}$)のまわりに時間変化(回転)する磁場$\boldsymbol{H}$が生じ」かつ「時間変化する磁場$\boldsymbol{H}$(または$\boldsymbol{B}$)のまわりに時間変化(回転)する電場$\boldsymbol{E}$が生じる」ということは，“鶏と卵の関係”のように，次々と真空中に電場と磁場が連鎖的に発生していくことが予想できるでしょう？…そう，これが“**電磁波**”のメカニズムそのもので，その素朴なイメージを図6に示しておこう。実際に，マクスウェルは，この発想を基に，マクスウェルの方程式を解いて，電磁波を導き出し，光も電磁波の1種であると推定した。この電磁波の導出については「**電磁気学キャンパスゼミ**」(**マセマ**)で詳しく解説しているので，この後，さらに学びたい方は是非チャレンジして下さい。とても面白いから…。

図6　電磁波のイメージ

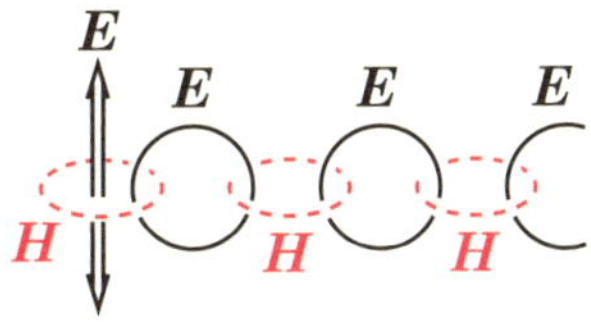

● コイルの自己誘導

前述したように，**1** 巻きのコイル (閉回路) の電磁誘導の公式は，

$V=-\frac{d\Phi}{dt}$ ……$(*d)$ であるので，これが N 巻きのコイルの場合，当然，

$V=-N\frac{d\Phi}{dt}$ ……$(*d)'$ になるんだね。

したがって，どんなに巻き数の多いソレノイド・コイル (円筒状コイル) の場合でも，時間変化のない定常電流が流れているときは，磁束が時間的に変化せず，$\frac{\partial\Phi}{\partial t}=0$ となるので，誘導起電力が生じることはない。しかし，電流 I が時間的に変化するとき，磁束 Φ も時間的に変化し，その変化

(ただし，I の時間変化は余り速くないものとする。)

を妨げる向きに，$(*d)'$ による大きな誘導起電力がソレノイド・コイル自身の中に生じることになる。これを "**自己誘導**(じこゆうどう)" と呼ぶんだね。この自己誘導の起電力は，これを生み出す元の電圧の変化を妨げる向き，すなわち，逆向きに生じるので，これを "**逆起電力**(ぎゃくきでんりょく)" と呼んでもいい。元の起電力 V と区別するために，この自己誘導による逆起電力をこれから V_- と表すことにしよう。よって，$(*d)'$ も逆起電力を表すので，

$V_-=-N\frac{d\Phi}{dt}$ ……$(*d)''$ と表せるんだね。

ここで，**1** 巻きのコイルの磁束 Φ を，

(これは (T) または (N/Am) でもいい。)

$\Phi=S\cdot B$ ……① とおくと，

(S：コイルの断面積 (m^2)　B：磁束密度 (Wb/m^2))

N 巻きのコイルの磁束は $N\Phi$ となり，これは流れる電流 I に比例するので，

(これは無次元 (単位はない))

$N\Phi=LI$ ……② (L：比例定数) と表すことができる。

②の両辺を時刻 t で微分して，⊖をつけると，

$$-\frac{d(N\Phi)}{dt}=-\frac{d(LI)}{dt} \qquad \therefore -N\frac{d\Phi}{dt}=-L\frac{dI}{dt}$$ となる。

この左辺は，逆起電力 V_- のことなので，公式：

$V_-=-L\dfrac{dI}{dt}$ ……$(*p_0)$ が導かれる。

そして，この L をコイルの"**自己インダクタンス**"と呼び，その単位は (H) で表す。では，単位 [H] について，次の例題を解いてみよう。

("ヘンリー"と読む。)

> 例題 41　コイルの自己インダクタンス L の単位 [H] が $[\mathrm{J/A^2}]$ と表されることを確認してみよう。

公式 $(*p_0)$ を単位で見ると，$[\mathrm{V}]=\left[\dfrac{\mathrm{H\cdot A}}{\mathrm{s}}\right]$ より，$[\mathrm{H}]=\left[\dfrac{\mathrm{V\cdot s}}{\mathrm{A}}\right]$ ……① となる。

ここで，$[\mathrm{V}]=\left[\dfrac{\mathrm{J}}{\mathrm{C}}\right]=\left[\dfrac{\mathrm{J}}{\mathrm{A\cdot s}}\right]$ ……② $\left(\because [\mathrm{A}]=\left[\dfrac{\mathrm{C}}{\mathrm{s}}\right]\right)$ を①に代入すると，

$[\mathrm{H}]=\left[\dfrac{\mathrm{J}}{\mathrm{A\cdot s}}\times\dfrac{\mathrm{s}}{\mathrm{A}}\right]=\left[\dfrac{\mathrm{J}}{\mathrm{A^2}}\right]$ となるので，単位 [H]（ヘンリー）は，$[\mathrm{J/A^2}]$ と表してもいい。

では，次の例題で，逆起電力の公式を使ってみよう。

> 例題 42　自己インダクタンス $L=0.5$ (H) のソレノイド・コイルに電流 $I=100\cdot\cos 2t$ (A) の電流が流れるとき，コイルに生じる逆起電力 V_- (V) を求めてみよう。(ただし，t は時刻を表し，$t \geqq 0$ とする。)

$(*p_0)$ に $L=0.5$ (H)，$I=100\cdot\cos 2t$ (A) を代入して，逆起電力 V_- を求めると，

$$V_-=-L\cdot\frac{dI}{dt}=-\frac{1}{2}\times\frac{d}{dt}(100\cos 2t)$$

$$=-\frac{1}{2}\times 100\times(-2)\sin 2t$$ ← 公式：$(\cos mx)'=-m\sin mx$

$=100\sin 2t$ (V) となるんだね。これも大丈夫だった？

では次，右図に示すような，長さ l(m)，断面積 S(m^2)，単位長さ当りの巻き数 n(1/m) の内部が真空であるソレノイド・コイルの自己インダクタンス L を求める公式を導いてみよう。

$N\Phi = LI$ ……②

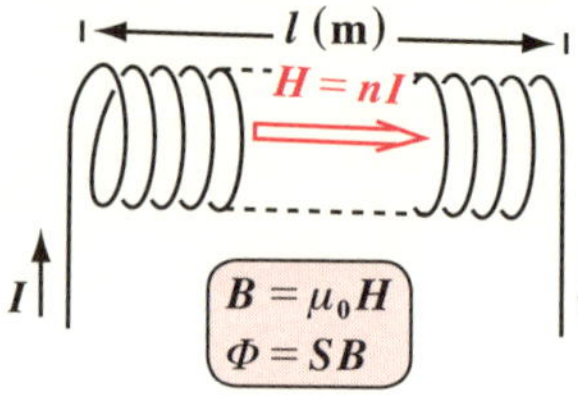

このソレノイドは，定常電流 I が流れているものとして，そのときの磁束 Φ を求め，②を用いて，L を求めよう。

このソレノイド・コイルに定常電流 I が流れているときの磁場の強さ H は，$H = nI$ (A/m) (P127) となる。ソレノイド内部は真空なので，これに真空の透磁率 μ_0 をかけたものが磁束密度 B になる。つまり，

$B = \mu_0 H = \mu_0 nI$ (Wb/m^2) となる。これにソレノイドの断面積 S をかけたものがコイル1巻き当たりの磁束 Φ となる。よって，

$\Phi = S \cdot B = S\mu_0 nI$ (Wb) ……③

③を②に代入して，このソレノイドの自己インダクタンス L を求めると，

$$L = \frac{\overset{nl}{N}\ \overset{S\mu_0 nI}{\Phi}}{I} = \frac{\mu_0 n^2 lSI}{I} = \mu_0 n^2 lS \text{ (H)} \cdots\cdots (*q_0)$$ となるんだね。大丈夫？

もちろん，このソレノイドに鉄の棒などが挿入されているときは，真空の透磁率 μ_0 の代わりに，挿入された物質の透磁率 μ を用いて，$L = \mu n^2 lS$ とすればいいんだね。

> 例題 43　断面積 8(cm^2)，長さ 20(cm)，巻き数 5000 で，内部が真空のソレノイド・コイルの自己インダクタンス L を求めてみよう。

$S = 8\times10^{-4}$(m^2)，$l = 0.2$(m)，$N = nl = 5000$，

真空透磁率 $\mu_0 = 4\pi\times10^{-7}$ (Wb^2/Nm^2) より，これらを $(*q_0)$ に代入すると，

$$L = \mu_0 n^2 lS = \mu_0 \frac{(\overset{N}{nl})^2}{l} S = 4\pi\times10^{-7}\times\frac{5000^2}{0.2}\times8\times10^{-4} = 0.1256\cdots$$

$\fallingdotseq 0.126$ (H) と計算できるんだね。これも大丈夫だった？

● 相互誘導について解説しよう！

図7に示すように，2つのコイル L_1 と L_2 が軸を共通に近接して置かれていたり，同一の鉄心に巻かれていたりする場合，互いに一方のコイルの変化する電流による磁束の変化が，他方のコイルに電磁誘導を引き起こすことになる。この現象を“**相互誘導**（そうごゆうどう）”という。

電磁誘導の変化を引き起こす電流の変化率が，自分のものではなく，他のコイルのものであるところに気を付ければ，公式そのものは自己誘導のときのものと本質的に同じ形式なんだね。

図7　相互誘導

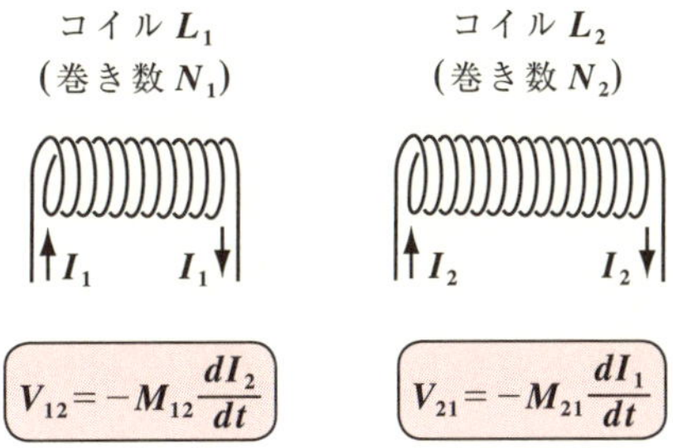

(i) コイル L_1 に流れる電流 I_1 の時間変化率 $\dfrac{dI_1}{dt}$ により，コイル L_2 に生じる誘導起電力 V_{21} は，

$$V_{21} = -M_{21}\frac{dI_1}{dt} \quad \cdots\cdots(*r_0)$$

(M_{21}(H)：**相互インダクタンス**)

で求められる。

(ii) コイル L_2 に流れる電流 I_2 の時間変化率 $\dfrac{dI_2}{dt}$ により，コイル L_1 に生じる誘導起電力 V_{12} は，

$$V_{12} = -M_{12}\frac{dI_2}{dt} \quad \cdots\cdots(*s_0)$$

(M_{12}(H)：**相互インダクタンス**)

2つの相互インダクタンス M_{21}，M_{12} の単位は共に(H)で，この2つの間には次の関係が成り立つ。

$$M_{21} = M_{12} \quad \cdots\cdots(*t_0)$$

これを“**相互インダクタンスの相反定理**（そうはんていり）”と呼ぶんだね。

実は，ファラデーが初めて発見した“電磁誘導の法則”は，円環状の鉄心に巻いた2つのコイルによる“相互誘導”だったんだ。そして，この相互誘導は，実用的には変圧器として利用されている。

● 磁場のエネルギー密度の公式を導こう！

コンデンサーに蓄えられるエネルギー $U_e = \frac{1}{2}CV^2$ から静電場のエネルギー密度 u_e が，$u_e = \frac{1}{2}\varepsilon_0 E^2$ ……$(*e_0)$ (P110) となることは大丈夫だね。

これと同様に，図8に示すような自己インダクタンス L(H) のコイルに定常電流 I_0(A) の電流が流れているとき，ソレノイド・コイルが持っている**磁場のエネルギー** U_m を求めてみよう。

図8　磁場のエネルギー

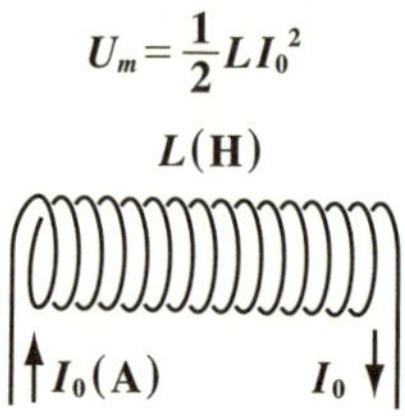

コイルが蓄えるエネルギー U_m とは，定常電流 I_0 が流れるようになるまで外部からなされた仕事の総和と考えられる。従って，電流 $I = 0$ からスタートして，$I = I_0$ になるまでの途中経過を考えよう。電流が I $(0 \leqq I \leqq I_0)$ のとき，微小時間 Δt の間に，$I\Delta t$(C) の微小電荷をこのコイルに流すには，逆起電力 $V_- = -L\frac{\Delta I}{\Delta t}$ に逆らって行わなければならない。この微小な仕事を ΔW とおくと，

$\Delta W = -V_- \cdot I\Delta t = L\frac{\Delta I}{\Delta t} \cdot I \cdot \Delta t = LI\Delta I$ となる。

$-\left(-L\frac{\Delta I}{\Delta t}\right)$

これを単位でみると，L(H) $= L\left(\frac{\mathrm{J}}{\mathrm{A}^2}\right)$，
I(A)，ΔI(A) より，$LI\Delta I$ の単位は
$\left[\frac{\mathrm{J}}{\mathrm{A}^2} \cdot \mathrm{A} \cdot \mathrm{A}\right] = [\mathrm{J}]$
と，仕事(エネルギー)の単位になっている！

したがって，この両辺について微小な極限をとると，
$dW = LIdI$ となる。
よって，この両辺を積分区間 $[0,\ I_0]$ で，I について積分すると，

$$W = \int_0^{I_0} \underset{\text{定数}}{\underline{L}} I dI = L\left[\frac{1}{2}I^2\right]_0^{I_0} = \frac{1}{2}LI_0^2$$ となり，

これが，電流 I_0(A) が流れているときにコイルに蓄えられている**磁場のエネルギー** U_m になる。ここで，定常電流 I_0 の代わりに I が流れているものとして，公式：

磁場のエネルギー $U_m = \frac{1}{2}LI^2$ ……$(*u_0)$ が導けるんだね。

ここで，**P180** で解説した長さ l，断面積 S，単位長さ当たりの巻き数 n のソレノイド・コイルの自己インダクタンス $L = \mu_0 n^2 lS$ (H) ……$(*q_0)$ を $(*u_0)$ に代入してみると，

$$U_m = \frac{1}{2}\cdot\mu_0 n^2 lSI^2 = \frac{1}{2}\mu_0(\underbrace{nI}_{H\,(\text{磁場の強さ})})^2 lS = \frac{1}{2}\mu_0 H^2 lS \quad \cdots\cdots ⑤$$ となる。

よって，この磁場のエネルギー U_m を，ソレノイド・コイルの大きさ $l\cdot S$ で割ったものが“**磁場のエネルギー密度**” u_m となる。よって，

磁場のエネルギー密度 $u_m = \frac{1}{2}\mu_0 H^2$ ……$(*v_0)$ も導かれるんだね。

以上の結果から，磁場のエネルギー $(U_m,\ u_m)$ と静電場のエネルギー $(U_e,\ u_e)$ とがキレイに対応していることが分かるね。これらも，図9(i)(ii) に示すように，対比して覚えておくといいんだね。

図9　磁場のエネルギーと静電場のエネルギー

(i) 磁場のエネルギー　　(ii) 静電場のエネルギー

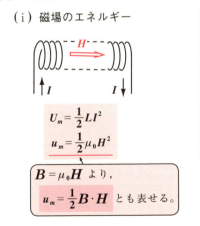

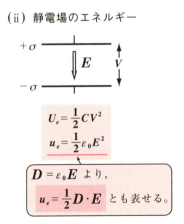

(i)

$U_m = \frac{1}{2}LI^2$

$u_m = \frac{1}{2}\mu_0 H^2$

$B = \mu_0 H$ より，

$u_m = \frac{1}{2}B\cdot H$ とも表せる。

(ii)

$U_e = \frac{1}{2}CV^2$

$u_e = \frac{1}{2}\varepsilon_0 E^2$

$D = \varepsilon_0 E$ より，

$u_e = \frac{1}{2}D\cdot E$ とも表せる。

§3. さまざまな回路

それでは，これから，抵抗 R，コイル L，コンデンサー C を電源につないだ“**回路**(かいろ)”(RC 回路，RL 回路，LC 回路)について，これらの回路に流れる電流 I やコンデンサーに蓄えられる電荷 Q の経時変化の様子を調べてみることにしよう。

数学的には“**微分方程式**(びぶんほうていしき)”を解くことになる。“**単振動**(たんしんどう)”の微分方程式とその一般解については **P153** で既に解説したけれど，ここではもう **1** つ基本的な微分方程式として，“**変数分離形**(へんすうぶんりけい)”の微分方程式の解法パターンについても解説しよう。

今回も分かりやすく解説するので，すべて理解できるはずだ。

● 変数分離形の微分方程式について解説しよう！

RC 回路や RL 回路の問題を解く際に，“**変数分離形の微分方程式**”が出てくるので，まずこの解法のパターンを下に示そう。

変数分離形の微分方程式

$\frac{dx}{dt}=f(t)\cdot g(x)$ ……①　$(g(x)\neq 0)$ の形の微分方程式を“**変数分離形の微分方程式**”と呼び，その一般解は，

①を，$(x$ の式$)dx=(t$ の式$)dt$　の形にした後，両辺を積分して，

$$\underbrace{\int\frac{1}{g(x)}}_{(x\text{の式})}dx=\int\underbrace{f(t)}_{(t\text{の式})}dt$$ から一般解を求める。

ン？これだけではピンとこないって!?　当然だね。例題を解いて練習しよう。

例題 44　次の微分方程式を解け。$\left(\text{ただし，}\dot{x}=\frac{dx}{dt}\text{ である。}\right)$

(1) $\dot{x}=\frac{t}{x}$　$(t>0,\ x>0)$　　　(2) $\dot{x}=xt$　$(t>0,\ x>0)$

(3) $\dot{x}=(2-x)\cdot\cos t$　$(t>0,\ x<2)$

(1) $\dot{x} = \frac{dx}{dt}$ のことなので，$\frac{dx}{dt} = \frac{t}{x}$ ……① $(t > 0,\ x > 0)$ とおいて，

これを解いてみよう。①を変数分離して，

$x \cdot dx = t \cdot dt$ より， ← (x の式)dx = (t の式)dt の形にして，この両辺に $\int$ をつけて積分にもち込めばいい。

$\int x\,dx = \int t\,dt$

$\frac{1}{2}x^2 = \frac{1}{2}t^2 + C_1$ （C_1：積分定数） ← 両辺の不定積分により，両辺に積分定数が現われるが，これを右辺にまとめて C_1 とした。

両辺に 2 をかけて，①の微分方程式の一般解は，

$x^2 = t^2 + C$ （$C = 2C_1$）となって，答えだね。 ← C が決まっていない解を"**一般解**"という。

ここで，たとえば，$t = 1$ のとき，$x = 2$ の条件が与えられると，これらを代入して，$2^2 = 1^2 + C$ ∴ $C = 3$ と決定できる。よって，この場合，$x^2 = t^2 + 3$ となる。
このように，定数 C が決定された解を"**特殊解**（とくしゅかい）"というんだね。

(2) $\dot{x} = x \cdot t$ より，$\frac{dx}{dt} = x \cdot t$ ……② $(t > 0,\ x > 0)$ とおいて，これを

変数分離形にして解くと，

$\frac{1}{x}dx = t\,dt$ より，　$\int \frac{1}{x}dx = \int t\,dt$

（$\int \frac{1}{x}dx = \log x$，$\int t\,dt = \frac{1}{2}t^2 + C_1$）

$\log x = \frac{1}{2}t^2 + C_1$ （C_1：積分定数）となる。よって，

$x = e^{\frac{1}{2}t^2 + C_1} = e^{C_1} \cdot e^{\frac{1}{2}t^2}$ より，②の一般解は，

（e^{C_1}：これを，新たに定数 C とおく）

（$\log a = b \iff a = e^b$）

$x = C \cdot e^{\frac{1}{2}t^2}$ （$C = e^{C_1}$）となるんだね。大丈夫？

(3) $\dot{x} = (2 - x) \cdot \cos t$ より，$\frac{dx}{dt} = (2 - x) \cdot \cos t$ ……③ $(t > 0,\ x < 2)$ とおいて，

これを変数分離形にして解くと，

$\frac{1}{2 - x}dx = \cos t \cdot dt$　　$\int \frac{1}{2 - x}dx = \int \cos t\,dt$ より，

$$-\int \frac{-1}{2-x}dx = \int \cos t\,dt$$ よって，

$-\int \frac{-1}{2-x}dx = \log(2-x)$，$\int \cos t\,dt = \sin t + C_1$

公式：$\int \frac{f'}{f}dx = \log|f| + C$

$$-\log(2-x) = \sin t + C_1 \qquad \log(2-x) = -\sin t + C_2 \quad (C_2 = -C_1)$$

（$2-x$ は ⊕ $(\because x<2)$）

$$2-x = e^{-\sin t + C_2} = e^{C_2}\cdot e^{-\sin t} = C\cdot e^{-\sin t}$$

（e^{C_2}：これを新たに C とおく）

よって，③の一般解は，$x = 2 - C\cdot e^{-\sin t}$ $(C = e^{C_2})$ となるんだね。

以上で，変数分離形の微分方程式とその一般解の求め方についても，理解して頂けたと思う。

● RC 回路について解説しよう！

それでは準備も整ったので，まず初めに RC 回路について解説しよう。RC 回路とは，抵抗 R とコンデンサー C を直列につないで，起電力 V_0 の電源に接続した閉回路のことなんだね。ここでは次の例題を実際に解きながら，解説することにしよう。

例題 45　右図に示すように，電気容量 $C = 10^{-6}$ (F) のコンデンサーと，$R = 2\times10^5$ (Ω) の抵抗を直列につないだものを起電力 $V_0 = 5\times10^4$ (V) の直流電源（電池）と接続し，時刻 $t=0$ のときにスイッチを閉じた。初めコンデンサーは何も帯電していないものとする。このとき，この回路に流れる電流 I(A) と，コンデンサーに蓄えられる電荷 Q(C) を時刻 t $(t \geqq 0)$ の関数として求めて，それぞれのグラフを描いてみよう。

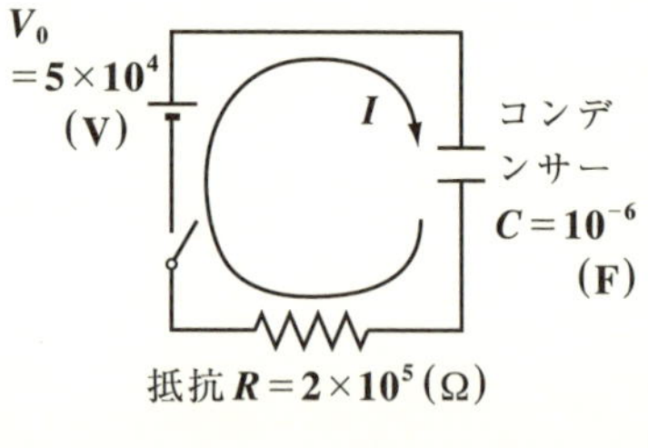

$t = 0$ (s) でスイッチを閉じてから，コンデンサーに蓄えられる電荷 $Q(t)$ と，回路を流れる電流 $I(t)$ は，時刻の経過と共に以下のようになることは，直感的に分かるだろうか？

$$\begin{cases} (\mathrm{i})\ Q(t):0 \longrightarrow Q_0\,(=CV_0) \\ (\mathrm{ii})\ I(t):I_0\left(=\dfrac{V_0}{R}\right) \longrightarrow 0 \end{cases}$$

$Q=Q_0$ になると，もはや電流は流れない。

$t=0$ のとき，コンデンサーの電荷 Q は $0\,(\mathrm{C})$ なので，電流 I は初め $I_0\left(=\dfrac{V_0}{R}\right)$ (A) で勢いよく流れ始めるが，時刻 t の経過と共に，コンデンサーに電荷が蓄えられていくと，電流は減少し，最終的に $Q=Q_0\,(=CV_0)\,(\mathrm{C})$ の電荷がコンデンサーにたまると，もはや電流は流れなくなって，$0\,(\mathrm{A})$ になるんだね。

それでは，微分方程式を解いて，正確に計算してみよう。まず，閉回路の方程式を立てるコツは，(起電力)＝(電圧降下) の形にもち込むことだ。今回の RC 回路では (起電力) は $V_0=5\times10^4\,(\mathrm{V})$ で一定で，(電圧降下) は抵抗による $RI=2\times10^5\times I$ とコンデンサーによる $\dfrac{Q}{C}=\dfrac{Q}{10^{-6}}$ の 2 つになる。よって，

$$V_0=RI+\frac{Q}{C}$$ より，

(V_0：起電力(定数)，RI：抵抗による電圧降下，$\frac{Q}{C}$：コンデンサーによる電圧降下)

$$5\times10^4=2\times10^5 I+\frac{Q}{10^{-6}} \qquad 5\times\cancel{10^4}=20\times\cancel{10^4}I+100\times\cancel{10^4}Q$$

($V_0=5\times10^4\,(\mathrm{V})$，$R=2\times10^5\,(\Omega)$，$C=10^{-6}\,(\mathrm{F})$ を代入した)

両辺を 5×10^4 で割って，

$1=4\cdot I+20Q$ ……① とシンプルな形にまとめられるんだね。

ここでさらに，$I=\dfrac{dQ}{dt}\,(=\dot{Q})$ を①に代入すると，

$1=4\cdot\dfrac{dQ}{dt}+20Q$ より，$\dfrac{dQ}{dt}=\dfrac{1}{4}(1-20Q)$ ……② となる。

②は変数分離形の微分方程式より，

$$\frac{1}{1-20Q}dQ=\frac{1}{4}dt$$

← (Q の式)$\cdot dQ$＝(t の式)$\cdot dt$　（今回，これは $\frac{1}{4}$ という定数だね。）

$$-\frac{1}{20}\int\frac{-20}{1-20Q}dQ=\frac{1}{4}\int dt$$

($\int\frac{-20}{1-20Q}dQ=\log|1-20Q|$，$\int dt=t+C_1$)

公式：$\displaystyle\int\frac{f'}{f}dx=\log|f|+C$

$-\dfrac{1}{20}\log|1-20Q|=\dfrac{1}{4}(t+C_1)$ （C_1：積分定数）

$\log|1-20Q|=-5(t+C_1)=-5t+C_2$ （$C_2=-5C_1$） これから，

$|1-20Q|=e^{-5t+C_2}=e^{C_2}\cdot e^{-5t}$ ← $\log a=b \rightleftarrows a=e^b$

$1-20Q=\underbrace{\pm e^{C_2}}_{\text{これを新たに}C\text{とおく}}\cdot e^{-5t}=C\cdot e^{-5t}$ ……③ （$C=\pm e^{C_2}$）となる。

ここで，$t=0$ のとき，$Q=0$ より，これらを③に代入して，

$1-20\times 0=C\cdot \underbrace{e^0}_{1}$ $\therefore C=1$ となる。これを③に代入して，

$1-20Q=e^{-5t}$ $20Q=1-e^{-5t}$

∴コンデンサーの電荷 $Q(t)$ は，

$Q(t)=\dfrac{1}{20}(1-e^{-5t})$ ……④

（$t\geqq 0$）となって，答えだね。

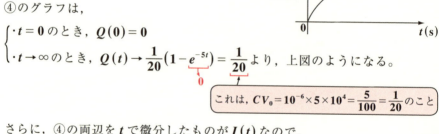

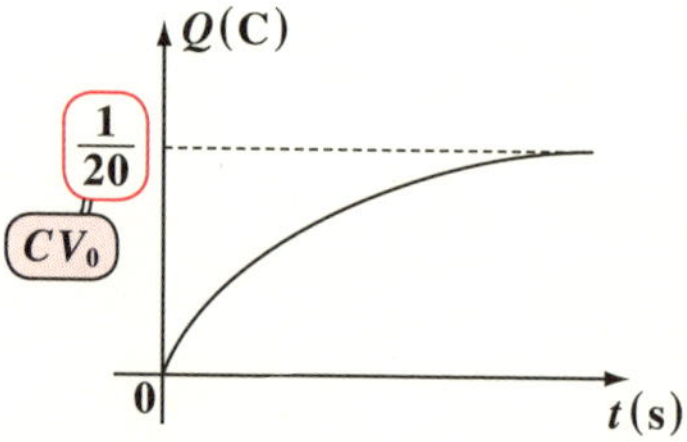

④のグラフは，

$\begin{cases}\cdot t=0 \text{ のとき，} Q(0)=0 \\ \cdot t\to\infty \text{ のとき，} Q(t)\to\dfrac{1}{20}(1-\underbrace{e^{-5t}}_{0})=\dfrac{1}{20} \text{ より，上図のようになる。}\end{cases}$

これは，$CV_0=10^{-6}\times 5\times 10^4=\dfrac{5}{100}=\dfrac{1}{20}$ のこと

さらに，④の両辺を t で微分したものが $I(t)$ なので，

$I(t)=\dot{Q}(t)=\dfrac{1}{20}\{0-(-5)\cdot e^{-5t}\}=\dfrac{1}{4}e^{-5t}$ ……⑤ （$t\geqq 0$）となる。

⑤のグラフは，

$\begin{cases}\cdot t=0 \text{ のとき，} I(0)=\dfrac{1}{4}e^0=\dfrac{1}{4} \\ \cdot t\to\infty \text{ のとき，} I(t)=\dfrac{1}{4}\underbrace{e^{-5t}}\to 0 \text{ より，}\end{cases}$

これは，$I_0=\dfrac{V_0}{R}=\dfrac{5\times 10^4}{2\times 10^5}=\dfrac{5}{20}=\dfrac{1}{4}$ のこと

$e^{-\infty}=\dfrac{1}{\infty}=0$

右図のようになるんだね。
以上で，RC 回路についての解説は終わりです。(微分方程式の解法では，定数 C の取り扱い方に慣れることがポイントだね。)

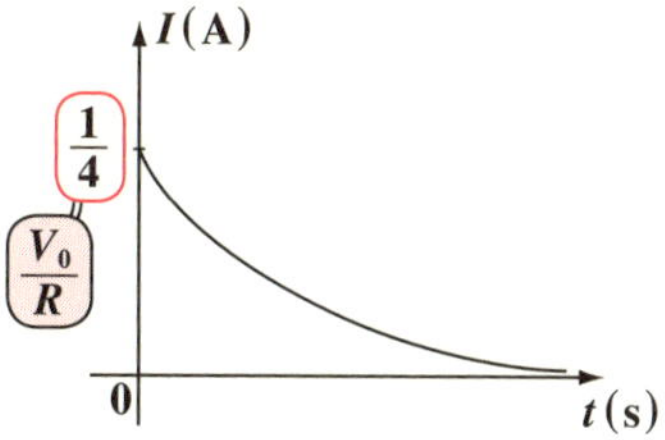

● RL 回路について解説しよう！

では次，RL 回路について教えよう。RL 回路とは，抵抗 R とコイル L を直列につなぎ，これに起電力 V_0 の電源に接続した閉回路のことなんだね。これについても次の例題で具体的に解きながら解説しよう。

例題 46 右図に示すように，自己インダクタンス $L = 10\,(\mathrm{H})$ のコイルと，$R = 100\,(\Omega)$ の抵抗を直列につないだものを起電力 $V_0 = 200\,(\mathrm{V})$ の直流電源（電池）に接続し，時刻 $t = 0$ のときにスイッチを閉じた。このとき，この回路に流れる電流 $I\,(\mathrm{A})$ を時刻 t の関数として求めてみよう。

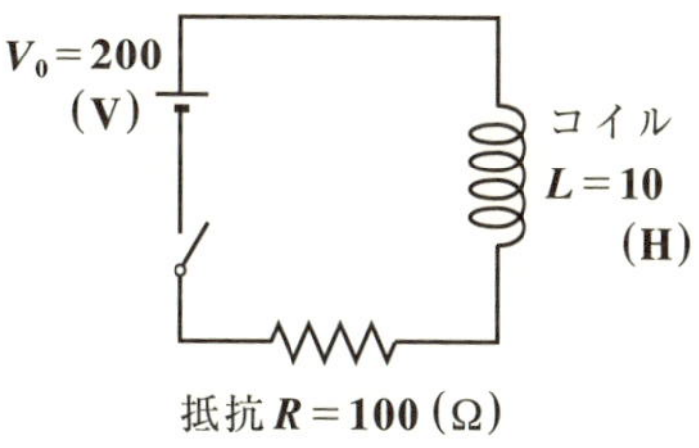

初めコイルによる強い逆起電力が生じるため，スイッチを閉じてから，電流 $I(t)$ は，$I(t) : 0 \longrightarrow I_0\left(=\dfrac{V_0}{R}\right)$ に変化していくと考えられるんだね。

ではまず，この閉回路について，(起電力) = (電圧降下) の方程式を立てよう。ここでの注意点は，コイルの逆起電力 $V_- = -L\dfrac{dI}{dt}$ は文字通り逆に作用するのだけれど，(起電力) に含まれるということだ。

よって，

$$V_0 + V_- = RI$$

となる。これに，V_0，L，R の値を代入して，

(V_0：電池による起電力（定数）)
(V_-：コイルによる逆起電力 $-L\dfrac{dI}{dt}$)
(RI：抵抗による電圧降下)

$$200 - 10\cdot\frac{dI}{dt} = 100I$$ 両辺を10で割って，

($V_0 = 200$ (V))　($L = 10$ (H))　($R = 100$ (Ω))

（Iについての変数分離形の微分方程式）

$$20 - \frac{dI}{dt} = 10I \qquad \frac{dI}{dt} = 10(2-I) \quad \cdots\cdots ①$$ となる。

①を変数分離形にして解くと，

$$\frac{1}{2-I}dI = 10dt \qquad -\int\frac{-1}{2-I}dI = 10\int dt$$

（$\log|2-I|$）　（$t+C_1$）

$-\log|2-I| = 10(t+C_1)$　（C_1：積分定数）

$\log|2-I| = -10t + C_2$　（$C_2 = -10C_1$）

$|2-I| = e^{-10t+C_2}$　　$2-I = \pm e^{C_2}\cdot e^{-10t}$

（$\pm e^{C_2}$：これを新たにCとおく）

$2-I = Ce^{-10t}$ ……②　（$C = \pm e^{C_2}$）となる。

ここで，初期条件として，$t=0$のとき，$I=0$より，これを②に代入すると，

$2-0 = C\cdot e^0$ （$e^0 = 1$）　$\therefore C = 2$　これを②に代入して，

$2-I = 2e^{-10t}$より，このRL回路に流れる電流$I(t)$は，

$$I(t) = 2(1-e^{-10t}) \quad \cdots\cdots ③$$

$(t \geqq 0)$となる。

③のグラフは，

・$t=0$のとき，$I(0) = 2(1-1) = 0$

・$t\to\infty$のとき，$I(t)\to 2(1-e^{-10t}) = 2$より，（$e^{-10t}\to 0$）

（これは，$\frac{V_0}{R} = \frac{200}{100} = 2$ (A)のこと）

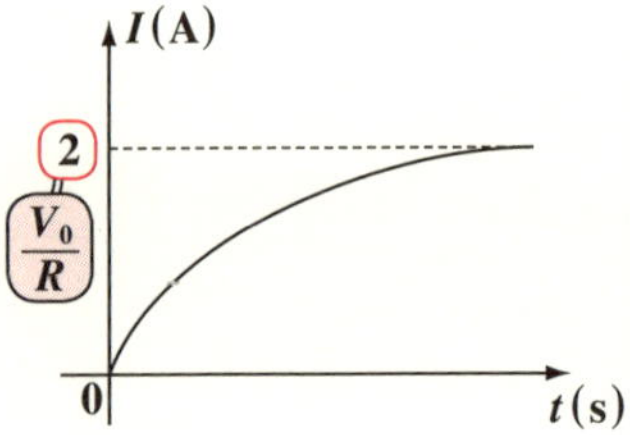

右図のようになるんだね。大丈夫だった？

● *LC* 回路にもチャレンジしてみよう！

LC 回路では，コンデンサー C を予め充電しておく。そして，このコンデンサー C とコイル L との閉回路 (LC 回路) を作ると，振動電流が生まれるんだね。この電気振動回路も，次の例題を実際に解くことにより解説しよう。

例題 47　右図に示すように，電気容量 $C = 10^{-6}$ (F) のコンデンサーに予め $\pm Q_0 = \pm 10^{-1}$ (C) の電荷が与えられているものとする。これと，自己インダクタンス $L = 100$ (H) のコイルをつないだ回路のスイッチを，時刻 $t = 0$ のときに閉じるものとする。このとき，コンデンサーがもっている電荷 Q (C) と回路に流れる電流 I (A) を時刻 t の関数として求めてみよう。

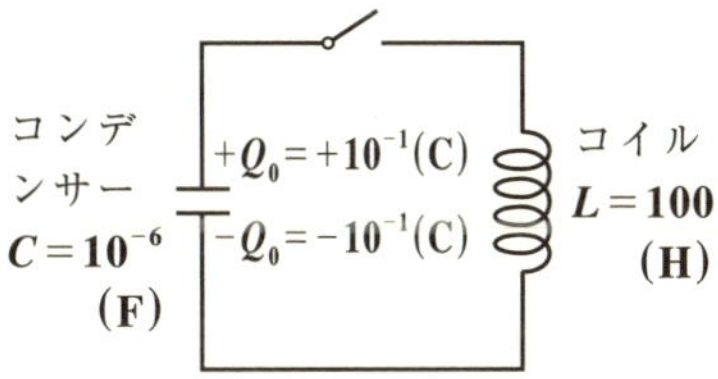

電気振動回路の方程式を立てるときポイントとなるのは，振動する電流のどちらの向きを正にするか？ なんだね。
右図に示すように，コンデンサーに $+Q$ (C) と $-Q$ (C) の電荷が帯電しているとき，$-Q$ (C) の極板から回路をまわって $+Q$ (C) の極板に向かう向きの電流 I を正の向きと考えればいい。

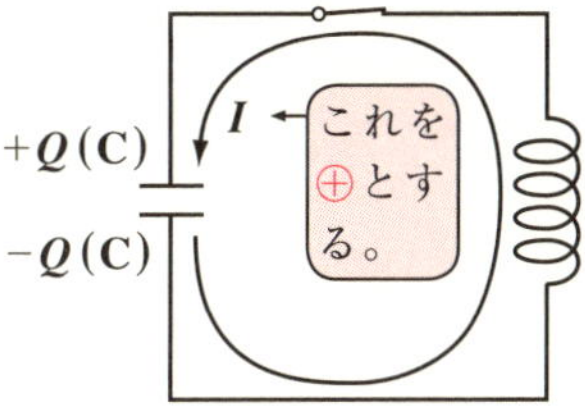

理由は，微小時間 Δt 秒間にこの正の向きの電流 I が $+Q$ (C) の極板に流れ込む結果，この極板は微小電荷 ΔQ だけ増加することになる。よって，

$\Delta Q = I\Delta t$ より，$I = \dfrac{\Delta Q}{\Delta t}$　　この極限をとって，

(コンデンサーの) 電荷と電流の関係式：$I = \dfrac{dQ}{dt}$ ……① が導けるからだ。

この逆向きの電流を正の向きの電流 I と考えると，Δt 秒間に $+Q$ (C) の極板から $I\Delta t$ の電荷が減少するので，$\Delta Q = -I\Delta t$ となる。よって，$I = -\dfrac{dQ}{dt}$ となるので，コイルの逆起電力やコンデンサーの電圧降下の項の符号 (⊕, ⊖) がどうなるのか？ 頭を悩ますことになるんだね。

以上より，この LC 回路について
(起電力) = (電圧降下) の方程式を
立てると，次のようになる。

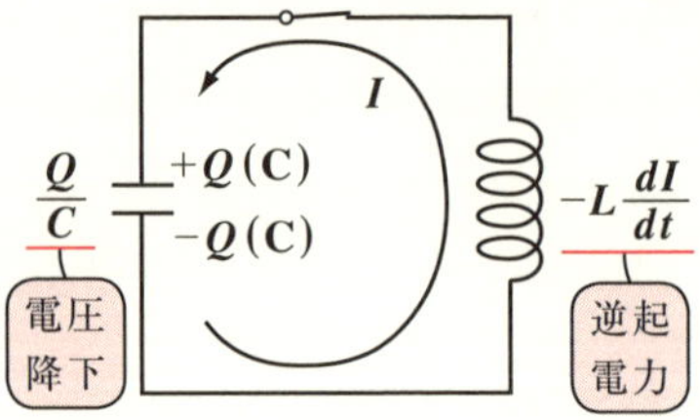

$$-L\frac{dI}{dt} = \frac{Q}{C} \quad \cdots\cdots ②$$

コイルによる逆起電力　　コンデンサーによる電圧降下

②の左辺に $I = \frac{dQ}{dt}$ ……① を代入すると，

$-L\frac{d}{dt}\left(\frac{dQ}{dt}\right) = \frac{Q}{C}$ より，$L\frac{d^2Q}{dt^2} = -\frac{1}{C}Q$ となる。

$\therefore \ddot{Q} = -\frac{1}{LC}Q$ ……③ となって，単振動の微分方程式が導かれる。

ω^2；つまり $\omega = \frac{1}{\sqrt{LC}}$ と考える。

ここで，$L = 100\,(\mathrm{H})$，$C = 10^{-6}\,(\mathrm{F})$ より，$LC = 100 \times 10^{-6} = 10^{-4}$ となる。

よって，③の角振動数 ω は，$\omega = \frac{1}{\sqrt{LC}} = \frac{1}{\sqrt{10^{-4}}} = \frac{1}{10^{-2}} = 100$ となるので，

③の単振動の微分方程式は，

$\ddot{Q} = -100^2 Q$ ……③′ となる。

よって，この③′の一般解は，

$Q(t) = A_1\cos 100t + A_2\sin 100t$ ……④

(A_1，A_2：定数) となる。

単振動の微分方程式：
$\ddot{x} = -\omega^2 x$ の一般解は，
$x = A_1\cos\omega t + A_2\sin\omega t$

次に，④を t で1階微分すると，電流 $I(t)$ が求まるので，

$I(t) = \dot{Q}(t) = A_1\cdot(-100)\sin 100t + A_2\cdot 100\cdot\cos 100t$

$= -100A_1\sin 100t + 100A_2\cos 100t$ ……⑤ となる。

公式：
$(\cos mt)' = -m\sin mt$
$(\sin mt)' = m\cos mt$

ここで，初期条件として，

$t = 0$ のとき，$Q(0) = Q_0 = 10^{-1}\,(\mathrm{C})$，$I(0) = 0\,(\mathrm{A})$ であるので，

④と⑤に $t = 0$ を代入して，A_1 と A_2 の値を決定すると，

$$\begin{cases} Q(0) = A_1 \underset{1}{\underline{\cos 0}} + \cancel{A_2 \underset{0}{\underline{\sin 0}}} = \boxed{A_1 = 10^{-1}} & \therefore A_1 = 10^{-1} \\ I(0) = \cancel{-100A_1 \underset{0}{\underline{\sin 0}}} + 100A_2 \underset{1}{\underline{\cos 0}} = \boxed{100A_2 = 0} & \therefore A_2 = 0 \end{cases}$$

以上より，$A_1 = 10^{-1}$，$A_2 = 0$ を④と⑤に代入すると，この振動回路におけるコンデンサーの電荷 $Q(t)$ と振動電流 $I(t)$ が，

$$\begin{cases} Q(t) = 10^{-1}\cos 100t + \cancel{0 \cdot \sin 100t} = \dfrac{1}{10}\cos 100t & (t \geqq 0) \quad \text{および，} \\ I(t) = 10^{-1}(-100)\sin 100t + \cancel{0 \times 100\cos 100t} = -10\sin 100t & (t \geqq 0) \end{cases}$$

となって，求められるんだね。大丈夫だった？

以上で，「**初めから学べる 電磁気学キャンパス・ゼミ**」の講義はすべて終了です。みんな，よく頑張ったね！ フ～，疲れたって？…そうだね。確かに高校で習う電磁気学とは比べものにならない程，内容が濃かったからね。数学も，単なるスカラー値関数やベクトル値関数の微分･積分を越えて，ベクトル解析の知識まで必要だったからね。でも，できるだけ分かりやすく解説したので，これまでの内容をしっかり繰り返し復習すれば，大学の電磁気学の講義にも十分について行けるはずだし，大学の定期試験でも高得点は望めないとしても，これで合格点は取れるかも知れない。

今は疲れているだろうから一休みして，また元気を回復したら，繰り返し読んで反復練習することだね。これで大学の電磁気学も，その基礎をシッカリと固められると思う。

そしてさらに，大学の定期試験で高得点を取りたい方や，大学院の試験を目指している方は，「**電磁気学キャンパス・ゼミ**」(**マセマ**)で学習されることを勧めます。

読者の皆様のさらなるご成長を祈っています。

マセマ代表　馬場敬之(けいし)

講義5 ●時間変化する電磁場　公式エッセンス

1．マクスウェルの方程式 $(*g)$　（アンペール-マクスウェルの法則）

$$\mathrm{rot}\,\boldsymbol{H} = \boldsymbol{i} + \frac{\partial \boldsymbol{D}}{\partial t} \quad \cdots\cdots (*g)$$

2．ファラデーの電磁誘導の法則・レンツの法則

$$V = -\frac{\partial \Phi}{\partial t}$$
（V(V)：誘導起電力，Φ(Wb)：磁束）

3．磁束 Φ(Wb) と磁束密度 $\boldsymbol{B}$(Wb/m²)

$$\Phi = \iint_S \boldsymbol{B}\cdot\boldsymbol{n}\,dS$$

4．マクスウェルの方程式 $(*h)$

$$\mathrm{rot}\,\boldsymbol{E} = -\frac{\partial \boldsymbol{B}}{\partial t} \quad \cdots\cdots (*h)$$

5．ソレノイド・コイルの自己誘導による逆起電力 V_-

$$V_- = -L\frac{dI}{dt}$$
（L(H)：自己インダクタンス，I(A)：コイルを流れる電流）

6．相互誘導

$$V_{21} = -M_{21}\frac{dI_1}{dt}$$
（M_{21}(H)：相互インダクタンス）

$$V_{12} = -M_{12}\frac{dI_2}{dt}$$
（M_{12}(H)：相互インダクタンス）

（$M_{21} = M_{12}$：相互インダクタンスの相反定理）

7．さまざまな回路

(1) RC 回路：$V_0 = RI + \dfrac{Q}{C}$ より，$V_0 = R\dfrac{dQ}{dt} + \dfrac{Q}{C}$

(2) RL 回路：$V_0 - L\dfrac{dI}{dt} = RI$

(3) LC 回路：$-L\dfrac{dI}{dt} = \dfrac{Q}{C}$ より，$\dfrac{d^2Q}{dt^2} = -\dfrac{1}{LC}Q$

◆◆◆ Appendix(付録) ◆◆◆

補充問題 1	● div$f$, rot$f$ ●

ベクトル値関数 $f(x, y, z) = [x^2y+z, \ yz-x, \ z^2+xy]$ について，次の各問いに答えよ。

(1) div$f$ と rot$f$ を求めよ。

(2) div(rot$f$) を求めよ。

> **ヒント!** ベクトル解析の練習問題だね。**(1)** の div$f$ と rot$f$ は定義に従って求めよう。**(2)** の結果は，公式から **div(rot$f$) = 0** となることは分かっているが，実際に確認しよう。

解答&解説

(1) $f(x, y, z) = [x^2y+z, \ yz-x, \ z^2+xy]$ について，(ⅰ)div$f$ と (ⅱ)rot$f$ を求めると，

(ⅰ)div$f = \dfrac{\partial}{\partial x}(x^2y + z) + \dfrac{\partial}{\partial y}(yz - x) + \dfrac{\partial}{\partial z}(z^2 + xy)$

　　　　　　　定数扱い　　　　　定数扱い　　　　　　定数扱い

$\qquad = 2x \cdot y + z + 2z = 2xy + 3z$ ··(答)

(ⅱ)rot$f$ は右のように計算して
　　求めると，

$\text{rot}f = [x - y, \ 1 - y, \ -x^2 - 1]$

　　　　　　　······①
　　　　　　　······(答)

> **rot$f$ の計算**
>
> $\dfrac{\partial}{\partial x} \quad\quad \dfrac{\partial}{\partial y} \quad\quad \dfrac{\partial}{\partial z} \quad\quad \dfrac{\partial}{\partial x}$
>
> $x^2y + z \quad yz - x \quad z^2 + xy \quad x^2y + z$
>
> $-1 - x^2] \ [\quad x - y, \quad\quad 1 - y,$

(2) ①より div(rot$f$) を求めると，

$[x - y, \ 1 - y, \ -x^2 - 1]$ (①より)

$\text{div}(\text{rot}f) = \dfrac{\partial}{\partial x}(x - y) + \dfrac{\partial}{\partial y}(1 - y) + \dfrac{\partial}{\partial z}(-x^2 - 1)$

　　　　　　　　　　定数扱い　　　　　　　　　　定数扱い

$\qquad = 1 - 1 + 0 = 0$ となる。 ··(答)

◆ Term・Index ◆

た行

大学物理入門編
初めから学べる 電磁気学
キャンパス・ゼミ

MATHEMA

マセマ

著　者　馬場 敬之
発行者　馬場 敬之
発行所　マセマ出版社
〒 332-0023 埼玉県川口市飯塚 3-7-21-502
TEL 048-253-1734　FAX 048-253-1729
Email：info@mathema.jp
https://www.mathema.jp

編　集　七里 啓之
校閲・校正　高杉 豊　笠 恵介　秋野 麻里子
組版制作　間宮 栄二　町田 朱美
カバーデザイン　馬場 冬之
ロゴデザイン　馬場 利貞
印刷所　中央精版印刷株式会社

令和 5 年 12月 8 日　初版発行

ISBN978-4-86615-323-0 C3042